高等院校 物联网 专业规划教材

物联网概论

王佳斌　郑力新　编著

清华大学出版社
北京

内容简介

物联网技术近年来得到充分发展与应用,高校纷纷开设物联网工程专业。本书编写的目的是让进入物联网工程专业的初学者对物联网技术有一个全面的了解。物联网技术是计算机网络的拓展应用,因此本书先从计算机网络的发展历史入手,介绍传感器网络的发展与应用,然后介绍了普适计算的概念以及泛在网络的概念。通过物联网技术的兴起,以及"智慧地球"概念的提出,让学生充分了解物联网技术的起源与发展历史,详细介绍了物联网技术的大部分支撑技术,阐述了物联网体系结构形成的过程,最后介绍了由于物联网技术的广泛应用,产生了大数据,以及处理大数据的云计算技术。

本书内容以科普目的为主,让刚刚进入物联网工程专业的初学者通过本书初探物联网世界,了解物联网技术的实际应用及其未来发展趋势,由浅入深,循序渐进地讲解,涉及面广,实用性强。既可作为高校物联网工程专业本科生的专业教材,还可供电子信息计算机等其他专业的学生或相关领域的工程人员作为参考资料使用。

本书封面贴有清华大学出版社防伪标签,无标签者不得销售。
版权所有,侵权必究。侵权举报电话: 010-62782989 13701121933

图书在版编目(CIP)数据

物联网概论/王佳斌,郑力新编著. —北京:清华大学出版社,2019(2020.1 重印)
(高等院校物联网专业规划教材)
ISBN 978-7-302-52033-7

Ⅰ.①物… Ⅱ.①王… ②郑… Ⅲ.①互联网络—应用—高等学校—教材 ②智能技术—应用—高等学校—教材 Ⅳ.①TP393.4 ②TP18

中国版本图书馆 CIP 数据核字(2019)第 009557 号

责任编辑:汤涌涛
封面设计:常雪影
责任校对:周剑云
责任印制:杨 艳

出版发行:清华大学出版社
    网　　址:http://www.tup.com.cn, http://www.wqbook.com
    地　　址:北京清华大学学研大厦 A 座　　邮　编:100084
    社 总 机:010-62770175　　邮　购:010-62786544
    投稿与读者服务:010-62776969, c-service@tup.tsinghua.edu.cn
    质量反馈:010-62772015, zhiliang@tup.tsinghua.edu.cn
    课件下载:http://www.tup.com.cn, 010-62791865

印 装 者:北京国马印刷厂
经　　销:全国新华书店
开　　本:185mm×260mm　　印 张:15.75　　字　数:380 千字
版　　次:2019 年 6 月第 1 版　　印 次:2020 年 1 月第 2 次印刷
定　　价:45.00 元

产品编号:074822-01

前　　言

物联网技术近年来得到了充分的发展。它是一门跨学科专业，是计算机网络的延伸拓展应用，主要结合了计算机网络、传感器技术、普适计算、泛在网络、M2M、数字通信、云计算、大数据等各领域重要技术。

高校物联网工程专业意识到该专业的特殊性，随着该专业学科体系的不断完善，很有必要开设一门物联网技术的导论课程，安排在低年级，供刚刚进入物联网工程专业的初学者对物联网有一个全面的认识。这个阶段的初学者由于还没有专业课程的训练，因此，导论课程涉及的技术就应该以科普的形式出现，有利于教师授课，也有利于学生的吸收。因此，我们在充分广泛参阅其他参考书的基础上编写了这本教材。

本书共分10章。第1章是计算机网络的发展与应用；第2章是传感器网络的发展与应用；第3章介绍普适计算；第4章介绍泛在网络；第5章介绍物联网的兴起；第6章介绍"智慧地球"概念的形成；第7章介绍物联网的支撑技术；第8章引出了物联网体系结构的形成；第9、10章介绍了由于物联网技术的广泛应用而带来了大数据，云计算技术是处理大数据的最佳计算载体。

本书具有以下特点。

(1) 科普性质。罗列大量素材描述物联网的起源及其兴起历史，对物联网的支撑技术进行浅显易懂的介绍。

(2) 知识面广。列举了大量的应用实例，说明了物联网技术在工农业生产中的重要作用及在生产生活中的广泛应用。

(3) 浅显易懂。适当减少了射频识别技术理论性的内容，增加了大量实例应用，着重体现其技术性和实用性。

本书由王佳斌、郑力新编著。具体分工如下：第1、4、5、6、7、8、9、10章由王佳斌撰写，第2、3章由郑力新撰写。全书由王佳斌统稿。文字打印和绘图由刘雪丽、李碧秋、刘佳耀、徐旸完成。

本书编写过程中得到了清华大学出版社、华侨大学工学院领导老师的大力支持，再次表示感谢！此外，编写过程中参考了众多书籍和网络资料，在此对书籍和资料的作者、提供者一并表示感谢！

由于作者水平有限，书中难免有疏漏之处，敬请广大读者批评指正。

编　者

目录

第1章 计算机网络的发展与应用 1
- 1.1 计算机网络的定义、组成与功能 2
  - 1.1.1 计算机网络的定义 2
  - 1.1.2 计算机网络的组成 2
  - 1.1.3 计算机网络的功能 3
- 1.2 计算机网络的分类 4
- 1.3 计算机网络与互联网的发展历史 6
- 1.4 计算机网络的标准工作及相关组织 7
- 1.5 计算机网络的应用 9
- 本章小结 11
- 习题 11

第2章 传感器网络的发展与应用 13
- 2.1 传感器网络的起源 14
  - 2.1.1 无线传感器网络 14
  - 2.1.2 基于射频识别的传感器网络 15
- 2.2 传感器网络的主要特点 15
- 2.3 传感器网络的核心技术 17
- 2.4 传感器网络的发展 19
- 2.5 传感器网络的应用 20
- 2.6 传感器网络与物联网的关系 24
- 本章小结 26
- 习题 26

第3章 普适计算 27
- 3.1 普适计算的概念 28
- 3.2 普适计算的技术 29
  - 3.2.1 普适计算的相关技术 29
  - 3.2.2 普适计算的技术难点 30
- 3.3 普适计算的特征与特性 31
  - 3.3.1 普适计算的特征 31
  - 3.3.2 普适计算的特性 32
- 3.4 普适计算的发展趋势 33
- 3.5 普适计算的应用 33
- 本章小结 36
- 习题 36

第4章 泛在网络 37
- 4.1 泛在网络的发展历程 38
  - 4.1.1 泛在网络的起源和发展 38
  - 4.1.2 泛在网络面临的挑战 42
- 4.2 泛在网络技术的特点 45
  - 4.2.1 泛在网络的体系架构 45
  - 4.2.2 泛在网络的关键技术和挑战 48
- 4.3 泛在网络的发展趋势 52
- 4.4 泛在网络的应用领域 53
- 本章小结 56
- 习题 56

第5章 物联网的兴起 57
- 5.1 物联网的起源 58
- 5.2 物联网的定义 58
- 5.3 物联网的典型特征 59
- 5.4 物联网的标准 60
- 5.5 物联网的关键技术及架构 61
  - 5.5.1 物联网的关键技术 61
  - 5.5.2 物联网架构 61
- 5.6 物联网的应用 62
- 本章小结 66
- 习题 66

第6章 "智慧地球"概念的形成 67
- 6.1 "智慧地球"的概念 68
- 6.2 "智慧地球"的特征 70
- 6.3 "智慧地球"的架构 71
- 6.4 "智慧地球"的重要作用 72
- 6.5 "智慧地球"的实际应用价值 75
  - 6.5.1 "智慧地球"战略能够带来长短兼顾的良好效益 75
  - 6.5.2 "智慧地球"催生新一代 IT 的应用 76
  - 6.5.3 "智慧地球"利于政府电子政务平台架构 76
  - 6.5.4 "智慧地球"存在着改变世界的潜力 77
  - 6.5.5 智慧地球典型应用 77
- 6.6 "智慧地球"在中国 78
  - 6.6.1 "智慧地球"将推动中国经济的转型 78
  - 6.6.2 "智慧地球"将对我国 IT 产业形成挑战 79
  - 6.6.3 我国有能力建设自己的智慧系统 79
  - 6.6.4 "智慧地球"拓宽信息产业发展思路 80
- 本章小结 81
- 习题 82

第7章 物联网的支撑技术 83
- 7.1 传感器技术 84
  - 7.1.1 传感器的定义与分类 84
  - 7.1.2 传感器的技术特点 88
  - 7.1.3 传感器的选用原则 90
  - 7.1.4 传感器的发展趋势 92
- 7.2 RFID 技术 93
  - 7.2.1 RFID 的概念 93
  - 7.2.2 RFID 技术标准 96
  - 7.2.3 RFID 中间件 105
- 7.3 M2M 技术 113
  - 7.3.1 M2M 的概念 113
  - 7.3.2 M2M 高层框架 116
  - 7.3.3 M2M 技术在贸易与物流中的应用 126
- 7.4 EPC 技术 130
  - 7.4.1 EPC 基础 130
  - 7.4.2 编码体系 140
  - 7.4.3 EPC 系统网络技术 157
  - 7.4.4 EPC 标签简介 162
- 本章小结 166
- 习题 167

第8章 物联网体系结构的形成 169
- 8.1 物联网应用场景 170
- 8.2 物联网体系架构 171
  - 8.2.1 感知层 172
  - 8.2.2 网络层 177
  - 8.2.3 应用层 179
- 8.3 物联网技术的发展 182
  - 8.3.1 物联网技术的发展现状 ... 182
  - 8.3.2 物联网技术的发展前景 ... 184
  - 8.3.3 物联网技术趋势 185
- 本章小结 186
- 习题 186

第9章 物联网带来大数据 187
- 9.1 大数据的定义 188
- 9.2 大数据发展趋势 190
- 9.3 大数据产业链 191
- 9.4 大数据的存储和管理 193
- 9.5 大数据关键技术体系 194
  - 9.5.1 大数据采集与预处理 194
  - 9.5.2 大数据存储与管理 194
  - 9.5.3 大数据计算模式与系统 ... 196
  - 9.5.4 大数据分析与挖掘 196
  - 9.5.5 大数据可视化分析 199
  - 9.5.6 大数据隐私与安全 203
  - 9.5.7 大数据未来的挑战 211
- 本章小结 213
- 习题 214

第10章 云计算...215

10.1 云计算概述...216
10.1.1 云计算的定义...216
10.1.2 云计算的五个特征...217
10.1.3 云计算的三种交付模式...217
10.1.4 云计算的四种部署模式...220
10.2 云计算的体系结构...220
10.3 云计算的关键技术...222
10.3.1 编程模型并行运算技术...222
10.3.2 海量数据分布存储技术...223
10.3.3 海量数据管理技术...224
10.3.4 虚拟化技术...225
10.3.5 云计算平台管理技术...226
10.4 云计算运用现状...226
10.4.1 国际上相关研究组织...226
10.4.2 国内相关组织研究...228
10.5 云计算的安全问题...229
10.5.1 引言...229
10.5.2 云中数据的保密和安全问题...230
10.5.3 云数据隐私保护问题...234
10.5.4 数据取证及审计问题...236
10.5.5 其他一些安全研究思路...236
10.5.6 可信云计算...237
10.5.7 云计算安全问题展望...238
本章小结...238
习题...239

参考文献...241

第 1 章 计算机网络的发展与应用

学习目标

1. 掌握计算机网络的定义、组成、分类和功能。
2. 了解计算机网络与互联网的发展历史及现状。
3. 了解计算机网络标准的相关信息。
4. 掌握计算机网络的相关应用。

知识要点

计算机网络的定义、组成、功能、分类,计算机网络和互联网的发展历史,计算机网络标准工作和相关组织。

现今，计算机网络无处不在，从手机中的浏览器到具有无线接入服务的机场、咖啡厅；从具有宽带接入的家庭网络到每张办公桌都有联网功能的传统办公场所，再到联网的汽车、联网的传感器、星际互联网等，可以说计算机网络已成为人们日常生活与工作中所必不可少的一部分。

1.1 计算机网络的定义、组成与功能

1.1.1 计算机网络的定义

计算机网络是计算机技术与通信技术结合的产物。对计算机网络的定义没有统一的标准，根据计算机网络发展的阶段或侧重点不同，对计算机网络有几种不同的定义。侧重资源共享和通信的计算机网络定义更准确地描述了计算机网络的特点，它的基本含义是将处于不同地理位置，具有独立功能的计算机、终端及附属设备用通信线路连接起来，以功能完善的网络软件(即网络通信协议、信息交换方式及网络操作系统等)实现网络中资源共享和信息传递的系统。网络中的每一台计算机称为一个节点(node)。可见，计算机网络是多台计算机彼此互连，以相互通信和资源共享为目标的计算机网络。

关于计算机网络，有一个更详细的定义，即计算机网络是用通信线路和网络连接设备将分布在不同地点的多台功能独立的计算机系统互相连接，按照网络协议进行数据通信，实现资源共享，为网络用户提供各种应用服务信息的系统。

1.1.2 计算机网络的组成

无论是哪一种类型，计算机网络一般由下面几个部分组成。

(1) 计算机。这是网络的主体。随着家用电器的智能化和网络化，越来越多的家用电器如手机、电视机顶盒(使电视机不仅可以收看数字电视，而且可以使电视机作为因特网的终端设备使用)、监控报警设备，甚至厨房卫生设备等也可以接入计算机网络，它们都统称为网络的终端设备。

(2) 数据通信链路。这是用于数据传输的双绞线、同轴电缆、光缆以及为了有效而正确可靠地传输数据所必需的各种通信控制设备(如网卡、集线器、交换机、调制解调器、路由器等)，它们构成了计算机与通信设备、计算机与计算机之间的数据通信链路。

(3) 网络协议。为了使网络中的计算机能正确地进行数据通信和资源共享，计算机和通信控制设备必须共同遵循一组规则和约定，这些规则、约定或标准就称为网络协议，简称协议。

为了帮助和指导各种计算机在世界范围内互联成网，国际标准化组织(International Organization for Standardization，ISO)于 1977 年提出了开放系统互联参考模型及一系列相关的协议。20 世纪 80 年代中期以来飞速发展的因特网所采用的是美国国防部提出的 TCP/IP 协议系列。目前 TCP/IP 协议已经在各种类型的计算机网络中得到了普遍应用。

(4) 网络操作系统和网络应用软件。连接在网络上的计算机，其操作系统必须遵循通信协议支持网络通信才能使计算机接入网络。因此，现在几乎所有的操作系统都具有网络通信功能。特别是运行在服务器上的操作系统，它除了具有强大的网络通信和资源共享功能之外，还负责网络的管理工作(如授权、日志、计费、安全等)，这种操作系统称为服务器操作系统或网络操作系统。

目前使用的网络操作系统主要有三类。一是 Windows 系统服务器版，如 Windows NT Server，Windows Server 2003 以及 Windows Server 2008 等，一般用在中低档服务器中。二是 UNIX 系统，如 AIX、HP-UX、IRIX、Solaris 等，它们的稳定性和安全性好，可用于大型网站或大中型企事业单位网络中。三是开放源码的自由软件 Linux，其最大的特点是源代码的开放，可以免费得到许多应用软件，目前也获得了很好的应用。

为了提供网络服务，开展各种网络应用，服务器和终端计算机还必须安装运行网络的应用程序。例如，电子邮件程序、浏览器程序、即时通信软件、网络游戏软件等，它们为用户提供了各种各样的网络应用。

1.1.3 计算机网络的功能

计算机网络的功能主要表现在以下四个方面。

1. 数据传送

数据传送是计算机网络的最基本功能之一，用以实现计算机与终端或计算机与计算机之间传送各种信息。

2. 资源共享

充分利用计算机系统软硬件资源是组建计算机网络的主要目标之一。

3. 提高计算机的可靠性和可用性

提高计算机的可靠性表现在计算机网络中的各计算机可以通过网络彼此互为后备机，一旦某台计算机出现故障，故障机的任务就可由其他计算机代为处理，避免了单台计算机无后备机情况下，某台计算机出现故障导致系统瘫痪的现象，大大提高了系统可靠性。提高计算机可用性是指当网络中某台计算机负担过重时，网络可将新的任务转交给网络中较空闲的计算机完成，这样就能均衡各计算机的负载，提高每台计算机的可用性。

4. 易于进行分布式处理

计算机网络中，各用户可根据情况合理地选择网内资源，以就近、快速地处理。对于较大型的综合性问题，可通过一定的算法将任务交换给不同的计算机，达到均衡使用网络资源，实现分布处理的目的。此外，利用网络技术，能将多台计算机连成具有高性能的计算机系统，对解决大型复杂问题，比用高性能的大中型机费用要低得多。

计算机网络的这些重要功能和特点，使得它在经济、军事、生产管理和科学技术等部门发挥重要的作用，成为计算机应用的高级形式，也是办公自动化的主要手段。

1.2 计算机网络的分类

由于计算机网络的复杂性，人们可以从多个不同角度来对计算机网络进行分类，因此计算机网络的分类方法和标准多种多样，可以按传输技术、网络规模、网络的拓扑结构、传输介质、网络使用的目的、服务方式、交换方式等进行分类。按照网络所使用的传输介质，可将网络分为有线网和无线网；按照网络所使用的拓扑结构，可将网络分为总线网、环型网、星型网及树型网等类型；按照网络的传输技术，可将网络分为广播式网络和点对点式网络等类型。计算机所覆盖的物理范围影响到网络所采用的传输技术、组网方式，以及管理和运营方式。因此，人们把计算机网络所覆盖的物理范围作为网络分类的一个重要标准。按网络覆盖的范围大小，可将网络分为局域网、城域网和广域网。

1. 局域网

局域网(Local Area Network，LAN)是指范围在十几千米内的计算机网络，一般建设在一栋办公楼或楼群、校园、工厂或一个事业单位内。局域网一般情况下由某个单位单独拥有、使用和维护。局域网的数据传输速率一般比较高，结构相对简单，延迟比较小，通常是几毫秒数量级。

最典型的局域网是以太网。最早的以太网以基带同轴电缆作为传输介质，采用总线拓扑结构，数据传输速率一般为10Mb/s，以太网的总线拓扑结构如图1-1(a)所示。

另一种典型的局域网就是令牌环网。令牌环网采用环型拓扑结构，如图1-1(b)所示，速度一般为4Mb/s 或 16Mb/s，它采用令牌传递机制来控制站点对环的访问。FDDI 网是对令牌环网的发展，它采用光纤介质，数据传输速率为100Mb/s。

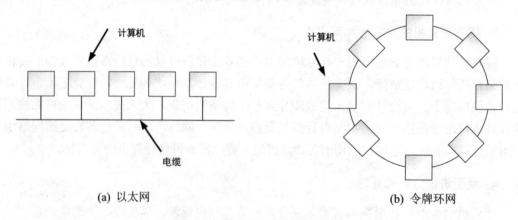

(a) 以太网　　　　　　　　　　　　(b) 令牌环网

图 1-1　两种不同类型的局域网

2. 城域网

城域网(Metropolitan Area Network，MAN)，顾名思义，是指在一个城市范围内建立的计算机网络。城域网的一个重要用途是作为城市骨干网，通过它将位于同一城市内不同地点的局域网或各种主机和服务器连接起来。MAN 与 LAN 的区别首先是网络覆盖范围的不同，其次是两者的归属和管理不同。LAN 通常专属于某个单位，属于专用网；而 MAN 是面向公众开放的，属于公用网，这点与广域网一致。最后是两者的业务不同，LAN 主要是用于单位内部的数据通信；而 MAN 可用于单位之间的数据、话音、图像及视频通信等，这点与广域网也一致。

城域网与广域网唯一不同之处是覆盖范围，广域网的覆盖范围一般可达几百千米甚至数千千米。

3. 广域网

顾名思义，广域网(Wide Area Network，WAN)是指覆盖范围广(通常可以覆盖一个省甚至一个国家)的网络，有时也称为远程网。广域网具有覆盖范围广、通信距离远、组网结构相对复杂等特点。

按照计算机网络鼻祖 ARPANET 的定义，广域网由主机和通信子网组成。主机(Host)用于运行用户程序，通信子网(Communication Subnet)用于将用户主机连接起来。广域网拓扑结构如图 1-2 所示。

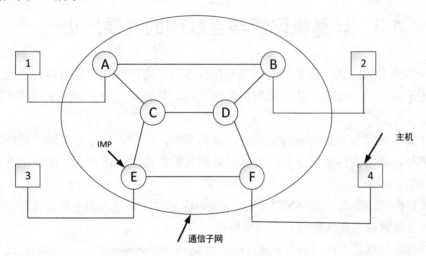

图 1-2　广域网拓扑结构

通信子网一般由交换机和传输线路组成。传输线路用于连接交换机，而交换机负责在不同的传输线路之间转发数据。在 ARPANET 中，交换机叫作接口信息处理机(Interface Message Processor，IMP)。在图 1-2 中，每台主机都至少连着一台 IMP，所有进出该主机的报文都必须经过与该主机相连的 IMP。典型的广域网有公用电话交换网(Public Switched Telephone Network，PSTN)、公用分组交换网(X.25)、同步光纤网(SONET/SDH)、帧中继网及 ATM 网。

在广域网中，一个重要的问题是通信子网的拓扑结构应该如何设计。图 1-3 展示了几种可能的拓扑结构。

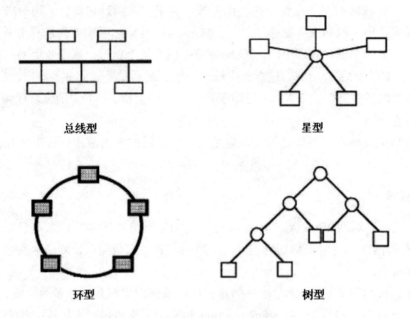

图 1-3　广域网中通信子网的拓扑结构

1.3　计算机网络与互联网的发展历史

计算机网络技术是计算机技术与通信技术相结合的产物,它的发展与事物的发展规律相吻合,经历了从简单到复杂、从单个到集合的过程,其先后经历了四个不同的计算机网络时代。

第一代计算机网络也可称为面向终端的计算机网络,由于这代计算机网络系统除了一台中央计算机外,其余的终端设备都没有独立处理数据的功能,因此它不能算是真正意义上的计算机网络。

第二代计算机网络是以 ARPANET 网的出现为标志的,其追求的主要目标是借助通信系统,使网内各计算机系统间能够相互共享资源。

第三代计算机网络是以网络互联标准(Open System Interconnection,OSI)的出现为标准的。该标准是由国际标准化组织(ISO)于 1978 年成立的专门机构研究并制定的。第三代计算机网络是计算机网络发展最快的阶段。

第四代计算机网络是指 Internet 从一个小型的、实验型的研究项目,发展成为世界上最大的计算机网,从而真正实现了资源共享、数据通信和分布处理的目标。目前就处于第四代计算机网络时代。

互联网发展先后经历了三个阶段。

第一阶段:1969 年 Internet 的前身 ARPANET 的诞生到 1983 年,这是研究试验阶段,主要进行网络技术的研究和试验。

第二阶段:从 1983 年到 1994 年是 Internet 的实用阶段,主要作为教学、科研和通信的学术网络。

第三阶段：1994 年之后，开始进入 Internet 的商业化阶段。

1.4 计算机网络的标准工作及相关组织

计算机网络的标准化工作对于计算机网络的发展具有十分重要的意义，目前，在全世界范围内，制定网络标准的标准化组织有很多，所制定的标准自然也很多，但在实际应用中，大部分的数据通信和计算机网络方面的标准主要是由以下机构制定并发布的：国际标准化组织(ISO)、国际电信联盟电信标准化部(ITU-T)、电气电子工程师协会(IEEE)、电子工业协会(EIA)等。

1. 国际标准化组织

国际标准化组织是一个国际性组织，其成员主要是世界各国政府的标准制定委员会的成员。该组织创建于 1974 年，是一个完全志愿的、致力于国际标准制定的机构。作为一个现有 82 个成员国的国际性组织，它的目标是为国际产品和服务交流提供一种能带来兼容性、更好的品质、更高的生产率和更低的价格的标准模型。该组织在促进科学、技术和经济领域的合作上十分活跃。开放式系统互联参考模型(OSI/RM)就是国际标准化组织在信息技术领域的工作成果。

2. 国际电信联盟

早在 20 世纪 70 年代就有许多国家开始制定电信业的国家标准，但是电信业标准的国际性和兼容性几乎不存在。联合国为此在它的国际电信联盟(International Tele-communication Union，ITU)组织内部成立了一个委员会，称为国际电报电话咨询委员会(Consultative Committee on International Telegraph and Telephone，CCITT)。该委员会致力于研究和建立适用于一般电信领域或特定的电话和数据系统的标准。1993 年 3 月，该委员会的名称改为国际电信联盟电信标准化部。

国际电信联盟电信标准化部分为若干研究小组，各个小组注重电信业标准的不同方面。各国的标准化组织(类似于美国国家标准化协会)向这些研究小组提出建议，如果研究小组认可，建议就被批准为 4 年发布一次的 ITU-T 标准的一部分。

ITU-T 制定的标准中最广为人知的是公用分组交换网(X.25)和综合业务数字网(ISDN)。

3. 电气电子工程师协会

电气电子工程师协会(Institute of Electrical and Electronics Engineers，IEEE)是世界上最大的专业工程师团体。作为一个国际性组织，它的目标是在电气工程、电子、无线电，以及相关的工程学分支中促进理论研究、创新活动和产品质量的提高。负责为局域网制定 802 系列标准(如 IEEE 802.3 以太网标准)的委员会就是 IEEE 的一个专门委员会。

4. 电子工业协会

电子工业协会(Electronic Industries Association，EIA)是一个致力于促进电子产品生产的非营利组织，它的工作除了制定标准外，还有公众观念教育等。在信息技术领域，EIA 在定义数据通信的物理接口和信号特性方面做出了重要贡献。尤其值得指出的是，它定义了串行通信接口标准：EIA-232-D、EIA-449 和 EIA-530。

5. 美国国家标准化协会

美国国家标准化协会(American National Standards Institute，ANSI)是一个非营利组织，它向 ITU-T 提交建议并且是 ISO 中代表美国的全权组织。ANSI 的任务包括为美国国内自发的标准化提供全国性的协调，推广标准的采纳和应用，以及保护公众利益。ANSI 的成员来自各种专业协会、行业协会、政府和管理机构以及消费者。ANSI 涉及的领域包括 ISDN 业务、信令和体系结构，以及同步光纤网(SONET)。

6. 因特网工程任务组

因特网工程任务组(The Internet Engineering Task Force，IETF)受因特网工程指导小组(Internet Engineering Steering Group，IESG)领导，主要关注因特网运行中的一些问题，对因特网运行中出现的问题提出解决方案。很多因特网标准都是由 IETF 开发的。IETF 的工作被划分为不同的领域，每个领域集中研究因特网中的特定课题。目前 IETF 的工作主要集中在以下九个领域：应用、互联网协议、路由、运行、用户服务、网络管理、传输、IPNG(Internet Protocol Next Generation，下一代互联网)和安全。

7. Internet 协会

Internet 协会(Internet Society，ISOC)成立于 1992 年，是一个非政府的全球合作性国际组织，主要工作是协调全球在 Internet 方面的合作，就有关 Internet 的发展、可用性和相关技术的发展组织活动。ISOC 的网址为 http://www.isoc.org。

ISOC 的宗旨是：积极推动 Internet 及相关的技术，发展和普及 Internet 的应用，同时促进全球不同政府、组织、行业和个人进行更有效的合作，充分合理地利用 Internet。ISOC 采用会员制，会员来自全球不同国家各行各业的个人和团体。ISOC 由会员推选的监管委员会进行管理。ISOC 由许多遍及全球的地区性机构组成，这些分支机构都在本地运营，同时与 ISOC 的监管委员会进行沟通。

8. 因特网号码分配机构和因特网名字与编号分配机构

因特网号码分配机构(Internet Assigned Numbers Authority，IANA)是受美国政府支持的负责因特网域名和地址管理的组织。1998 年 10 月后，这项工作由美国商务部下属的因特网名字与编号分配机构(Internet Corporation for Assigned Names and Numbers，ICANN)负责。ICANN 是一个集合了全球网络界商业及学术各领域专家的非营利性国际组织，负责 IP 地址分配、协议标识符的指派、通用顶级域名(Generic Top-Level Domain，GTLD)，以及国家代码顶级域名(Country Code Top-Level Domain，CCTLD)系统的管理和根域名服务器的管理。而实际管理工作是由全球五大地区注册中心(Regional Internet Registry，RIR)来具体负责的。RIR 主要负责 IP 地址(含 IPv4 和 IPv6)和自治系统(AS)号等 Internet 资源的分配和注册。全球五大地区注册中心有美国互联网号码注册中心(American Registry for Internet Numbers，ARIN)、欧洲 IP 地址注册中心(Reséaux IP Européens，RIPE)、亚太地区网络信息中心(Asia Pacific Network Information Center，APNIC)、拉丁美洲及加勒比海网络信息中心(Latin American and Caribbean Network Information Center，LACNIC)，以及非洲注册中心(Africa Network Information Center，AfriNIC)。ARIN 负责北美和加勒比海部分地区；RIPE 负责欧洲、中东(Middle East)和中亚(Central Asia)；APNIC 负责亚洲(除中亚地区)和太平洋地区；LACNIC 负责拉丁美洲及加勒比海部分地区；AfriNIC 负责非洲地区。

9. 中国互联网络信息中心

中国互联网注册和管理机构称为中国互联网络信息中心(China Internet Network Information Center，CNNIC)，它成立于 1997 年 6 月，是一个非营利性的管理与服务机构，行使国家互联网信息中心的职责。中国科学院计算机网络信息中心承担 CNNIC 的运行和管理工作。CNNIC 的主要职责包括域名注册管理，IP 地址、AS 号分配与管理，目录数据库服务，互联网寻址技术研发，互联网调查与相关信息服务，国际交流与政策调研，承担中国互联网协会政策与资源工作委员会秘书处的工作。

1.5 计算机网络的应用

现代的生活中，计算机网络已经广泛应用于各大领域，通过计算机网络，人们可以开展广泛的交流活动。

(1) 计算机网络首先要面向的就是企业的应用。早期的计算机网络就是各大公司企业的内部局域网和军用网络，所以计算机网络在企业方面的应用是最成熟、最广泛的。在 Internet 诞生之后，企业网中又出现了两个新的名词：Intranet 和 Extranet。这两个网络名词是伴随着计算机网络在企业中的广泛应用而产生的，分别是企业内部网和企业外联网。Intranet 往往用于企业内部人员交流，通信便捷，为保障企业网介入 Internet 的安全性等一系列问题时，Extranet 应运而生，其与外部网络相连，既保证信息的流通，又保护了企业的信息资源不受威胁。最重要的一点就是，计算机网络的大规模普及推动了大型跨国公司的产生和发展，因为计算机网络的便捷性为不同地区的分公司提供了交流和协同工作的平台。与此同时，大量的商业门户网站也一一诞生，人们通过这样的展示平台了解企业，获取大量相关信息，掌握最新的资讯，也可以进行休闲娱乐活动。国内著名的门户网站如新浪、腾讯、网易和搜狐等，这不仅仅是咨询的平台，也是网络流行的先锋。电子商务和电子贸易也随之产生，企业间通过计算机网络的互联完成信息的流通，企业领导人和员工可以通过收发电子邮件或召开视频会议等完成必要的商业运作程序，同时大型门户网站由于自己掌握的资源增多，也提供网络交易平台推动电子商务，这方面最成功的就是阿里巴巴。计算机网络还能实现对整个企业的管理和运营，网络化的企业结构更为系统，更便于管理和操作。

(2) 计算机网络在政府也被广泛应用。正如在企业中的应用一样，政府部门也可以借助计算机网络办公，并在网络上发布信息、传递资源，这样一来能够大大提高工作效率以及宣传力度。同样类似于企业的，政府部门的计算机网络也分为内网和外网，政府内部系统办公使用内网，而对外发布信息，进行政策宣传就需要外网，这也是出于安全的需要。

(3) 计算机网络也具有大量面向个人的应用。随着计算机网络的发展，网民的数量不断增加，越来越多的人已经离不开计算机网络，他们利用计算机网络进行学习、工作、消费、娱乐，乃至社交和婚姻都通过计算机网络去解决。我们可以借助QQ、微信等软件与他人进行即时通信，也可以进行远程协助，甚至可以进行简单的远程会议。网络的一大功能就是资源共享，我们可以轻松地查找到大量的信息资源、学习资源等。随着人们的消费意识的不断进步，网店和网络购物逐渐兴起，足不出户的购物模式为广大网络用户带来了极大的生活便利，快捷、及时、全面的咨询也是吸引人们加入网民行列的一大原因。

(4) 计算机网络面向教育有一定的应用。我们常常说的远程教育就是基于计算机网络实现的，以计算机网络为基础的网络课件和其他学习资源为教师和学生的教学活动提供了更多的手段，有利于因材施教。通过计算机网络，最新的学术资讯可以迅速传播，成果可以及时共享，交流可以及时进行。

(5) 计算机网络在医疗方面也有一定的应用。医疗网站可以合理地配置医疗资源。网络可跨越由于时间和地域造成的阻碍，使得更多的患者能得到享有稀缺医疗资源的权利，从而实现医疗资源合理配置的目的。医疗网站可突破时间和空间的限制，从而可有效地降低看病的成本。在网络上可以提前将病患的资料以及基本情况及时传输给医生，经过分析之后，病患可再与医生提前进行门诊时间的预约。通过这样简单的过程，医生即可对病患的基本情况有一定的了解，而病患也省去了往返于医院之间所需的时间和精力的消耗，同时病患也可对门诊时所应该注意的问题提前进行了解。在看病的过程中，医疗网站可设置"论坛"等性质的服务反馈模块，通过此模块病患即将自己的看病心得以及对于医生服务的评价发表于网络上，通过查询其病患的留言以及对医生的满意程度即可对其看病的医生的基本情况有一个大致的了解。

(6) 计算机网络面向军事领域的应用。其实，现代意义的网络产生于20世纪60年代中期，是由美国国防部高级研究计划局应美国军方的要求研制的ARPANET。任何一项最新技术的出现，最初都是服务于军方，这个规律在近代及当代非常明显。随着计算机网络技术的发展，军队建设向信息化方向发展，现在的远程指挥、战场信息化及战场信息共享都体现出了计算机网络在此方面的应用。

从计算机网络的主要功能来看，其主要是实现资源共享和数据传输，于是在上述各个方面均有一定的作用，其实其应用远远不止上述罗列的内容，在工业、农业、交通运输、国防及科学研究等诸多领域都广泛涉及。在当代社会里，计算机网络的应用无时不有、无处不在，已经深入到社会的各个方面。

本 章 小 结

计算机网络是计算机技术与通信技术结合的产物。它的基本含义是将处于不同地理位置，具有独立功能的计算机、终端及附属设备用通信线路连接起来，以功能完善的网络软件(即网络通信协议、信息交换方式及网络操作系统等)实现网络中资源共享和信息传递的系统。

本章介绍了计算机网络的定义、组成、分类和功能，以及计算机网络与互联网的发展历史及现状，介绍了计算机网络的标准工作以及相关组织。

目前，在全世界范围内，制定网络标准的标准化组织有很多，在实际应用中，大部分数据通信和计算机网络方面的标准主要是由以下机构制定并发布的：国际标准化组织(ISO)、国际电信联盟电信标准化部(ITU-T)、电气电子工程师协会(IEEE)、电子工业协会(EIA)等。

习　　题

1. 简述你所理解的计算机网络。
2. 计算机网络是由什么组成的？它的功能有哪些？
3. 计算机网络该如何分类？请简述。
4. 生活中计算机网络有哪些应用？请简述。

第 2 章

传感器网络的发展与应用

学习目标

1. 掌握传感器网络的起源、主要特点和核心技术。
2. 了解传感器网络的发展历史及现状。
3. 掌握传感器网络的应用以及和物联网的关系。

知识要点

传感器网络、传感器网络的主要特点、传感器网络的核心技术及和物联网的关系。

2.1 传感器网络的起源

传感器网络的概念起源于 1978 年美国国防部高级研究计划局(Defense Advanced Research Projects Agency，DARPA)资助卡内基梅隆大学(Carnegie Mellon University，CMU)进行分布式传感网的研究项目，主要研究由若干具有无线通信能力的传感器节点自组织构成的网络。这被看成是无线传感网的雏形。1980 年，DARPA 的分布式传感网项目开创了传感网研究的先河；20 世纪 80—90 年代，研究主要在军事领域，成为网络中心战的关键技术，拉开了无线传感网研究的序幕；从 20 世纪 90 年代中期开始，美国和欧洲等发达国家和地区先后开始了大量的关于无线传感网的研究工作。

2.1.1 无线传感器网络

20 世纪 90 年代末，随着现代传感器、无线通信、现代网络、嵌入式计算、微机电系统(Micro Electro-Mechanical System，MEMS)、集成电路、分布式信息处理与人工智能等新兴技术的发展与融合，以及新材料、新工艺的出现，传感器技术向微型化、无线化、数字化、网络化、智能化方向迅速发展，由此研制出了各种具有感知、通信与计算功能的智能微型传感器。由大量的部署在监测区域内的微型传感器节点构成的无线传感器网络(Wireless Sensor Networks，WSN)，通过无线通信方式智能组网，形成一个自组织网络系统，具有信号采集、实时监测、信息传输、协同处理、信息服务等功能，能感知、采集和处理网络所覆盖区域中感知对象的各种信息，并将处理后的信息传递给用户，如图 2-1 所示。

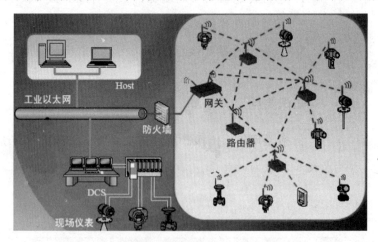

图 2-1 工业控制领域的 WSN 模型

WSN 可以使人们在任何时间、地点和任何环境条件下，获取大量翔实可靠的物理世界的信息，这种具有智能获取、传输和处理信息功能的网络化智能传感器和无线传感器网，正在逐步形成 IT 领域的新兴产业。它可以广泛地应用于军事、科研、环境、交通、医疗、制造、反恐、抗灾、家居等领域。

无线传感器网络系统是一个学科交叉综合的、知识高度集成的前沿热点研究领域，正受到各方面的高度关注。美国国防部在 2000 年时就把传感网定为五大国防建设领域之一；美国研究机构和媒体认为它是 21 世纪世界最具有影响力的、高技术领域的四大支柱型产业之一，是改变世界的十大新兴技术之一。日本在 2004 年就把传感器网络定为四项重点战略之一。

我国《国家中长期科学与技术发展规划(2006—2020 年)》中把智能感知技术、自组织网络与通信技术、宽带无线移动通信等技术列为重点发展的前沿技术。

2.1.2 基于射频识别的传感器网络

基于射频识别(Radio Frequency Identification，RFID)的无线传感器网络，是目前最主要的一种无线传感器网络类型。射频识别是一种利用无线射频方式在读写器和电子标签之间进行非接触的双向数据传输，以达到目标识别和数据交换目的的技术。它能够通过各类集成化的微型传感器协作地实时监测、感知和采集各种环境或监测对象的信息，将客观世界的物理信号转换成电信号，从而实现物理世界、计算机世界以及人类社会的交流。

通常，RFID 系统由电子标签、读写器、微型天线和信息处理系统组成。

(1) 电子标签：即应答器，它由耦合元件和微电子芯片组成，黏附在物体上，内部存储待识别物体的信息。通常电子标签没有自备的供电电源，其工作所需要的能量由读写器通过耦合元件传递给电子标签。

(2) 读写器：又称扫描器，它能发出射频信号，扫描电子标签而获取数据。读写器包含高频模块(发送器和接收器)、控制单元、与电子标签连接的耦合元件以及与 PC 或其他控制装置进行数据传输的接口。

(3) 微型天线：它在电子标签和阅读器间传递射频信号。

(4) 信息处理系统：即计算机系统。

在实际应用中，RFID 系统内存储有约定格式数据的电子标签，黏附在待识别物体的表面。读写器通过天线发出一定频率的射频信号，当电子标签进入感应磁场范围时被激活产生感应电流从而获得能量，发送出自身的编码等信息，被读写器无接触地读取、解码与识别，从而达到自动识别物体的目的。最后将识别的信息送至主计算机系统进行有关的数据信息处理。

2.2 传感器网络的主要特点

与传统的网络相比，传感器网络具有资源和设计方面的限制。在传感器节点中，资源约束包括能源受限、通信距离短、带宽低、处理和存储能力不足等。设计约束则依赖于应用程序和所监控的环境。

传感网除了具有无线网络的移动性等共同特征之外，还具有其他鲜明的特点。

1. 大规模

传感网一般都由大量的传感器节点组成,节点的数量可能达到成千上万,甚至更多。一方面,传感器节点分布在很大的地理区域内;另一方面,传感器节点部署很密集,在一个面积不是很大的空间内,密集部署了大量的传感器节点。

2. 自组织

传感器节点的位置不需要设计或预先确定,这使得传感器节点可以随机部署在人迹罕至的地形或救灾行动中。这就要求传感器节点必须具有自组织能力。在一个传感器节点部署完成之后,首先,必须检测它的邻居并建立通信,其次必须了解相互连接的节点的部署、节点的拓扑结构,以及建立自组织多跳的通信信道。

3. 动态性

传感网具有很强的动态性,它的拓扑结构可能因为下列因素而改变。
(1) 环境因素或电能耗尽所造成的传感器节点出现故障或失效。
(2) 环境条件变化可能造成无线通信链路带宽变化,甚至时断时通。
(3) 传感网的传感器、感知对象和观察者这三个要素都可以具有移动性。
(4) 新节点的加入。

4. 容错性

根据不同的应用场景,传感器节点有可能部署在环境相当恶劣的地区,一些传感器节点可能会因为电力不足、有物理损坏或外部环境的干扰而不能工作或者处于阻塞状态,此时要确保传感器节点的故障不能影响到整个传感网的正常工作,也就是说,传感网不能因为传感器节点故障而产生任何中断。

5. 资源受限

一个传感网实际上是由大量的体积非常小、低成本、低功耗、多功能的传感器节点密集部署而形成的网络,这些节点只能在短距离内自由通信。一般来讲,传感器节点不会作为移动设备,而是在部署之后静止不动,在有些情况下对其补充能量是不现实的。由于节点体积微小、资源受限等特征使得其在能量和计算上都存在着很大的限制。总体来说,节点的资源制约因素主要包括有限的能量、短的通信范围、低带宽、有限的处理和存储能力。

6. 应用相关

与其他网络相比,传感网在设计和面对的挑战上有很多不同,传感网的解决方案是与应用紧密结合的。根据应用要求的不同,传感网也将检测不同的物理量,获取不同的信息,因而传感网的设计在很大程度上依赖于其所处的监控环境。在确定网络规模、部署计划以及网络的拓扑结构时,应用环境都起着关键作用。而网络规模又会随着所监测环境的变化而变化。对于室内环境有限的空间,需要较少的节点组成网络,而在室外环境中可能需要更多的节点以覆盖较大的面积。当应用环境是人类不可访问的，或由数百到数千节点组成的网络时，临时部署要优于预先计划的部署。而环境中的障碍物也可以限制节点之间的通信，这反过来又会影响网络连接(或拓扑)。

2.3 传感器网络的核心技术

传感器网络是当今信息领域新的研究热点，是微机电系统、计算机、通信、自动控制、人工智能等多学科交叉的综合性技术，目前的研究涉及通信、组网、管理、分布式信息处理等多个方面。具体而言，传感网的关键技术包括路由协议、MAC 协议、拓扑控制、定位、时间同步、数据管理等。

1. 路由协议

路由协议负责将数据分组从源节点通过网络转发到目的节点，协议的主要功能是寻找源节点和目的节点间的优化路径，将数据分组沿着优化路径正确转发。在根据传感网的具体应用设计路由机制时，要满足下面的要求。

(1) 能量高效。传感网路由协议不仅要选择能量消耗小的消息传输路径，而且要从整个网络的角度考虑，选择使整个网络能量均衡消耗的路由。由于传感器节点的资源是有限的，因而传感网的路由机制要能够简单而且高效地实现信息传输。

(2) 可扩展性。在传感网中，检测区域范围或节点密度不同，网络规模会有所不同；节点失败、新节点加入以及节点移动等，也会使得网络拓扑结构动态地发生变化，这就要求路由机制具有可扩展性，能够适应网络结构的变化。

(3) 健壮性。能量耗尽或环境因素造成的传感器节点失效，周围环境影响无线链路的通信质量以及无线链路本身的缺点等，这些传感网的不可靠特性要求路由机制具有一定的容错能力。

(4) 快速收敛性。传感网的拓扑结构动态变化，节点能量和通信带宽等资源有限，因此要求路由机制能够快速收敛，以适应网络拓扑的动态变化，减少通信协议开销，提高消息传输的效率。

2. MAC 协议

在传感网中，介质访问控制(Multiple Access Control，MAC)协议决定无线信道的使用方式，在传感器节点之间分配有限的无线通信资源，用来构建传感网系统的底层基础结构。MAC 协议处于传感网协议的底层部分，对传感网的性能有较大影响，是保证传感网高效通信的关键网络协议之一。传感器节点的能量、存储、计算和通信带宽等资源有限，单个节点的功能比较弱，而传感网的强大功能是由众多节点协作实现的。多点通信在局部范围需要 MAC 协议协调无线信道分配，在整个网络范围内需要路由协议选择通信路径。在设计传感网的 MAC 协议时，需要着重考虑以下 3 个方面。

1) 节省能量

传感器节点一般是由电池提供能量，而且电池能量通常难以进行补充，为了长时间保证传感器网络的有效工作，MAC 协议在满足应用要求的前提下，应尽量节省节点的能量。

2) 可扩展性

由于传感器节点数目、节点分布密度等在传感网生存过程中不断地发生变化，节点位置也可能移动，还有新节点加入网络的问题，因此传感网的拓扑结构具有动态性。MAC 协议也应具有可扩展性，以适应这种动态变化的拓扑结构。

3) 网络效率

网络效率包括网络的公平性、实时性、网络吞吐量以及带宽利用率等。

3. 拓扑控制

传感网拓扑控制主要研究的问题是在满足网络覆盖度和连通度的前提下，通过功率控制和骨干网节点选择，剔除节点之间不必要的通信链路，形成一个数据转发的优化网络结构。具体地讲，传感网中的拓扑控制按照研究方向可以分为两类：节点功率控制和层次型拓扑控制。功率控制机制调节网络中每个节点的发射功率，在满足网络连通度的前提下，均衡节点的单跳可达邻居数目。层次型拓扑控制利用分簇机制，让一些节点作为簇头节点，由簇头节点形成一个处理并转发数据的骨干网，其他非骨干网节点可以暂时关闭通信模块，进入休眠状态以节省能量。

4. 定位

对于大多数应用，不知道传感器位置而感知的数据是没有意义的。传感器节点必须明确自身位置才能详细说明"在什么位置或区域发生了特定事件"，实现对外部目标的定位和追踪；另外，了解传感器节点位置信息还可以提高路由效率，为网络提供命名空间，向部署者报告网络的覆盖质量，实现网络的负载均衡以及网络拓扑的自配置。而人工部署和为所有网络节点安装 GPS 接收器都会受到成本、功耗、扩展性等问题的限制，甚至在某些场合可能根本无法实现，因此必须采用一定的机制与算法实现传感网的自身定位。

5. 时间同步

在传感网中，单个节点的能力非常有限，整个系统所要实现的功能需要网络内所有节点相互配合共同完成。很多传感网的应用都要求节点的时钟保持同步。

在传感网的应用中，传感器节点将感知到的目标位置、时间等信息发送到网络中的汇聚节点，汇聚节点对不同传感器发送来的数据进行处理后便可获得目标的移动方向、速度等信息。为了能够正确地监测事件发生的顺序，要求传感器节点之间必须实现时间同步。在一些事件监测的应用中，事件自身的发生时间是相当重要的参数，这要求每个节点维持唯一的全局时间以实现整个网络的时间同步。

时间同步是传感网的一个研究热点，在传感网中起着非常重要的作用，国内外的研究者已经提出了多种传感网时间同步算法。

6. 数据管理

传感网本质上是一个以数据为中心的网络，它处理的数据为传感器采集的连续不断的数据流。由于传感网能量、通信和计算能力有限，因此传感网数据管理系统通常不会把数据都发送到汇聚节点进行处理，而是尽可能在传感网中进行处理，这样可以最大限度地降低传感网的能量消耗和通信开销，延长传感网的生命周期。现有的数据管理技术把传感网看作来自物理世界的连续数据流组成的分布式感知数据库，可以借鉴成熟的传统分布式数据库技术对传感网中的数据进行管理。由于传感器节点的计算能力、存储容量、通信能力以及电池能量有限，再加上 Flash 存储器以及数据流本身的特性，给传感网数据管理带来了不同于传统分布式数据库系统的一些新挑战。

传感网数据管理技术包括数据的存储、查询、分析、挖掘以及基于感知数据决策和行为的理论和技术。传感网的各种实现技术必须与这些数据管理技术密切结合，才能够设计出实现高效率的以数据为中心的传感网系统。到目前为止，数据管理技术的研究还不多，还有大量的问题需要解决。

2.4 传感器网络的发展

传感器网络的发展历程分为以下三个阶段：传感器→无线传感器→无线传感器网络(大量微型、低成本、低功耗的传感器节点组成的多跳无线网络)。

1. 第一阶段

最早可以追溯至越南战争时期使用的传统的传感器系统。"热带树"实际上是由震动和声响传感器组成的系统，它由飞机投放，落地后插入泥土中，只露出伪装成树枝的无线电天线，因而被称为"热带树"。只要对方车队经过，传感器探测出目标产生的震动和声响信息，自动发送到指挥中心，供人们进行决策。

2. 第二阶段

第二阶段是在 20 世纪 80 年代至 90 年代之间，主要是美军研制的分布式传感器网络系统、海军协同交战能力系统、远程战场传感器系统等。这种现代微型化的传感器具备感知能力、计算能力和通信能力。因此在 1999 年，《商业周刊》将传感器网络列为 21 世纪最具影响的 21 项技术之一。

3. 第三阶段

第三阶段是从 21 世纪开始至今，也就是"9·11"事件之后。这个阶段的传感器网络技术特点在于网络传输自组织、节点设计低功耗，除了应用于反恐活动以外，在其他领域更是获得了很好的应用。由于无线传感网在国际上被认为是继互联网之后的第二大网络，2003 年美国《技术评论》杂志评出对人类未来生活产生深远影响的十大新兴技术，传感器网络被列为第一。

在现代意义上的无线传感网研究及其应用方面，我国与发达国家几乎同步启动，它已经成为我国信息领域位居世界前列的少数方向之一。在 2006 年我国发布的《国家中长期科学与技术发展规划纲要》中，为信息技术确定了三个前沿方向，其中有两项就与传感器网络直接相关，这就是智能感知和自组网技术。当然，传感器网络的发展也是符合计算设备的演化规律。

早在 20 世纪 70 年代，就出现了将传统传感器采用点对点传输、连接传感控制器而构成传感器网络雏形，我们把它归为第一代传感器网络。

随着相关学科的不断发展和进步，传感器网络同时还具有了获取多种信息信号的综合处理能力，并通过与传感控制器的相联，组成了有信息综合和处理能力的传感器网络，这是第二代传感器网络。

从 20 世纪末开始，现场总线技术开始应用于传感器网络，人们用其组建智能化传感器网络，大量多功能传感器被运用，并使用无线技术连接，无线传感器网络逐渐形成。无线传感器网络是新一代的传感器网络，具有非常广泛的应用前景，其发展和应用将会给人类的生活和生产的各个领域带来深远影响。发达国家如美国，非常重视无线传感器网络的发展。

美国交通部 1995 年提出了"国家智能交通系统项目规划"，预计到 2025 年全面投入使用。该计划试图有效集成先进的信息技术、数据通信技术、传感器技术、控制技术及计算机处理技术并运用于整个地面交通管理，建立一个大范围全方位的实时高效的综合交通运输管理系统。这种新型系统将有效地使用传感器网络进行交通管理。

美国陆军 2001 年就提出了"灵巧传感器网络通信"计划，在 2001—2005 年财政年度期间批准实施。其基本思想是：在战场上布设大量的传感器以收集和传输信息，并对相关原始数据进行过滤，然后再把那些重要的信息传送到各数据融合中心，将大量的信息集成为一幅战场全景图。当参战人员需要时可分发给他们，使其对战场态势的感知能力大大提高。

2002 年 5 月，美国 Sandia 国家实验室与美国能源部合作，共同研究能够尽早发现以地铁、车站等场所为目标的生化武器袭击，并及时采取防范对策的系统。它属于美国能源部恐怖对策项目的重要一环。该系统集检测有毒气体的化学传感器和网络技术于一体。

美国自然科学基金委员会 2003 年制定了无线传感器网络研究计划，在加州大学洛杉矶分校成立了传感器网络研究中心，联合周边的加州大学伯克利分校、南加州大学等，展开"嵌入式智能传感器"的研究项目。

英特尔公司在 2002 年 10 月 24 日发布了"基于微型传感器网络的新型计算发展规划"。该计划宣称，英特尔将致力于微型传感器网络在预防医学、环境监测、森林灭火乃至海底板块调查、行星探查等领域的应用。我国在国家"十一五"规划和《国家中长期科技发展纲要》中将"传感器网络及信息处理"列入其中，国家 863、973 计划中也将 WSN 列为支持项目。

2.5 传感器网络的应用

传感网的应用领域非常广阔，它能应用于军事、环境监测和预报、精准农业、健康护理、智能家居、建筑物状态监控、复杂机械监控、城市智能交通、空间探索等领域。传感网具有巨大的军事、工业和民用价值,引起了世界各国军事部门、工业界和学术界的广泛关注。随着传感网的深入研究和广泛应用,传感网将会逐渐深入人类生活的各个领域。

1. 军事应用

传感网具有可快速部署、可自组织、隐蔽性强和高容错性的特点,因此它非常适合在军事领域应用。传感网能实现对敌军兵力和装备的监控、战场实时监视、目标定位、战场评估、核攻击和生物化学攻击的监测和搜索等功能。通过飞机或炮弹将传感器节点播撒到敌方阵地内部,或在公共隔离地带部署传感网,能非常隐蔽和近距离地准确收集战场信息,迅速地获取有利于作战的信息。传感网由大量的、随机分布的传感器节点组成,即使一部分传感器节点被敌方破坏,剩下的节点依然能自组织地形成网络。利用生物和化学传感器,可以准确探测生化武器的成分并及时提供信息,有利于正确防范和实施有效的打击。传感网已成为军事系统必不可少的部分,并且受到各国军方的普遍重视。

2. 智能家居

随着近年来科学技术的迅速发展和普及,人们的工作生活趋向智能化,智能家居已成为家庭信息化和智能化的一种表现。智能家居是以住宅为平台,利用综合布线技术、网络通信技术、安全防范技术、自动控制技术、音视频技术将家居生活有关的设施集成起来,构建高效的住宅设施与家庭日程事务的管理系统,提升家居安全性、便利性、舒适性、艺术性,并实现环保节能的居住环境,如图 2-2 所示。

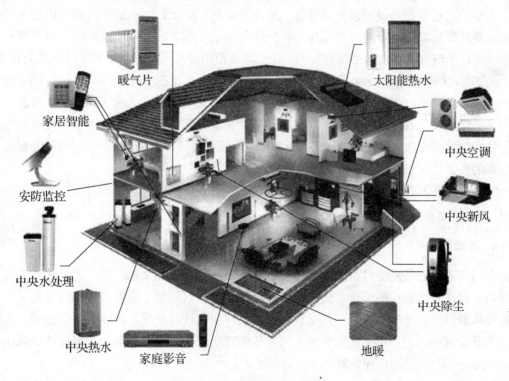

图 2-2 智能家居示意图

嵌入家具和家电中的传感器与执行单元组成的无线网络与互联网连接在一起,能够为人们提供更加舒适、方便和更具人性化的智能家居环境。用户可以方便地对家电进行远程监控,如在下班前遥控家里的电饭锅、微波炉、电话、录像机、计算机等家电,按照自己的意愿完成相应的煮饭、烧菜、查收电话留言、选择电视节目以及下载网络资料等工作。

在家居环境控制方面,将传感器节点放在家里不同的房间,可以对各个房间的环境温度进行局部控制。此外,利用传感网还可以监测幼儿的早期教育环境,跟踪儿童的活动范围,让研究人员、父母或老师可以全面了解和指导儿童的学习过程。

传感网在智能家居方面的一个典型应用是海尔的 U-home。U-home 是以 U-home 智能家电系统为载体,通过无线网络,实现 3C 产品、智能家居系统的互联和管理,以及数字媒体信息共享的系统。

3. 医疗卫生

传感网在医疗卫生领域的应用较早,它具有低费用、简便、快速、实时无创地采集患者的各种生理参数等优点,在医疗研究、医院病房或者家庭日常监护等领域有很大的发展潜力,是目前研究的热点。

远程健康监测系统是传感网在医疗卫生领域中的一个典型应用。该系统通过在患者家中部署传感网来覆盖患者的活动区域。患者根据自己的病情状况和身体健康状况佩戴传感器节点,通过这些节点可以对自己的重要生理指标(如心率、呼吸、血压等)进行实时监测。随后把节点获取的数据通过移动通信网络或互联网传送到为患者提供健康监测服务的医院,医院的远程监测系统对接收到的这些生理指标进行分析,以诊断患者的健康状况,并根据诊断结果采取治疗措施。利用传感网长期收集被观察者的人体生理数据,对了解人体健康状况以及研究人体疾病都很有帮助,在实际应用中对慢性病和老年患者群体尤为重要。

美国韦恩州立大学发起了智能传感器和集成微系统(Smart Sensors and Integrated Microsystems,SSIM)项目。在该项目中,100 个微型传感器被植入病人的眼中,帮助盲人获得了一定程度的视觉。科学家还创建了一个"智能医疗之家",在这里使用传感网络测量居住者的重要生命体征(如血压、脉搏和呼吸)、睡觉姿势以及每天 24 小时的活动状况,所搜集的数据被用于开展相应的医疗研究。

此外,传感网在医院药品管理、血液管理、医患人员的跟踪定位等方面也有其独特的应用。

4. 环境监测

人们对环境的关注度日益提高,环境科学所涉及的范围越来越广泛,通过传统方式采集原始数据是一项困难的工作。传感网为环境数据的获取提供了方便。传感网可用于监视农作物灌溉情况、土壤空气情况、家畜和家禽的环境和迁移状况、无线土壤生态学、大面积的地表监测等,也可用于行星探测、气象和地理研究、洪水监测等,还可以通过跟踪鸟类、小型动物和昆虫进行种群复杂度的研究等。

美国国家生态观测网络(National Ecological Observatory Network,NEON)是一个研究从

区域到大陆的重要环境问题的国家网络，是由美国国家科学基金会于 2000 年提出建立的。NEON 的目标是通过网络式的观测、试验、研究和综合分析，了解环境变化的原因，预测环境变化的趋势并提出相应对策。

NEON 的研究人员将美国划分为 20 个不同的区域，每个区域代表一个特定的生态系统类型，以长期观测生物圈对土地利用和气候变化的响应以及土壤圈、水圈和大气圈的相互反馈机制。在每个区域中都配备有三套传感器。一套固定安装在核心位点进行至少 30 年的连续监测，核心位点的环境条件不受干扰而且可能维持下去。其他两套可进行移动，在一个地方进行 3～5 年的观测后移动到其他地方，这些"浮动"的位点用于同区域内的比较。不管是核心位点还是浮动位点，都有一座布满传感器的观测塔，这座塔比现有的植被冠层高 10 米。在围绕这座塔方圆几十平方千米的区域内，研究者将更多的传感器布设于土壤和溪流中，测量温度、二氧化碳和营养水平，以及根生长速率和微生物活动。为了配合这些地面测量，研究人员还将在每个核心站点进行一年一次的空中调查，观察诸如叶化学特征和森林冠层的健康问题，也可用于与卫星观测数据进行比较。此外，NEON 的研究人员还部署了一个特殊装备的飞机，其上配备了激光雷达、光谱仪和高分辨率的相机，用于评估自然灾害，如洪水、野火和害虫爆发的影响。

现在多数城市安装了空气质量监测装置，但一般架设在测量站点或已知的污染热点地段，数量不变，在广大的农村地区没有监测设施。实际上，高污染地段会随时间变化，一般只能提供逐日平均空气质量状况。由于空气污染时空分布的监测受到监测站点少而且固定、布点不合理、不能在线处理等的限制，近些年，人们不断尝试设计廉价的、无处不在的传感网，将它们用于大范围、实时、全面的城市环境监测。此外，人们特别关注发展可移动的便携式空气质量监测与定位装置。NEON 的研究人员在 2008 年设计了一种空气污染监测系统，该系统可以固定于城市街道或架设到公交车上进行移动和定点空气质量集成测量。该系统的一个重要组成部分是 MoDisNet 分层分布式监测网络。在该网络中，移动式的监测仪器可以对原始采集数据做初步处理，然后利用无线通信方式发送到最近的路边定点监测节点，最后传回数据采集中心。

5. 精准农业

精准农业(Precision Agriculture)是近年来国际上科学研究的热点领域。它将现代化的高新技术带入农业生产中，使得农业生产更加自动化、智能化。传感网对精准农业的实现提供了很好的技术支持，可以利用传感网来监控农作物的生长环境。在农作物生长环境中部署少量的传感器节点，就可以采集足够的土壤温湿度、光照、二氧化碳浓度以及空气温湿度等信息，从而方便对农作物的管理，如图 2-3 所示。这样不仅可以实现灾害预防，还能提前采取防护措施，大大提高农产品的产量和质量。

西北工业大学的国家科技支撑计划项目"西部优势农产品生产精准管理关键技术研究与示范"是传感网在精准农业中的一个典型应用。该项目在温室、果园或中草药大田中部署传感器节点，通过传感器节点采集部署区域的大气温度、湿度、光照、二氧化碳(温室需要)以及土壤参数(土壤温度及水分)等环境信息，把采集信息通过传感网传送到服务器，由服务器对数据进行解析并存储。决策支持系统(DSS)从数据库中读取数据，并对数据进行分析与处理，在必要情况下将一些生产指导信息如灌溉、病虫害管理以及灾害天气预警等通知所属区域农户。此外，DSS 还可以对连接到节点的灌溉系统和温室控制柜实施相关的控制。而且，农业专家还可下载历史数据，对农作物生长模型进行分析与优化。

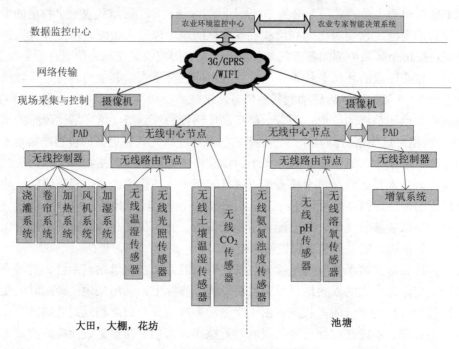

图 2-3 传感网精准农业的相关应用

6. 其他方面

1) 在空间探索中的应用

用航天器在外星体上撒播一些传感器节点，可以对该星球表面进行长期监测。这种方式成本低，节点之间可以通信，也可以和地面站通信。美国国家航空航天局下属的喷气推进实验室推进的 Sensor Webs 项目就是为火星探测进行技术准备。该系统已在佛罗里达宇航中心周围的环境监测项目中进行了测试和完善。

2) 在特殊环境中的应用

传感网适合应用在一些人不可达的特殊环境中。石油管道通常要经过大片荒无人烟的地区，对管道进行监控一直是个难题。利用传统的人力巡查来完成监控几乎是不可能的事情，而现有的监控产品往往复杂且昂贵。将传感网布置在管道上可以实时监控管道情况，以便控制中心能够实时了解管道状况。

2.6 传感器网络与物联网的关系

目前有不少人认为传感网就是物联网，这种认知会混淆传感网、物联网的概念。

传感网是由大量部署在作用区域内的、具有无线通信与计算能力的传感器节点组成，这些节点通过自组织方式构成传感网，其目的是协作感知、采集和处理网络覆盖地理区域中的感知对象信息并发布给观察者。

物联网(Internet of Things，IoT)的概念最早在1999年由美国麻省理工学院提出，早期的物联网是指依托射频识别(Radio Frequency Identification，RFID)技术和设备，按约定的通信协议与互联网相结合，使物品信息实现智能化识别和管理，实现物品信息互联而形成的网络。随着技术和应用的发展，物联网内涵不断扩展。国际电信联盟(International Telecommunication Union，ITU)发布的ITU互联网报告对物联网做了如下定义：通过二维码识读设备、射频识别装置、红外感应器、全球定位系统和激光扫描器等信息传感设备，按约定的协议，把任何物品与互联网相连接，进行信息交换和通信，以实现智能化识别、定位、跟踪、监控和管理的一种网络。根据ITU的定义，物联网主要解决物品与物品(Thing to Thing，T2T)、人与物品(Human to Thing，H2T)、人与人(Human to Human，H2H)之间的互联。但是与传统互联网不同的是，H2T是指人利用通信装置与物品之间的连接，使得物品连接更加简化，而H2H是指人之间不依赖于个人计算机(PC)而进行的互联。因为互联网没有考虑到任何物品之间的连接问题，所以使用物联网来解决这个传统意义上的问题。我国工业和信息化部电信研究院2011年发布的物联网白皮书中对物联网作了如下定义：物联网是通信网和互联网的拓展应用和网络延伸，它利用感知技术与智能装置对物理世界进行感知识别，通过网络传输互联，进行计算、处理和知识挖掘，实现人与物、物与物之间的信息交互和无缝链接，达到对物理世界实时控制、精确管理和科学决策的目的。

从概念上看，物联网的核心和基础仍然是互联网，是在互联网基础上的延伸和扩展。传感网主要采用"传感器+无线通信"的方式，不包含互联网。物联网的概念比传感网大一些，这主要是因为人感知物、标识物的手段，除了有传感网，还可以有二维码、RFID等。比如，用二维码标识物品之后，可以形成物联网，但二维码并不在传感网的范畴之内。传感网技术可以认为是物联网实现感知功能的关键技术。

从物联网的网络架构来看，物联网由感知层、网络层和应用层组成。感知层包括二维码、RFID、全球定位系统(GPS)、摄像头、传感器、终端、传感网等，主要实现对物理世界的智能感知识别、信息采集处理，并通过通信模块将物理实体连接到网络层和应用层。网络层主要实现信息的传递、路由和控制，包括延伸网、接入网和核心网，网络层可依托公众电信网和互联网，也可以依托行业专用通信网络。应用层包括应用基础设施/中间件和各种物联网应用。应用基础设施/中间件为物联网应用提供信息处理、计算等通用基础服务设施以及资源调用接口，以此为基础实现物联网在众多领域中的各种应用。

可见，在物联网的整个网络架构当中包含传感网，传感网主要用于信息采集和近距离的信息传递。要真正实现物联网，做到物物相联，离不开传感网，但是不能把传感网看作物联网，因为它不是物联网的全部。

当前，传感网已经得到广泛应用，而物联网应用还处于起步阶段。目前的物联网应用主要以RFID、传感器等应用项目体现，大部分是试验性或小规模部署的，处于探索和尝试阶段，覆盖国家或区域性的大规模应用较少。

本章小结

传感器网络有无线传感器网络和基于射频识别的传感器网络。大量的微型传感器节点构成的无线传感器网络，通过智能组网，形成一个自组织网络系统，接收信息并将处理后的信息传递给用户。射频识别即通过无线电波进行识别。射频识别具有非接触、自动识别、遵守使用无线电频率的众多规范、数字化等特性。

传感器网络主要有大规模、自组织、动态性、容错性和资源受限等特点。传感网的关键技术包括路由协议、MAC协议、拓扑控制、定位、时间同步、数据管理等。传感器网络的发展历程分为以下三个阶段：传感器→无线传感器→无线传感器网络(大量微型、低成本、低功耗的传感器节点组成的多跳无线网络)。传感器网应用于人类生活的各个领域。

物联网的整个网络架构当中包含传感网，传感网主要用于信息采集和近距离的信息传输。要真正实现物联网，做到物物相联，离不开传感网，二者是包含关系。

习 题

1. 什么是传感器网络？
2. 传感器网络的主要特点是什么？
3. 传感器网络的核心技术有哪些？
4. 请简述传感器网络和物联网的关系。

第 3 章

普 适 计 算

学习目标

1. 掌握普适计算的概念、相关技术和特征。
2. 了解普适计算的发展历史及现状。
3. 掌握普适计算的相关应用。

知识要点

普适计算的概念、相关技术、技术的难点，普适计算的特征以及普适计算的发展趋势和它的应用。

"精深的技术往往将自身融入日常生活而使人们无法感受其存在",普适计算正是这样一种技术。它创造出一个充满了计算和通信能力的环境,但更为重要的是它使人类用户能够自然地融入其中,只关心自己的意图和任务,而不必分散注意力于具体的计算技术和设备。这展示了一个魅力非凡的计算模式。随着笔记本电脑、PDA、移动电话和各种可穿戴设备等硬件的出现,普适计算正一步步地走近我们。但如何让各种各样移动和非移动设备动态互联,并通过彼此提供的服务互相协作,完成用户的任务,则是软件技术面临的挑战。普适计算环境由于设备、服务可用性的频繁变化表现出动态特征,在这样的环境下,对于给定的任务,用户如何定位合适的服务是其关键。而服务发现技术能够帮助用户在网络中寻找所需的服务,检测服务可用性的变化,从而维护服务的一致性视图。

3.1 普适计算的概念

随时随地计算又称普适计算,其主导思想源自 20 世纪 80 年代末,由 IBM 首先提出,并从 20 世纪 90 年代后期开始受到广泛关注。"普适计算"指的就是:"无论何时何地,只要您需要,就可以通过某种设备访问到所需的信息。"从计算技术的角度来看,人类已经由网络计算逐步延伸到了普适计算。

麻省理工学院开展的 Oxygen 项目,寓意是使未来的计算像氧气一样无处不在并可自由获取。与传统的以计算机为中心的计算模式不同,新的计算模式应该以人为本。IBM 已将普适计算确定为电子商务之后的又一重大发展战略,并开始了端到端解决方案的技术研发。2000 年 IBM 发布了 WebSphere 软件平台。它包含了编写、运行和监视全天候的工业强度的随需应变 Web 应用程序和跨平台、跨产品解决方案所需要的整个中间件基础设施,如服务器、服务和工具。WebSphere 提供了可靠、灵活和健壮的软件。Microsoft 公司也有项目研究致力于智能环境的体系开发,涉及中间件、几何世界建模、定位感知、服务描述等技术。其关键特点是机器视觉、多传感器的自动和半自动校准,以及独立于设备的通信。日本东京大学教授坂村健建立了 T-Engine 论坛、普适 ID 中心,用于研究和推动普适计算技术。坂村健先生认为,在普适计算环境中,类似 RFID 和传感器这样可进行信息交流的节点能结合在任何物体上,它们存储或探测真实世界中的属性信息,并把这些信息传递给人们佩戴的计算机或固定设备中的计算机;使用这些真实世界的数据,可以提供准确的信息服务和环境控制。Mionis 大学的 AGIA 项目,将普适计算概念用于计算,并将传统的计算机系统延伸到各种设备以及围绕机器的物理空间。这样虚、实两种对象可无缝交互,物理空间成为交互空间或称活动空间(Active Space)。也就是建立起一种新的物理空间环境,作为虚、实对象之间间隙的桥梁,并将这种物理环境带入日常生活中。活动空间也是一种计算机,但其异质性、移动性和大量的设备使系统变得非常复杂。

在我们国内,部分大学已经重视普适计算,纷纷开展相关的概念和基础技术研究,并取得了可喜成果。清华大学在 1999 年就开始普适计算研究,徐光佑教授提出普适计算是信息空间与物理空间的融合,在这个融合空间中,人们可以随时随地透明地获得数字化的服务;电子科技大学已有几届博士生开展专题研究,探讨普适计算的概念及其应用并通过嵌入式真正地推动普适计算的发展；更可喜的是我国嵌入式信息技术产业强大，使得嵌入式技术有了长足进步，中国式手机成套技术已打进欧洲。这是我们走近普适计算时代的基石。

普适计算具有如下特征：消失、不可见、分散性、多样性。消失：一个著名论述，"最深奥的技术是那些消失了的技术，这些技术将它们的自身交织于日常生活中，直至不可区分。"比如我们日常生活中的电，虽然对于我们的生活有巨大的影响，但是却犹如消失在人们的日常生活中，普适计算也将是那样一种被消失的计算。不可见：一种好的工具是不可见的工具，其含义是这一工具并不进入你的意识，你只是专注于任务而非工具。例如，铅笔是一个很好的工具，当你通过铅笔写字的时候，你看的全是字而非看铅笔。当然工具本身不是不可见的，它只是使用工具这一场景中的一个部分，好工具应增加其不可见性。普适计算也将是那样一种不可见的工具。在上述四个特性中消失和不可见是普适计算最重要的两个特征，分散性和多样性也是基本特征，在这里不做介绍。

通俗地讲，普适计算的含义十分广泛，所涉及的技术包括移动通信技术、小型计算设备制造技术、小型计算设备上的操作系统技术及软件技术等。普适计算是指无所不在的、随时随地可以进行计算的一种方式，主要针对移动设备，包括信息家电及各种嵌入设备，如掌上电脑、BP 机、车载智能设备、笔记本计算机、手表、智能卡、智能手机(具有掌上电脑的部分功能)、机顶盒、POS 销售机、屏幕电话(除了普通话机的功能外还可以浏览因特网等的新一代智能设备)。

3.2 普适计算的技术

普适计算是一个广泛的概念，集合了无线计算、游牧式计算、松散计算、日常计算、无所不知的计算等内容，所涉及的技术支撑包括移动通信技术、全球网络服务、嵌入式操作系统、P2P 对等计算、网络计算、蓝牙等。

3.2.1 普适计算的相关技术

从计算技术的角度来看，人类已经由网络计算逐步延伸到了普适计算。而电子技术的发展和宽带网络的不断进步，使得普适计算在技术上有了很多支持，并从 20 世纪 90 年代后期开始受到了广泛关注，目前在国际上已发展成为一个研究热点。下面我们来详细讨论一下普适计算的主要相关技术领域。

普适计算是高科技电子技术的集成，特别是无线技术和网络。实际上普适计算是网络计算的自然延伸，它不仅使得 PC 而且使其他小巧的智能设备也可以连接到网络中，从而方便人们即时地获得信息并采取行动。电子技术的快速发展，使得计算机功能得以广泛应用。可以将计算机部件安装在任何用于监控或采集数据的各种小型计算物理设备上，例如，家用电器、监控、影像等，如图 3-1 所示。对于普适计算来讲，这些电子技术有利于实现计算设备的智能化，甚至计算机的嵌入。现有的普适计算系统使用了下列电子技术，如专用集成电路、语音识别、手势识别、片上系统、智能接口(Intelligent Interface)、智能设备、智能晶体管、可重构处理器、现场可编程逻辑阵列、微电子机械系统等。

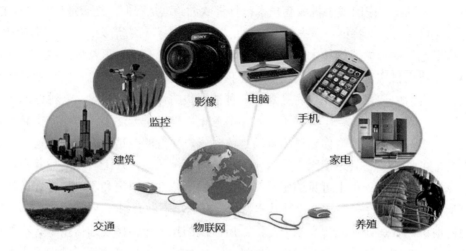

图 3-1　多种应用的互联

实质上，普适计算主要涉及分布式技术和移动计算技术。分布式系统源于个人计算机和局域网络的连接，分布式计算的概念和算法基础(如远程通信、容错技术、远程信息访问、安全技术等)是普适计算的基础。从软件系统的角度来讲，普适计算技术要求计算设备在位置不断移动或在地理位置分布很广的情况下，仍能实现数据和服务的稳定获取，即移动计算。与此相关的技术主要有移动网络(包括移动 IP)、移动信息存取技术、自适应软件支持(包括自适应资源管理、自动代码转换等)、系统能源节省技术、灵敏位置感应技术等。

3.2.2　普适计算的技术难点

目前，世界各地有大量的计算机专家在从事普适计算的研究。IBM 等一些知名的大公司也纷纷成立了普适计算的研究和开发部门。普适计算的研究包括计算机科学的各个领域，如硬件设备、网络协议、交互方式等。但就当前的情况而言，普适计算的工作还处于初级阶段。目前，普适计算主要面临以下几个方面的问题。

首先，普适计算需要解决的是带宽问题。因为普适计算设想的环境是计算无所不在，这需要巨大的无线带宽。例如，一个办公楼里共有 300 个人。按每个人的房间有 100 个无线设备，每个设备要求 256Kb/s 带宽来算，整个大楼里共需要 7.5Gb/s 带宽。而这样的带宽远远超过了当前 IEEE 802.11 和蓝牙(Bluetooth)等技术能提供的带宽，这就意味着利用现有的无线技术是不可能达到的。

普适计算所面临的第二个难点是网络协议对可移动性的支持。现有的 TCP/IP 协议和 OSI 协议均不能处理机器的可移动性，并要求在通信期间保持机器的名字和网络地址不变。所以，必须对现有的协议进行补充、修改或替换，以达到对可移动性的处理。不过当前随着移动计算(Mobile Computing)技术和无线网络技术的发展，特别是 IPv6 的推出，使该问题已经有了一些解决方案，并逐步进入商品化阶段，如图 3-2 所示。

图 3-2　随时随地地计算连接各种无线应用

实现普适计算的第三个问题是目前的操作系统。目前的大部分家用操作系统，如微软公司的 Windows 系列和 Apple 公司的 Macintosh 等，均不能通过网络远程地打开一个窗口。例如，X Window 系统很难将正在运行的一个应用窗口从一个屏幕移至另外一个屏幕，而这恰恰是用户在移动时工作所需要的。值得一提的是，Windows 2000 Advanced Server 已初步实现了用户在用 Terminal Server Client 软件远程登录时，可以直接进入上次离开时保持的图形状态和信息。这已部分实现了普适计算的要求。普适计算也要求软件和程序可以在保持当前状态和信息的情况下在不同的操作系统之间进行方便的切换。目前主要的研究方向是利用 Java 和 XML 技术，离普适计算的要求还有一定的距离。

另外一个普适计算必须解决的问题是安全问题。普适计算是一种大范围的计算环境，这个系统需要并记录了几乎所有的信息。但是，由于其中一部分是非常关键的个人信息，生活在这种环境下经常会使人感到自己没有隐私。因而，如何实现"用户拥有信息"这个目标便成了问题的关键。用户应该能够决定他希望看到别人什么类型的信息，同时也能够决定自己的什么信息能够被其他人所访问。另外一个关键问题是用户对于拥有的信息具有决定权限，这意味着用户可以携带全部的个人信息存储于便携设备的物理存储介质中，而这与普适计算的易用性又是相矛盾的。由于实际中并没有普适计算的成型系统以及成熟的安全模型，因此安全问题需要根据用户系统的具体设计以及实现方式来决定。

3.3　普适计算的特征与特性

3.3.1　普适计算的特征

在普适计算模式下，用于普适计算的终端设备通常具有如下基本特征。

(1) 形态多样。用于普适计算的终端设备数量庞大，弥漫在人们的日常生活之中，其形态多样，既包括目前的 Smart Phone、PDA，也包括可穿戴式计算机和智能家居设备，以从不同方面为人们提供所需要的服务，而人们却感觉不到计算机的存在。

(2) 自然的人机交互方式。计算以人为中心，人机交互类似于人与人之间的自然交流方式(如语言、姿势、书写等)。

(3) 网络连接特性。普适计算终端能够通过网络连接，把终端同庞大的 Internet 或是专用网络连接起来，为用户提供内容丰富的服务。

(4) 无缝移动性(Seamless Mobility)。普适计算终端使用户能够在移动中透明、连续地获得计算服务，而无须人为地配置系统。

(5) 智能特性。普适计算终端具备上下文感知(Context Awareness)特性，能够感知到用户是谁、用户的喜好、用户在做什么、用户当前所处的位置和场合等，以及当前的使用环境，并据此做出相应的处理。此外，还能根据终端所能够使用的资源进行自适应处理，为用户提供与资源可获得性相一致的服务。

(6) 相对的资源有限性。同通常的桌面系统相比，普适计算终端的资源比较有限，如电源的连续使用时间、显示屏幕的大小和变化的网络连接特性等。

3.3.2 普适计算的特性

普适计算终端的种类繁多，主要功能也不尽相同，外在形式更是千差万别，但大都需要考虑以下技术。

(1) 自适应性。普适计算终端的环境是变化的，可得到的资源也是变化的，并且这种变化是动态的。这就要求终端具有自适应的环境处理能力，能够根据资源的变化做出相应的响应，当资源比较丰富时，为应用提供高质量的服务；当资源缺乏时，则提供降级服务。

(2) 移动代理。移动代理是在异质网络环境下能够自行控制移动的程序，并能够进行交互操作。使用移动代理主要有以下好处：降低网络负载；减少网络延迟的影响；实现协议封装；能够使终端工作于弱连接或是无连接状态；能够工作于异质环境。

(3) 数据管理。普适计算终端同服务器的交互过程通常具有以下特点：非对称的通信模式、无连接特性、移动性。这些交互特点使普适计算终端的数据管理和基于数据管理的事务处理变得复杂起来，需要考虑网络特性、功耗和一致性等方面的内容。

(4) 人机交互。在普适计算中，利用类似人与人之间的自然交互方式：①人与人之间的语言、姿势和书写等交流方式；②能够支持更加倾向于人类之间交流方式的人机接口已经开始成为 GUI 交互方式的补充或替代方式；③在计算机视觉和计算感知方面长期研究的推动下，感知性接口正在成为一个新的研究领域。

(5) 功耗管理。有限的电池使用时间是普适计算终端需要考虑的问题，以延长终端在移动过程中的有效使用时间。否则，普适计算潜在的商业前景就难以变为现实。

(6) 中间件技术。普适计算在中间件技术上存在着两个方面的挑战：计算应用和网络的多样性的物理属性所造成的动态异构性和移动性。如今为适应普适计算提出的 SMART

计划的主要特性有：开放性、基于构件、主动性、以用户为中心。

(7) 软件的设计考虑。通常的软件设计过程中，一般只需要考虑功能的正确性，即软件所产生的逻辑结果是否能够满足需求。对于普适计算终端，在软件设计过程中不但要考虑功能的正确性，还可能需要考虑以下因素：实时特性、多保真性和低功耗特性。

3.4 普适计算的发展趋势

普适计算描述了具有丰富计算资源和通信能力的人和环境之间关系的场景，这个环境与人们逐渐地融合在一起。它把计算机嵌入到各种类型的设备中，建立一个将计算和通信融入人类生活空间的交互环境，从而极大地提高个人的工作及与他人合作的效率，但这种能嵌入的计算机不再是传统意义上的计算机了。随着微电子工艺的发展，电子设备越来越向微小型化发展，同时它的价格也越来越低。这使得将微小型计算设备嵌入到环境中成为可能。

普适计算所需的软件技术也基本成熟，而在基于自然语言理解的普适计算环境中，人和计算机的交互将更加自然，使得普适计算环境更人性化。人机交互研究也将是普适计算研究的一个重要领域。

普适计算的计算机网络正在形成以互联网为核心，以多种无线网以及移动网为接入的更加广泛的异构集成网络。计算机网络协议功能更强，以满足不同数据通信特点的应用，同时 IPv6 的应用会大大增加网络地址范围，在可预见的未来为每个设备提供网络地址。从网络带宽上来看，有线主干网逐渐采用光纤，IEEE 802.11、蓝牙(Bluetooth)逐渐成为无线局域网的常用标准，移动网正在向 3G、4G 甚至 5G 演变。这些情况表明，一种高带宽、覆盖全球的统一网络，即泛在网络(ubiquitous network)正在形成。这种网络可允许任何具有 IP 地址的设备上网，任何上网设备都可享受网络服务。

为适应普适计算环境下各种设备上网的需求，面向 21 世纪的嵌入式系统要求配备标准的一种或多种网络通信接口，嵌入式系统将不再是"信息孤岛"。针对外部联网要求，嵌入设备必须配有通信接口，相应需要 TCP/IP 协议簇软件支持；由于家用电器相互关联及现场设备的协调工作等要求，新一代嵌入式设备还需具备 IEEE 1394、USB、CAN、蓝牙等通信接口，同时也需要提供相应的通信组网协议软件和物理层驱动软件等。

普适计算是对计算模式的革新，对它的研究虽然才刚刚开始，但是它已产生了巨大的生命力和深远的影响。普适计算的新思维极大地活跃了学术思想，推动了对新型计算模式的研究。目前已出现了许多诸如平静计算(Calm Computing)、日常计算(Everyday Computing)、主动计算(Proactive Computing)等新的研究方向。

3.5 普适计算的应用

普适计算提供了经由网络，使用各种各样的普适计算设备间的后台数据、应用和服务的功能。无论使用何种普适计算设备，用户将能轻易访问信息，得到服务。普适计算降低了设备使用的复杂性，帮助提高在外办公人员的效率和人们的日常生活水平。

　　普适计算主要用于商业，通常针对移动办公的工作人员和需要经常存取公司系统信息的职员。现在的计算机部件越来越小，因此，可以将这些功能集中于一种设备来取代各种专用设备，如取代电话、呼叫器、计算机和网络连接等设备。

　　普适计算的核心用途之一就是信息的提供。就其应用范围而言是难以想象的，而且人们无须为此去学习新的语言或是精通各种不同的代码及特殊设备。事实上，绝大部分非专业人士目前掌握的交流渠道例如语言、文字、肢体动作等已经足够去获取其所需的信息，基本上没有必要不断学习更新额外的方法和交流渠道，只有对极少数相关的专业人士而言，才需要不断学习掌握最新计算机代码、设备等相关知识的可能。另外，信息提供的方式也非常重要，用户不希望被大量无用或不相关的信息及数据所淹没。何时以及如何向用户提供信息是至关重要的。例如，当用户开车时，利用车上的音频系统进行输出比用显示输出更实用。而与场景相关的普适计算在实现此类应用时相对地就比较简单方便。

　　普适计算在嵌入式系统设备中的特性与普适计算传统运算模式有很大的不同。传统的运算只着眼于所涉及设备的产品个体，着眼于可靠地实现嵌入式设备各自的各项功能，并未能很好地从嵌入式设备间的联系以及用户使用的角度考虑产品的开发，所以造成了多个产品(处于同一物理或逻辑空间中)的相对孤立，从而也不能很好地完成用户的需求。普适计算的核心思想就是将设备缩小或是嵌入到相关设备内部，使其"看不见"，但却又利用其设备间广泛的联系为用户提供可靠的计算与信息服务，可最大限度地满足用户的需求，同时也能更好地支持设备管理的智能化。其主要特性如下：

　　(1) 无处不在、无时不在，便于信息的传输与处理。嵌入式系统应用中的普适计算是将设备尽量嵌入其他设备或是隐藏起来，使人们感觉不到设备的存在，但却可以无障碍地得到计算与信息支持，保证了计算和信息服务对用户的透明性，从而建立了和谐的人机环境或空间，使用户可以随时随地透明地获得计算和信息服务。

　　(2) 计算从以机器为中心到以人为中心。普适计算通过把多种设备(包括计算机、通信设备、信息设备、娱乐设备、信息家电等)集中起来，从而构成一个统一协调的系统，使得由计算和通信构成的信息空间与人们生活的物理空间融合成一个普适的信息交互环境。计算机应该嵌入到环境或日常工具中去，让计算机本身从人们的视线中消失，让人们注意的重心回归到要完成的任务本身。也就是说，计算是不可见的，是平静的、不引人注目的。

　　(3) 设备高度集成、体积缩减，便于携带。普适计算应用中的嵌入式系统设备开发的趋势是：高度集成、体积缩减和便于携带。例如，IBM 公司研发的 BlueBoard(蓝板)技术，是一片薄薄的屏幕板，其大小和普通的员工卡没什么两样。使用时只需对准蓝板一下，就可以显示出其个人主页以及定制好的其他内容。其后的一切操作和任务都只靠使用者的手指在蓝板上指指划划就可以了。一张小小的卡片——BlueBoard——就成了一台计算机，无论在任何地方，只要进入系统就可以工作或传递信息了。

　　(4) 降低了操作的复杂度。随着信息技术的发展，人们已经普遍认识到了计算机的重要性和实用性。虽然如此，但对于大多数非计算机专业领域的人们来说，计算机仍然是一个看不见其内部结构、难以操作和控制的"黑盒子"，使人们对它敬而远之。像这样的情况在我们目前的社会上还存在很多，尤其对于各级领导和管理人员来说更为突出，使得他们在利用信息技术提高工作效率方面受到限制。普适计算轻量计算的特点决定了用户使用的设备界面更加友好，操作更加简单，便于用户熟悉和掌握。

(5) 设备之间的联系更加紧密。应用于普适计算的设备都是统一于集成的物理环境中协调管理和工作的。每一个设备都能在可靠地完成各自功能的基础上为其他设备提供计算和信息服务，它们之间频繁地进行着信息的传输和相互协作。基于设备间的紧密联系，它们所组成的整个系统更好地完成用户的需求。

随着普适计算相关技术的发展，将会有更多的普适计算应用系统投入使用。普适计算已经开始而且正在蓬勃发展，但是仍然是初级阶段，要真正地把普适计算投入使用还需要5～10年的时间。下面就移动计算技术的成熟和嵌入式设备的普及给普适计算的使用简单举例说明。

1. 数字家庭

数字家庭能通过家庭网关将宽带网络接入家庭，家庭内部的网络可以是无线或有线的。在家庭内部，手持设备、个人计算机或者家用电器通过有线或者无线的方式连接到网络，从而提供了一个无缝、交互和普适计算的环境。人们能在任何地点、任何时候访问社区服务网络，比如在社区里预订机票，或者通过高级的设备与电器诊断、自动定时、集中和远程控制等功能，使我们生活更方便、更安全。

2. 蓝板技术

IBM 研发的蓝板(BlueBoard)技术，是一片薄薄的屏幕板，使用者只用其胸前挂着的看上去与普通员工卡没什么两样的小卡片，对准蓝板一下，就可以显示出其个人主页及定制好的其他内容。其后的一切操作和任务都只靠使用者的手指在蓝板上指指划划就全部搞定了，包括查阅资料、共享文件、与同事实时互传信息、发送指令、布置任务、协同工作等。有了蓝板技术，将来人们外出时，不再需要携带计算机，只需带着这张小小的卡片，进入系统就可以在任何地方工作或传递信息，而这张小小的卡片就成了一台计算机。

普适计算对计算机提出了一种革新计算模式，考虑自然的人类环境，让计算机自身消失在这种环境中。这种消失不是技术上的，而是人类心理学上的基本结果，达到这个结果我们就实现了"普适计算"的理想境界。

此外，许多标准应用，如文字处理、网络应用软件及各种管理工具包，都可在普适计算环境下找到新的应用方向。各种移动设备不仅可适用于当前笔记本电脑所适用的环境，而且将具有更突出的方便性及灵活性。人们可以在任何时间、任何地点获取信息及进行交流。例如对于股票经纪人，无论置身何处，都可 24 小时获得股票价格，并可随时进行在线交易；对于一个经常需要做报告的人而言，他的服装和随身用品就可以协助他作即兴演讲，而且也可以使他随时看到想看的演讲材料，当然同时也能很方便地和远程听众交互。普适计算所能提供的服务和应用，远远超过了当前笔记本电脑的功能。

本 章 小 结

"普适计算"指的就是:"无论何时何地,只要您需要,就可以通过某种设备访问到所需的信息。"

普适计算所涉及的技术包括移动通信技术、小型计算设备制造技术、小型计算设备上的操作系统技术及软件技术等。它需要解决带宽问题、网络协议对移动性的支持、操作系统和安全等技术难点。

普适计算的基本特征包括形态多样、自然的人机交互方式、无缝移动性、智能特性和相对的资源有限性。

普适计算是对计算模式的革新,它已产生了巨大的生命力和深远的影响,推动了对新型计算模式的研究。目前已出现了许多新的研究方向:平静计算(Calm Computing)、日常计算(Everyday Computing)、主动计算(Proactive Computing)等。

习 题

1. 什么是普适计算?
2. 普适计算有哪些相关的技术?
3. 普适计算的特征是什么?
4. 你认为普适计算将来的发展趋势会如何?

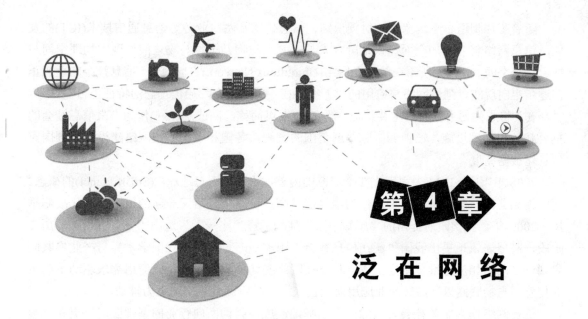

第 4 章

泛在网络

学习目标

1. 了解泛在网络的发展历史及现状。
2. 掌握泛在网络的特点和关键技术。
3. 掌握泛在网络的应用领域。

知识要点

泛在网络的起源、发展、挑战、特点和应用。

4.1 泛在网络的发展历程

随着芯片制造、无线宽带、射频识别、信息传感及网络业务等信息通信技术(ICT)的发展，信息网络将会更加全面深入地融合人与人、人与物乃至物与物之间的现实物理空间与抽象信息空间，并向无所不在的泛在网络(Ubiquitous Network)方向演进。信息社会的理想正在逐步走向现实，强调网络与应用的"无所不在"或"泛在"通信理念的特征正日益凸显，"泛在"将成为信息社会的重要特征。泛在网络(可简称泛网或泛在网)作为未来信息社会的重要载体和基础设施，已得到国际普遍范围的重视，各国相继将泛在网络建设提升到国家信息化战略高度。

2008年年底，IBM公司率先在全球范围内首次提出"智慧地球"(Smart Planet)的概念。随即得到美国政府的认可，将其作为继"信息高速公路"之后又一新的国家信息化战略举措。2009年，我国政府提出的"感知中国"战略适逢"十一五"迈向"十二五"这一历史阶段，高屋建瓴地提出我国"泛在信息社会"国家战略。同时，我国学术界与产业界共同启动泛在网络相应标准化制定工作。与泛在网络密切相关的两种特殊应用需求驱动下产生的传感网与物联网以其广阔产业应用前景也获得了政府高度重视和强力推动。

泛在网络作为服务社会公众的信息化基础设施，强调面向行业的基础应用，更和谐地服务社会信息化应用需求。因而，泛在网络技术体系亟须在新一阶段应用需求下进行梳理与发掘。

在无线射频识别、无线传感器网络、云计算及移动通信等新技术的共同作用下，通信已经成功地从人与人之间扩展到人与机器(或物体)以及机器与机器之间，网络、终端设备之间的协同与融合，促使网络向泛在化方向发展，最终形成泛在网络。泛在网络通过无处不在的连接更加彻底地感知物理世界，在与人类社会完美融合的基础上，为人们提供无处不在的网络化服务与应用。这是未来人类生产与生活的一场深刻的变革，将会带来许多新的生产模式和生活理念。

4.1.1 泛在网络的起源和发展

20世纪末以来，随着信息化程度的不断提高，信息技术和通信技术的不断融合，云计算技术和移动通信技术的不断发展，通信已经成功地从人与人之间扩展到人与机器(或物体)以及机器与机器(M2M)之间。在无线射频识别、移动信息通信、无线传感网络等技术的共同作用下，泛在网络的架构和层次逐渐清晰，网络之间不断融合，比如电信网、广播电视网、互联网在向宽带通信网、数字电视网、下一代互联网的演进过程中，高层业务相互融合，互联互通、资源共享、相互渗透、互相兼容，逐步整合成为全世界的信息通信网络。不同国家和各国学者，虽然对泛在网络的概念含义、所描述的内容和侧重点并不完全相同，但是对其自身具体内涵、核心思想等关键性问题的认同高度一致。即泛在网络环境(Ubiquity Network Environment)的出现，不仅从技术上保证了移动计算的实现，而且将极大地推动人类社会服务模式的变革。由于泛在协同服务的复杂性，其环境的局部具有自治性、异构性、开放性、混沌性等特征，因此泛在网络是一个结构庞大且松散的无所不在的网络系统。

Ubiquitous(无所不在)源自拉丁语，意为普遍存在、无所不在(Existing Everywhere)。1991年，施乐实验室的首席技术官 Mark Weiser 首次提出"泛在计算"或"U-计算"(Ubiquitous Computing)的概念。泛在计算旨在构建超越传统桌面计算的人机交互新模式，将信息处理嵌入到用户生活周边空间的计算设备中，协同地、不可见地为用户提供信息通信服务。

日本野村综研所在泛在计算概念的基础上提出泛在网络，将泛在计算模式应用到网络服务中。与此同时，欧盟的环境感知智能(Ambient Intelligence)、北美的普适计算(Pervasive Computing)的概念描述与侧重点虽然不尽相同，但与泛在网络的核心思想却不谋而合。泛在网络由最早提出 U 战略的日本和韩国定义为将由智能网络、最先进的计算技术及其他领先的数字技术基础设施武装而成的技术社会形态。根据这样的构想，泛在网络将信息空间与物理空间实现无缝对接，其服务将以无所不在、无所不包、无所不能为三个基本特征，帮助人类实现在"4A"条件——任何时间(Anytime)、任何地点(Anywhere)、任何人(Anyone)、任何物(Anything)都能顺畅地通信，都能通过合适的终端设备与网络进行连接，获得前摄性、个性化的信息服务。2009 年 9 月，ITU-T 通过的 Y. 2002(Y. NGNUbiNet)标准给出了泛在网络的定义：在预订服务的情况下，个人和设备无论何时、何地、何种方式以最少的技术限制接入到服务和通信的能力。同时初步描绘了泛网的愿景——5C + 5Any 成为泛网的关键特征，5C 分别是融合、内容、计算、通信和连接；5Any 分别是任意时间、任意地点、任意服务、任意网络和任意对象。泛在网络通过对物理世界更透彻的感知、构建无所不在的连接及提供无处不在的个人智能服务，并扩展对环境保护、城市建设、物流运输、医疗监护、能源管理等重点行业的支撑，为人们提供更加高效的服务；让人们享受信息通信的便利，让信息通信改变人们的生活，更好地服务于人们的生活，自然而深刻地融入人们的日常生活及工作中，实现人人、时时、处处、事事的服务。随着信息技术的演进和发展，泛在化的信息服务将渗透到人们日常生活的方方面面，即进入"泛在网络社会"。然而，"泛在"主要面向用户周边所暗藏的各种物质、能量与信息，形成上述三者内部间的协作。泛在网络已不再局限于单一的某种具体技术或覆盖的无所不在，而是包含信息层面含义的逻辑融合网络，将包容现有 ICT 更加深刻地影响社会发展进程。

原施乐帕罗奥多研究中心(Xerox Palo Research Center)计算机科学实验室(Computer Science Laboratory)的 Mark Weiser 教授在1991年率先提出了泛在计算(Ubiquitous Computing)和泛在网络(Ubiquitous Network)，指出泛在网络是由大量的广泛分布的具有计算能力的设备通过有线、无线以及红外线等方式互相连接形成的，这些设备与周围环境的无缝融合而消失于人们的视线中，同时指出泛在网络并不是技术主导的结果，而是人类心理(Human Psychology)因素作用的结果。泛在计算并不仅仅是设备运算速度的提升和便携性的改善、随时随地网络接入以及其他多媒体服务，而且还要协同地潜移默化地为人们提供各种信息服务。这是一种全新的超越传统桌面式计算的人机交互模式，实现人们注意力从计算设备到事务本身的转移。

日本和韩国认为泛在网络是一种社会形态，其中涉及的技术包括智能网络、先进计算技术和其他数字化技术等，其终极目标是实现信息世界和物理世界的无缝对接与融合，任何人在任何时间、任何地点、任何物体都能进行通信，为人们提供个性化的、便利的信息服务。在日本和韩国提出泛在网络的概念之后，以美国为代表的北美地区提出了普适计算(Pervasive Computing)，欧盟地区提出了环境感知智能(Ambient Intelligence)。

国际电信联盟下属的电信标准化部门 ITU-T(Telecommunication Standardization Sector of ITU)在2009年10月公布的Y.2002号建议草案(Overview of Ubiquitous Networking and of it Support in NGN)中给出了泛在网络的定义：个人和设备能够突破技术限制，在任意地点、任意时间以任意方式获取订阅的服务以及进行通信交流的能力。泛在网络并不是重建一个新的网络，它是更充分地利用各种网络能力以及资源的共享。

在政府等机构的大力支持和资助下，美国和欧洲国家的许多高校、企业等组织已经开展了多项与泛在网络相关的研究项目。其中包括华盛顿大学的航海图项目(Portolano Project)、兰开斯特大学等学校的智能物体(Smart-its Project)、佐治亚理工学院的感知家庭研究项目(Aware Home Project Initiative)、Auto-ID实验室的电子产品代码信息服务项目(Electronic Product Code Information Services Project)、欧盟的环境感知智能项目(Ambient Intelligence Project)、生命网络研究项目(BIONETS Project)和自主网络体系结构研究项目(Auto Nomic Network Architecture Project)等。

面对全球无线网络融合发展的大势，中国政府部门、电信企业和产业各方应积极配合，实施 U-China 战略，共同创造泛在网络业务环境，建立泛在网络标准化机构，逐步打开应用局面，推进中国泛在网络建设，建设"无处不在的网络中国"。

1. 实施 U-China 战略

在中国实施 U-China 战略，建设"无处不在的网络中国"，将其融入中国信息化发展的大框架下。中国政府部门及电信企业和产业各方应当抓住国家信息化全面推进的良好机遇，大力推进包括各种无线技术应用在内的信息技术的开发、应用和推广，加快信息通信基础设施建设的步伐，用创新的网络技术和丰富多彩的业务应用迎接"泛在网络"时代到来。中国政府部门要及早确定中国发展泛在网络的战略目标，从满足社会的各类需求的角度出发考虑未来信息化社会的构建框架，制定发展规划和实施策略，组织产学研单位加强相关技术、产品、标准的研究。通过加强市场监管，为新技术、新应用的发展创造良好的政策和市场环境。

2. 推进新"三网融合"

面对无线网络融合发展的大势，为了让泛在网络真正实现网络无处不在和应用无处不在，现有的电信网、互联网和广电网之间，固定网、移动网和无线接入网之间，基础通信网、应用网和射频感应网之间都应该实现融合。新的"三网融合"将从不同的领域、不同的角度和不同的侧面加速推进，为泛在网络社会奠定坚实的网络基础。移动泛在的融合需要考虑有基础设施集中式组织系统与无基础设施自组织系统在控制、管理、业务提供、优化方面相结合的问题。随着 IP 技术的不断发展和通信网络的全面演进，移动网络与固定网络最终将在 NGN 架构上实现融合,而无线广域网、无线城域网、无线局域网和无线个域网等不同层次的无线技术将彼此互补、融合发展。

3. 建立泛在网络标准化机构

为了加快中国的泛在网络技术标准研究,有必要由国家主导建立一个泛在网络标准化机构。泛在网络在全球正从设想变成现实,从局部应用变为规模推广,需要多方面的支持,技术的标准化是泛在网络大规模应用的重要推动力。通过标准制定将市场上"各自为政"的利益主体聚集起来,形成合力,朝着共同的方向进行技术创新、产品开发、大规模生产,引导泛在网络产业健康有序发展。

4. 创造泛在业务环境

泛在业务环境包括丰富多样的业务创造、充分适配的业务提供、网络的融合与协同、泛在智能的终端环境。要创造这样的网络环境,需要实现网络的无缝连接和覆盖,实现人机对话的通信、机器与机器之间的通信。关于人机界面的发展,触摸屏、指纹识别、语音命令已进入我们日常生活,而未来全息技术下的键盘、屏幕等,也将陆续被研发出来。机器与机器之间的通信技术也在不断改进。

5. 逐步打开应用局面

网络就是 U 时代的"实体",应用是 U 时代的"灵魂",泛在网络是通过网络、技术、标准等领域的进步来实现的,泛在网络的建设目标是为用户提供更好的应用和服务体验。为此,首先要建立好无所不在的基础网络;其次,设计无所不在的终端平台;最后,开发无所不在的网络应用。这些应用能够提高生产效率,提高生活品质,为现有的数字化内容开拓更加广阔的传播空间;也能引发出新的终端使用形态,扩展原来的 IT 价值链,形成增值应用;还能创造出一系列新的数字服务领域,从而满足人们对诸如医疗保健、教育、娱乐、家政服务等方面的更高要求。

6. 企业、政府成应用重点

建设"无处不在的网络中国"在政策方面不仅需要政府的积极引导,还需要更多的企业、研究机构与政府配合,共同推进无处不在的网络建设,企业、政府是泛在网络发展过程中主要的受益者和推动力。企业和政府形成了关键性需求,会推动无缝移动业务应用不断向前发展。在政府应用中,特别强调安全性,要正确处理好公众移动网和专网之间的关系,根据实际业务需要,把不同的应用分别部署在公网和专网之上。在企业应用中,移动无线局域网能够实现企业无线局域网络和公众广域网的融合。

7. 科学规划无线频谱

频谱资源是无线应用发展的基础,没有频谱资源的支持,任何无线应用都难以展开。因为无线频谱资源的有限性,各种无线通信技术在构筑"泛在网络"时需要科学的无线频率规划，这样才可让各种无线技术的发展有章可循，不出现互相干扰的现象，在构建"泛在网络"的过程中充分发挥各自的作用。因此，在无线融合发展的过程中，需要做好统筹规划，处理好频率划分问题。现在无线通信正在向更高速的方向发展，在这个过程中，把挖潜和向高频段拓展相结合。一方面利用从频分到时分、码分、空分再到 OFDMA 的技术进步，挖掘现有频段无线技术的发展潜力，推出 LTE、WiMAX、UWB 等新应用；另一方面通过技术研究，让无线电频谱的使用率越来越高，从 HF、VHF、UHF 一直到 C、X、Ku、Ka、Q 等，不断向更高频段发展，大大拓展无线频谱可用资源。

8. 推进无线城市健康发展

建设"无处不在的网络"不仅要依靠有线网络的发展，还要积极发展无线网络。其中 Wi-Fi、3G、ADSL、FTTH、电子标签、无线射频等技术都是组成"无处不在网络"的重要技术，要对这些技术进行积极的开发和应用。一个能够实现良性健康发展的"无线城市"，首先需要一个切实可行的运营模式，从而依靠整个产业链的共赢源源不断地获得持续发展的动力。其次，"无线城市"的业务和应用，必须能够提供泛在网络服务。无线城市的业务网络的基础环境会屏蔽掉网络的异构性和底层的细节性差别，用户频繁地在许多不同的异构网络之间迁移，感受的却是统一无缝的网络。

4.1.2 泛在网络面临的挑战

泛在网络是对现有网络基础设施与最新信息通信技术的融合，从而实现应用和服务模式的创新、用户网络化服务体验的提升。根据泛在网络体系架构和其以服务为中心的特性，泛在网络在发展过程中将会面临任意物体(Any Object)之间的普遍连接、基于 Web 的开放式服务环境、情境感知能力、异构网络的融合与协同、终端之间跨越网络式的连接、安全与隐私等方面的挑战。

未来的移动通信网络将逐渐向一个综合的网络体系平滑演进，为泛在移动宽带服务提供一个全新的支撑平台。未来网络的主导发展趋势必定是以 IP 核心网为平台进行网络的融合与演进。IP 互联网在继续拥有 IP 网的灵活性和能提供现有互联网的全部业务的基础上，将向下一代互联网演化。在无线接入、终端技术、网络技术和业务平台技术等方面，未来网络的异构化、多样化的趋势更加突出。随着无线技术的迅速发展，未来通信网络越发异构化，各网络将经历从隔离到互通、从互通到协同的演进，通过网络间的协同，对分离的、局部的优势能力与资源进行有序的整合，从而最终使系统拥有自愈、自管理、自发现、自规划、自调整、自优化等一系列新的功能，更加智能化。全球无线移动通信发展走势是：宽带移动化、移动宽带化、传输 IP 化、接入多样化、网络自适应化、系统互补综合化、应用个性/个体泛在化、有线/无线与"三网"融合一体化。未来，泛在网络的服务趋于多样的行业化，行业的专用核心网与公众基础设施将趋于融合，针对用户生活、工作、社会化活动的网络环境将出现，社会安全的各种监控式服务将进一步扩大应用范围。

1. 任意物体之间的普遍连接

泛在网络的终极目标之一是实现"4A"化(Any Service、Anytime、Anywhere、Any Object)的无缝(Seamless)连接和通信,可以把所有的连接分为人与人之间的连接、物与物之间的连接以及人与物之间的连接三类。具体来说,可通过智能终端比如移动电话、个人计算机等,实现人与人之间的交流和沟通;通过计算设备与汽车、家用电器、传感器等设备之间的交互,实现人与物之间的连接;物体通过传感器、电子标签等设备的嵌入获得数据收集能力,可以自主地或者非自主地收集、发送和处理周围环境的相关数据,实现物与物之间的连接。

如图 4-1 所示,物体是泛在网络中所包含事物的统称。在物理世界中,从距离的角度来看,有些物体分布在人们的周围,另外的物体分布在远离人们的空间中,物与物之间的连接是人与人之间连接的实现基础。

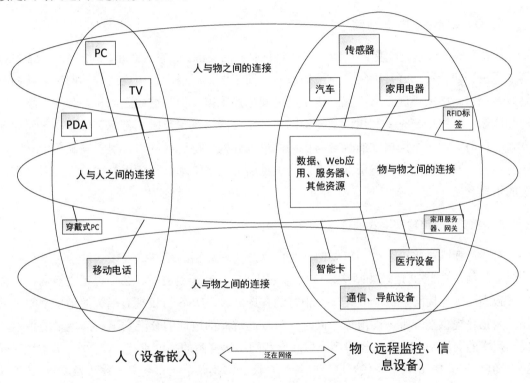

图 4-1 泛在网络下的连接类型

2. 基于 Web 的开放式服务环境

泛在网络环境下各种应用与服务需要一个基于 Web 的开放式服务环境,也可以建立在原有的通信网络和宽带网络的基础之上。这样的服务环境不仅可以提供社区零售式的服务(Retail Community-Type Services),特别是由于对应用程序接口(Application Programming Interface,API)和动态交互式网页的支持,还为第三方开发人员提供了一个开放式服务平台,他们可以利用这个平台发布自己的应用。构建一个基于 Web 具有交互、协同和定制特性的开放式服务平台,才能保证泛在网络环境下各种应用与服务能够带来丰富的用户体验。

3. 情境感知能力

情境感知能力是指泛在网络环境下所具有的能够自动检测以及处理物体情景变化的能力，是泛在网络研究的重要内容。具备情境感知能力的系统可以实时检测系统中所有用户、物体以及周边环境信息，并根据学习机制(Reinforcement Learning)推理演算系统实现信息的自动处理，为用户提供个性化服务。除了传统桌面设备之外，人们还需要面对其他移动终端等设备进行情境感知能力的传递服务。由于移动设备的移动性、设备本身及其所处网络环境的多样性，导致人们将注意力分散到如何与各种设备的信息交互上，为此花费大量的时间和精力。所以，为人们提供统一的交互界面、统一的信息呈现方式，避免用户与设备之间发生不必要的过度交互问题，实现用户服务体验的情境感知传递，是提升泛在网络环境之下各种服务能力的保证。

4. 异构网络的融合与协同

异构网络的无缝连接是泛在网络实现信息服务的关键。目前，蓝牙，802.15x，802.11x，第二、三、四代移动蜂窝网络，有线局域网，数字电视广播网，电力线传输网络等异构网络以及蜂窝网络宏小区、微小区、皮小区之间相互覆盖，但是彼此之间相互独立，缺乏沟通和联系。研究如何充分利用以上异构网络技术在网络覆盖范围、带宽、服务质量保证等方面的优势，通过不同层次的融合与协同，形成异构分层无线网络，对于突破单一网络在服务能力、网络资源、频谱资源等方面的不足，避免网络基础设施重复建设等具有非常重要的指导意义。

5. 终端之间跨越网络式的连接

对于泛在网络来说，至关重要的一个问题是实现终端的跨网络连接。这些网络包括下一代互联网、基于 IP 地址的网络、广播电视网络、移动无线网络、公用电话交换网、综合业务数字网等异构网络。IPv6 是一个很好的备选方案，IPv6 协议拥有超大的地址空间可以保证为物体提供全球唯一的地址，同时还可以通过局部地址的分配实现局部流量的集中，提高网络的利用率。IPv6 已经得到全球政府和网络运营商的高度重视，在 2011 年 4 月举行的"2011 全球 IPv6 暨下一代互联网高峰"会议上，业界企业和专家一致认为 IPv6 是物联网、云计算、移动互联网、三网融合和战略性新兴产业的最重要基石。

6. 安全与隐私问题

泛在网络所包含的各种各样的终端、设备和信息都必须确保遵守各种网络安全规定，以及相应的身份验证和授权说明。针对泛在网络交互、动态、异构的特点，网络安全应该从设计一个安全可靠的体系开始，然后不断深化至整个信息服务过程中的每一个步骤，保证信息安全地传递到用户。除此之外，为了防范不可预测的网络威胁，还应该建立一整套安全补救措施和解决方案。

7. 与物联网的关系

业界对泛在网络与传感网、物联网之间的关系仍然缺乏清晰的认识，因此，本小节有必要辨析三者概念的关系，即它们虽有一定联系，但定位却各不相同。

传感网最早由美国军方提出，利用各种传感器(收集光、电、温度、湿度、压力等信息)加上中低速的近距离无线通信技术构成一个自组织网络，是由多个具有有线/无线通信与计算能力的低功耗、小体积的微小传感器节点构成的网络系统，它一般提供局域或小范围物与物之间的信息交换。传感网可被简单看作利用各种各样的传感器加上中低速的近距离无线通信技术共同组成的网络。

物联网源自 1999 年美国麻省理工学院，指在物理世界的实体中部署具有一定感知能力、计算能力或执行能力的各种信息传感设备(如传感器、射频识别(RFID)、二维码、短距离无线通信技术、移动通信模块等)，通过网络设施实现信息传输、协同和处理，从而实现广域或大范围的人与物、物与物之间信息交换需求的互联。在 2010 年我国政府工作报告所附的注释中，对物联网有如下说明：物联网指通过信息传感设备，按照约定的协议，把任何物品与互联网连接起来，进行信息交换和通信，以实现智能化识别、定位、跟踪、监控和管理的一种网络。它是在互联网基础上延伸和扩展的网络。物联网相对于以人为服务对象的互联网概念提出，将服务对象定位为更广的"物"为基础的网络；互联网沟通的是信息空间，物联网则被认为沟通的是物理空间。

泛在网络在兼顾物与物相联的基础上，涵盖了物与人、人与人的通信，是全方位沟通物理世界与信息世界的桥梁。从泛在的内涵来看，首先关注的是人与周边的和谐交互，各种感知设备与无线网络只是手段。最终的泛在网络形态上，既有互联网的部分，也有物联网的部分，同时还有一部分属于智能系统(智能推理、情境建模、上下文处理、业务触发)范畴。传感网是物联网感知层的重要组成部分；物联网是泛在网络发展的初级阶段(物联阶段)，主要面向人与物、物与物的通信；泛在网络是通信网、互联网、物联网的高度协同和融合，将实现跨网络、跨行业、跨应用、异构多技术的融合和协同，而传感网与物联网则作为泛在网络应用的具体体现，它们实质是泛在网络要融合协同的一种网络工作模式。因此，"感知中国"是泛在网络发展阶段当前的具体体现。

4.2 泛在网络技术的特点

4.2.1 泛在网络的体系架构

ITU-T 公布的 Y.2002 号建议草案不仅给出了泛在网络的定义，还提出了一个泛在网络的顶层架构模型，如图 4-2 所示。该模型描述了泛在网络的核心网络与周边网络之间的接口关系。感知设备和终端设备通过用户网络接口(User to Network Interface，UNI)实现与核心网络的连接；IPv4/IPv6 网络、广播网、无线网络、综合业务网等通过网络间接口(Network to Network Interface，NNI)实现与核心网络的连接；泛在网络提供的服务与应用通过应用网络接口(Application to Network Interface，ANI)实现与核心网络的连接。

　　Y.2002 号建议草案提出的项目架构模型全面考虑了泛在网络在网络环境下任意物体之间的普遍连接、基于 Web 的开放式服务环境、情境感知能力、异构网络的融合与协同、终端之间跨网络连接、安全与隐私等一系列重大问题，可以容纳包括终端产生的影响。在这个项目架构模型下，为了支持泛在网络环境下服务与应用的不断创新，功能实体(Function Entities)的描述等细节问题是泛在网络下一步的研究方向。

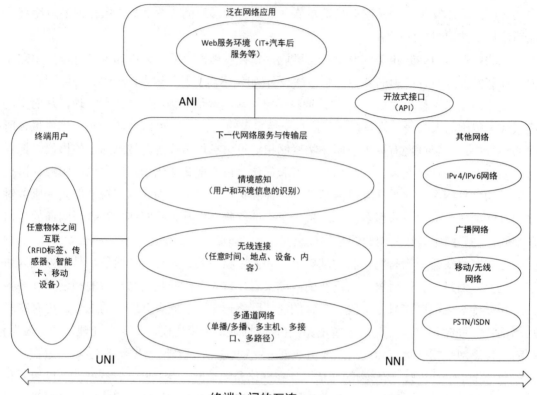

图 4-2　下一代网络中泛在网络的顶层架构模型

　　由于泛在网络不是一个全新的网络，它是对现有网络能力的加强和挖掘，结合先进的信息通信技术，实现网络功能、服务和应用的创新，更好地满足人类生活和社会发展的需要，但是对于泛在网络的分层架构仍然遵循传统的网络架构思想，并将其粗略地划分为终端及感知延伸层、网络层及应用层三层，如图 4-3 所示。

　　根据 ITU-T 对于泛在传感网的划分，结合泛在网络的特点将其划分为延伸层、接入层、核心层和服务层，如图 4-4 所示。

　　胡新和等人根据泛在网络的特点以及其未来发展方向，提出了一种由传输层、中间件层以及应用层组成的开放式泛在网络体系架构，如图 4-5 所示。

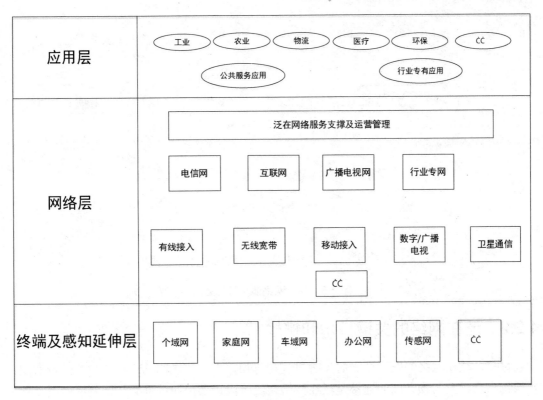

图 4-3　泛在网络分层概念架构

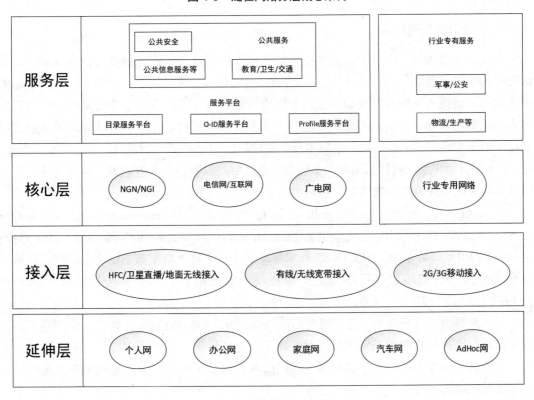

图 4-4　泛在网络体系架构之一

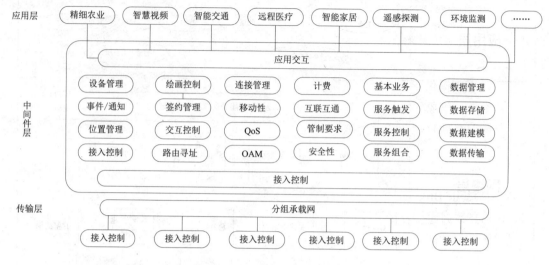

图 4-5 泛在网络体系架构之二

4.2.2 泛在网络的关键技术和挑战

目前，泛在网络的发展处于起步阶段，物与物、人与物之间的连接还没有普遍实现。实现物与物、人与物之间的连接是泛在网络初级阶段需要解决的问题，即物联网需要解决的问题。

1. 无线射频识别技术

无线射频识别技术(RFID)，又称电子标签，该技术利用无线射频方式识别特定目标并读写相关数据，是 20 世纪 90 年代兴起的一项自动识别技术，属于近程通信。与磁卡、IC 卡等接触识别技术不同，即使识别系统与识别目标之间不存在任何形式的接触，射频识别技术仍能实现目标的识别，甚至可以同时识别多个目标或运动状态中的目标。这是射频识别技术的最大特点。无线射频识别技术已经被广泛应用于车辆自动识别、不停车电子收费、设备(物流)自动识别、门禁识别和商品防伪。无线射频识别技术与互联网、通信网等网络的结合可以实现全球范围内物体的识别和追踪。

无线射频识别技术主要采用国际标准化组织(International Organization for Standardization，ISO)和国际电工委员会(International Electrotechnical Commission，IEC)共同定制的 ISO/IEC1443 和 ISO/IEC15693 技术标准。这两个技术标准都是由物理特性、射频功率和信号接口、初始化和反碰撞、传输协议四部分组成。其他不常用的技术标准有 ISO/IEC10536 和 ISO/IEC18000。

无线射频识别系统通常只包括两类器件：阅读器(或询问器)和很多电子标签(或应答器)。与条形码相比，无线射频识别可以同时识别多个电子标签，能穿透雪、雾、冰、涂料、尘垢，工作时不需要光线、不受非金属遮盖的影响，可以正常工作于条形码无法使用的恶劣环境以及高速运动过程。

2. 移动信息通信技术

当前，泛在网络可选用的通信技术有公共通信网、专用网和下一代互联网。其中，2G、3G/B3G、4G 移动通信网、互联网、无线局域网(Wireless Local Area Network)属于公共通信网，可以用来提供面向公众的服务与应用；专用网可以用来提供面向机关、企业、铁路、航空、军事、气象等特殊行业的服务与应用。

目前，全球移动通信系统(Global System for Mobile Communications，GSM)技术在全球范围内的移动通信市场仍然占据着优势地位，而 Wi-Fi(Wireless Fidelity，无线保真技术)、WiMAX(Worldwide Interoperability for Microwave Access，全球微波互联接入技术)、MBWA(Mobile Broadband Wireless Access，移动宽带无线接入技术)以及 3G/4G 移动通信技术，分别被数据通信厂商和电信运营商看好。在服务方面，Wi-Fi、WiMAX 和 MBWA 主要是提供面向移动环境的数据接入服务，将其结合 VoIP(网络电话)能够提供语音服务；3G 移动通信技术可以在低速运动时提供数据服务，在高速运动时提供语音服务。在技术方面，Wi-Fi、WiMAX、MBWA 仅定义了空中接口的物理层和介质访问控制层；3G 移动通信技术是一个完整的网络，空中接口、核心网以及服务等的规范已经完成了标准化工作。

以上各种网络通信技术都具有非常好的应用前景，每项技术在提供类似服务的同时都有自己的侧重点，所以在一定程度上，彼此之间有一定的竞争但是还不能互相替代，需要互相协作、互相补充，为用户提供不同的服务，实现用户在泛在网络环境中的无缝漫游。

3. 无线传感网络技术

无线传感网络技术(Wireless Sensor Network，WSN)是由大量传感器以自组织多跳路由无线方式构成的综合智能信息系统，其目的是协同地收集、处理、传输和发布被感知区域内的对象数据。该网络实现了数据采集、传输和处理三种功能。无线传感网络通常包括传感器、感知对象和观察者三个要素。典型的无线传感网络由分布式传感器节点、汇聚节点、互联网和远程用户管理节点构成，如图 4-6 所示。

无线传感器网络感知区域可能有成千上万的传感器节点，传感器分布密度非常高，一般不支持任意两个传感器之间的直接通信，同时不对传感器进行标识和区分。不同的传感器可能会收集到相同对象的数据，所以要求某些传感器节点具有数据融合的能力，在对手机的数据进行初步处理之后再发送到数据中心。

无线传感器网络面临的主要问题是传感器的能量供给、计算能力和存储容量自组织能力、自动管理和协同以及安全问题。传感器靠电池提供能量。因为传感器尺寸微小，电池容量受限，且在使用过程中很难更换电池，所以传感器的计算能力和存储能力较低，不适合进行复杂运算和长期的数据存储。传感器可能会随感知对象的移动而移动，这就会引起传感器网络拓扑结构的变化，因此无线传感网络需要具备自组织能力、自配置能力和自管理能力，能够自动适应原传感器失效、新传感器加入等各种结构的变迁。由于传感器之间采用不安全的无线链路进行数据传输，因此各种攻击的抵抗能力极其有限。

虽然无线传感器网络技术尚面临着诸多问题，目前还不够成熟，但是在未来随着技术的成熟，能够在农业、军事、航空、反恐、救灾、环境、医疗、保健、家居、工业、商业等众多领域发挥用武之地。

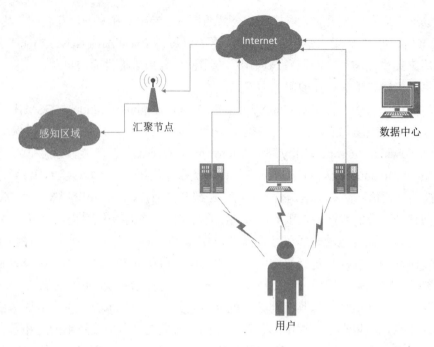

图 4-6　泛在网络体系架构之三

4. 异构网络/终端共存与协同

异构网络与终端的共存与协同是对既有技术进行合理利用，以达到挖掘系统潜力、提升系统整体性能的目的。首先，多种异构终端协同将提供以用户为中心的业务，不再拘泥于单一便携设备的功能提升，转而利用个人周边各具不同能力的智能设备的协同。面向用户业务任务聚合重构的分布式终端系统，不再局限于物理位置上相关性，将业务相关的设备全部通过网络连接在一起，可综合利用周边智能空间中的智能设备，收集更加广泛的上下文信息，向用户提供更佳的业务体验。其次，终端设备以有线/无线方式接入各种异构网络(如蓝牙、802.15x、802.11x、第二/三代移动蜂窝网络、有线局域网、数字电视广播网、电力线传输网络等)，且蜂窝网络宏小区、微小区、皮小区相互重叠覆盖，形成异构分层无线网络。各异构网络覆盖范围、带宽及 QoS 保证等属性各异。单一网络内有限的业务提供能力、频谱资源稀缺、网络资源利用率低下，节点能力与资源受限，自组织与有中心控制的"他组织"方式并存(如多跳自组织网络与蜂窝网络)，从而使多流业务并发传输成为可能，尤其需在不同的接入网络间控制协同。异构网络间不同层次的融合与协同，包括认知无线网络、中继传输、终端覆盖网方式协同等，将成为应对本方面挑战的重要解决思路。

5. 上下文感知

泛在网络业务环境中，除了提高传输速率以支持多媒体业务外，还需网络对用户、环境相关信息主动理解和把握，引入面向用户基本感官外的"新媒体"，利用人的其他信息形式，如情感、意愿、肢体、语言等，并利用这些信息形成决策向用户提供最适合的业务，使用户不再被烦琐的交互操作干扰,而更关注其从事的任务本身。上述环境信息即上下文信息描述某实体当前所处状况的任何信息,该实体可以是与人和应用之间的交互相关的某个对象、地点或人,其中也包括用户和应用本身。上下文感知是对上下文信息进行自动的收集、分发、管理及利用。泛在网络具有上下文感知特性后将能提供一定程度的网络自管理及调整功能,并支持对上下文信息敏感的通信方式,从而更好地利用网络资源,同时还能将网络的上下文信息提供给高层的应用。

上下文信息感知是泛在网络认知平面的重要组成部分,其各个环节上下文信息的获取、建模与表示、存储、交互控制机制及推理利用都将成为上下文感知研究的重点。

6. 移动性管理

泛在移动使用户能接触到网络的异构性及其变化,在用户移动的过程中将使用不同的接入技术、接入不同的网络域、具有不同的设备处理能力且拥有不同的用户上下文关系。这就要求在异构的网络中存在某些通用的移动性管理机制,且通信协议的不同层之间的移动性管理机制形成一定程度的协作。泛在网络"4A"的通信需求,向网络提出同构网络间或者异构网络间保证无缝切换、业务连续的需求,能支持终端移动性、个人移动性、会话移动性、业务移动性和网络移动性,提供开放通用移动性管理架构,为异构网络间的切换提供高效的位置管理、自主地触发切换决策、命名解析、支持可扩展性、可管理性。媒质独立切换服务机制(Media Independent Switching Service Mechanism,MISSM)能不依赖于具体的网络接入技术,在媒体接入控制(Media Access Control,MAC)层与网络路由层之间构建统一中间件提供高效的切换触发。

7. 业务适配与合成

业务作为通信网络提供的主体,已由过去的单一语音、数据过渡到现在多媒体业务占据业务主导地位。因此,网络的高带宽、全覆盖的发展演进将伴随着用户对业务多元化提供的需求,同时泛在业务环境已将传统提供业务主体扩展到用户周边,将终端也纳入服务和业务提供者的范畴。因此,泛在网络的业务提供将呈现模块化、组件化的趋势,利用分布式面向服务架构将资源划分为粒度各异的服务,通过面向服务的系统中间件的控制将简单的服务或任务合并,进而完成用户复杂的业务需求。业务适配与合成就是利用系统间可用服务资源协同及预先设置模板(Profile)以适配用户动态和环境的需求。由于泛在业务环境的快速增长,面对异构性、资源受限、移动性等方面动态性挑战,需对用户任务提供统一、开放的支持。通过借助上下文感知的业务模型构建、业务发现与选择、动态合成与适配机制等关键技术进行泛在业务环境的个性化智能业务提供,将成为本研究领域的重点问题。

8. 管理和安全

可管可信仍然是制约泛在网络发展的关键问题之一。泛在网络中异构网络环境中透明的协同或融合,需要具有良好的可扩展性并能进行网络组件化的即插即用自主管理,减少甚至排除人为的配置与干预,尤其以大规模自组织工作模式的泛在节点与终端自主管理为突出需求。同时还应能针对网络及业务环境的变化做出迅速的反应,并且保护用户个人隐私，保证泛在网络中传感采集、网络传输、业务认证端到端的信息安全，支持第三方可信计费体系，构建以用户为中心面向泛在应用的可管可控可信的网络支撑体系。

4.3 泛在网络的发展趋势

以宽带通信网、数字电视网和下一代互联网为代表的网络融合已经成为泛在网络的未来发展趋势，特别是移动通信网络与互联网融合形成的移动互联网，已成为当前最引人注目、最活跃和最具创新性的领域之一。信息通信技术、移动计算技术、云计算技术、多接入技术、服务平台技术等多种技术并存，移动终端的功能越来越强大，集通话、短信、互联网接入、定位、导航、多媒体娱乐、情境感知、社交等功能于一体，网络结构高度异构性和复杂性。泛在网络当前以及未来发展过程中需要解决异构网络的协同与融合、移动化和智能化的网络服务，种类繁多、接入方式各异，终端、传感器之间如何有效地进行互联互通并为用户提供无处不在的、无缝的、一致的服务和最佳的服务体验，是未来移动泛在网络发展的重大趋势。

移动通信与泛在网络的协同和融合是形成未来先进的移动泛在服务平台的关键。通过把异构网络和终端抽象为计算能力和资源的集合，一方面可以有效地屏蔽异构网络和泛在智能终端的具体细节，提供一个服务开发和部署的高层视图，实现统一的用户管理、服务管理、个性化服务定制与传递；另一方面，可以综合利用各个异构子网的网络功能，为第三方的服务及应用开发商提供开放式应用程序接口及中间件，使得服务及应用的开发独立于泛在网络结构，保证服务的多样化、个性化以及最佳的服务体验。

移动泛在服务除了实现服务的泛在化之外，还应该包括服务的智能化。服务智能化就是为用户提供智能化的网络信息服务，根据用户的个性化需求，根据动态变化的情境信息进行异构网络服务资源的动态整合和综合利用，通过异构网络服务资源的虚拟化技术和服务自适应技术，为用户提供满足其需求并具有良好体验的智能化网络信息服务。用户需求的个性化，网络结构的复杂性、异构性，终端设备的多样性是服务泛在化和智能化实现面临的主要问题，因此需要研究泛在网络环境下包括服务需求、情境感知、服务生成及平台提供等在内的智能化服务机理、动态服务构建模式、自适应机理以及服务质量保障等理论与方法，同时这也是泛在网络"以用户为中心，服务至上"服务理念的必然要求。

泛在网络环境下用户移动范围通常会跨越不同的网络，同时在特定情境下可能处于多个网络的覆盖范围内，情境感知技术能够提供开放式移动性管理架构，可以实现网络之间的无缝切换，保证泛在服务的连续性。利用泛在终端设备自带传感器实现情境感知能力的研究方面，Woo-Hyun Choi、Seung-IlKim 和 Min-Seok Keum 等人利用智能手机自带的传感器，实时获取用户所处环境的声学和光学信号，利用 Mel 频率倒谱系数(Mel-Frequency Cepstral Coefficient)和数据挖掘算法进行声音和图像特征抽取，确定用户所处的具体环境和运动状态，实现用户情境的自动识别，如图 4-7 所示。Jonghun Baek 和 Byoung-JuYun 两人认为用户的运动状态是重要的情境信息之一，他们结合倾斜角度测量算法(Tilt-Angle Measure Algorithm)和能够消除运动水平加速度分量的信号过滤方法(Second-Order Butter

Worth Low-Pass Filter),设计出用户姿势监控系统,通过分析和对比 PDA(Personal Digital Assistant,个人数字助理)倾斜角度的变化,确定用户坐、立、行三种姿势。

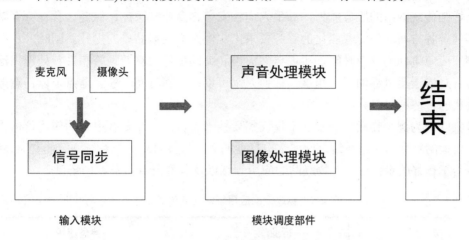

图 4-7 情境感知系统结构图

情境感知可以通过传感器获得与用户相关的情境信息。在移动互联网环境下,手机等移动设备的传感器对于研究用户行为动机具有重要意义。但是,目前移动终端设备所配备的传感器无论是从种类还是从数目上来看都是非常有限的,不可能获得全面的用户情境信息;同时,用户所处的环境是复杂的,虽然可以准确识别用户所处环境的声音类型和周围环境状况,但是对于可能会出现相同声音的不同情境,比如仅仅凭借声音和图像信息很可能无法对用户情境进行准确的区分和判定。此外,情境感知可以使泛在终端设备(特别是移动泛在终端设备)自适应地改变用户界面、推送服务的内容,为用户提供主动式服务,从而改善用户服务体验。

因此,泛在网络的研究需要重视下一代互联网和无线移动网络的发展趋势,特别是无线网络环境的交互模式和协同工作方式对泛在服务所产生的影响。在移动泛在环境中,可通过各个异构子网的协同,实现网络服务的移动性、连接性、消息功能和资源管理功能;同时支持信息空间与物理空间的融合,与周边泛在系统的协同和融合,才能够提供更加智能的服务。

在服务提供方面,泛在网络需要解决泛在网络自身以及泛在终端设备的异构性和重构性、协同工作方式、服务生成方式、面向服务与应用的统一接口以及对底层网络结构变化的屏蔽能力。通过利用先进的信息通信技术,实现人与人、人与机器(或物体)以及机器与机器之间的高效交互,实现泛在网络服务的创新,从全局实现信息收集、计算、推理模式的优化,才能实现泛在网络环境下服务的泛在化与智能化。

4.4 泛在网络的应用领域

在泛在网络体系结构设计过程中,服务层或应用层体现了泛在网络的应用领域。目前,泛在网络取得的研究成果正在被应用于社会、经济、生活、军事等领域。泛在网络与传统服务相结合可以派生出新型服务。如在智能交通、智能安防、智能物流、公共安全、环境监测与保护、智能家庭、医疗保健、智能空间等领域已经获得初步应用。未来泛在网络能够不断增强传统网络的服务能力，满足人们在安全、商业、医疗、保健、教育、金融、娱乐、环境等各方面的便捷智能化的服务要求，实现人类生活品质的提升。同时，泛在网络能够缩短应急事件的响应时间，实现自然灾害和突发事件的有效预警和妥善处理。泛在网络的目标是渗透至世界的每个角落，任何人都可以在任何时间、任意地点，以任意形式获得个性化的、便利的服务。

以物联网为例，物联网的发展不仅仅需要技术支持，还需要有很强的应用价值作为推动力。典型的物联网应用系统，比如水电行业的无线远程自动抄表系统、智能交通系统等，已经取得了良好的示范作用。物联网的应用领域以及典型应用如表4-1所示。

表4-1 物联网的应用领域以及典型应用

类别	行业/领域	典型应用
数据收集	公众服务	远程抄表
	机械制造	物品追踪
	商品销售	产品质量管理
	气象预报	环境监控治理
	农业生产	智能农业
自动控制	医疗保健	远程医疗监控
	机械制造	生产自动化
	公众服务	路灯管理
日常生活	智能家庭	照明控制系统
	智能空间	室内环境控制系统
	金融服务	电子支付
交通运输	智能交通	交通疏导
	物流管理	物流监控系统

物联网在环境监控、精细农业和物流管理控制方面的应用最为成熟，可利用无线传感器技术监控作物生长环境，实现精准农业和智能耕作；在安全监控方面，可利用无线传感网络技术设计报警系统，保证被感知物体的安全；在医疗保健方面，可利用穿戴式传感器实时监测病人的生命体征，监控特殊病人所处的环境信息等；在工业监控方面，可利用传感器代替人工监测设备的运行状况，提高工厂生产效率，特别是对危险工作环境的监控，能有效地减少事故的发生次数；在智能交通方面，可综合运用无线传感网络技术、GPS定位技术、行车道路区域网络系统等，实现交通的调度、疏导和优化，能够不断地根据最新的交通情况为每位汽车驾驶员提供最佳的行车路线。

(1) 泛在网络在汽车制造中的应用。在汽车制造业的主要应用是实现汽车制造生产过程的信息化。例如，在日本的裕隆汽车企业，在涂装环节中以耐高温、抗油污的RFID标签取代传统条码，便于生产流水线有效地控制涂料的处理时间。此外，在汽车装配环节中应用RFID技术，提升车辆组装效率，降低库存数量。

(2) 泛在网络在食品安全控制方面的应用。食品安全的关键是食品原料的可溯源,美国、英国、加拿大、澳大利亚、日本、韩国等国家都相继对食品的可追溯性做出法律规定。溯源的具体手段是要对食品原料的生长、加工、储藏及零售等供应链环节的管理对象进行标识,并相互链接。一旦食品出现安全问题,可以通过这些标识及信息进行追溯,直至食品的源头,准确地缩小食品安全问题的范围,查出出现问题的环节。例如,如果牛肉产品出现了问题,可以追溯到牛的出生地、饲养地,直至个体牛;如果蔬菜出现了问题,可以追溯到蔬菜生长的田地。这样就可以阻断这些地方的货源流入市场,然后进行有效的治理。同样,对于消费者而言,在购买食品的同时,也需要实时地获取所购食品的原产地、生产、加工、流通等各个方面的信息。在食品安全控制方面,国际上通用的方法是危害分析与关键控制点(Hazard Analysis and Critical Control Point,HACCP)、良好加工操作规范(Good Manufacturing Practices,GMP)及ISO 9000。这些技术主要是对食品的生产、加工环境进行控制,但是,这些技术不能对那些在流通过程中出现的问题进行监控,无法准确、快速地找出根源所在。因此,在RFID芯片价格不断下降和各种无线通信网络普及的情况下,在政府政策的要求和推动下,食品安全控制溯源应用得到了极大的发展,成为当前和未来几年泛在网络的主要应用之一。目前,中国物品编码中心已在全国建立了肉类、水果、蔬菜和水产品等十几个产品追溯应用示范系统,建立了基于商品条码标识系统进行溯源的"商品条码食品安全追溯平台"。

(3) 智慧地球的提出与泛在网络的关系。2008年年底,IBM公司在全球范围内首次提出"智慧地球"(Smart Earth)的概念。智慧地球的内涵非常丰富,是IBM公司对21世纪后社会变化、科技发展、市场实践和全球面临的重大问题进行总结和分析后得出的结论。其核心是以一种更智慧的方法,利用新一代信息通信技术来改变政府、公司和人们相互交互的方式,以便提高交互的准确性、灵活性和响应速度。智慧地球所指的"智慧"体现在三个I(3I):更透彻的感知(Instrumented)、更广泛的互联互通(Interconnected)、更深入的智能化(Intelligent)。更透彻的感知是指各种创新的感应科技被嵌入各种物体和设施中,从而令物质世界被极大程度地数据化。支持"更透彻的感知"的信息通信技术主要有芯片、RFID和传感器等。更全面的互联互通意味着随着网络的高度发达,人、数据和各种事物都将以不同的方式联入网络。支持"更全面的互联互通"的信息通信技术主要是普遍覆盖的高速宽带网络。IBM预计:将来会有数以万亿计的各种事物通过高速宽带网络紧密相连,其中包括汽车、家用电器、照相机、道路、管道甚至医药品和家畜。更深入的智能化要求采用先进的技术和超级计算机对堆积如山的数据进行整理、加工和分析,将生硬的数据转化成实实在在的洞察,并帮助人们做出正确的行动决策。"更深入的智能化"依赖超级计算机和云计算等信息通信技术处理、建模、预测和分析各个流程中产生的所有数据。

从智慧地球提出的3I可以看出,智慧地球和泛在网络的核心内涵基本是一致的,差别主要在于主导方的属性。智慧地球是由IBM作为一个企业提出和主导的,因此在其概念和内涵中加入了IBM超级计算能力与企业解决方案的理念,体现在云计算环节增加了IBM专有的超级计算能力,在基础网络方面,IBM作为一个没有基础通信网络的企业更加推崇相对而言竞争更加激烈、进入门槛较低的无线数据分组网络。泛在网络作为国家信息化战略中的一个重要内容,是由政府主导产学研用的高度结合,在网络上强调无所不在的宽带网络能力(安全、可靠),包括各种无线接入与组网技术。2008 年,IBM 提出智慧地球概念后开始大范围地宣讲,并抓住了我国提出的两化融合战略的机遇,强调使用信息通信技术改造经济和社会发展模式,不断提高经济与社会的运行效率。围绕核心理念,提出了智慧的电力、智慧的医疗、智慧的城市、智慧的交通、智慧的供应链和智慧的银行业六大主要应用,这六大应用的内涵也与泛在网络提出的多种应用和服务不谋而合。

但目前,泛在网络还处在发展的初期,面临着许多困难和障碍,还有不少问题有待于解决。我们应从以下几个方面来共同推进泛在网络的建设:①各个国家的政府要高度重视,积极引导各高校、研究机构以及企业与之配合,投入大量的人力、物力、财力从不同的方面对泛在网络展开研究。②泛在网络是对传统网络潜力的挖掘和网络效能的提升,要实现无处不在的网络不是一蹴而就的事,需要进行以下一系列建设:建立无处不在的基础网络、设计无所不在的终端平台、开发无处不在的网络应用。③泛在网络所涉及的一些关键技术需要长期深入地研究,更需要一些有远见的有力度的科研投入。④泛在网络是一个跨学科的研究领域,其中除了泛在计算、数字技术、无线通信、嵌入式系统、人机交互等这样的计算和通信技术领域外,还涉及心理学、社会学、经济学等广泛领域,更需要开展多学科的交叉研究。

本 章 小 结

泛在网络是在无线射频识别、无线传感器网络、云计算及移动通信等技术的共同作用下,通信在人与机器(或物体)以及机器与机器之间,网络、终端设备之间的协同与融合,最终促使网络向泛在化方向发展。

泛在网络的体系架构可以结合泛在网络的特点将其划分为延伸层、接入层、核心层和服务层,也可划分为感知层、接入层、传输层、中间件层以及应用层组成的开放式泛在网络体系架构。

泛在网络的关键技术有无线射频识别技术、移动信息通信技术和无线传感器网络技术等关键技术。面临的挑战有异端网络/终端共存与协同、上下文感知、移动性管理、业务适配与合成、管理和安全等挑战。

目前,泛在网络取得的研究成果正在被应用于社会、经济、生活、军事等领域。泛在网络的研究需要重视下一代互联网和无线移动网络的发展趋势。

习 题

1. 什么是泛在网络?
2. 泛在网络的主要特点是什么?
3. 泛在网络的核心技术有哪些?
4. 请简述泛在网络的应用领域。

第 5 章

物联网的兴起

学习目标

1. 了解物联网的起源和典型特征。
2. 掌握物联网的定义、标准和关键技术及架构。
3. 掌握物联网的相关应用。

知识要点

物联网的起源、定义、标准、典型特征、关键技术和相关应用。

5.1 物联网的起源

物联网概念最早出现于比尔·盖茨 1995 年出版的《未来之路》一书，从中，比尔·盖茨已经提及物联网概念，只是当时受限于无线网络、硬件及传感设备的发展，并未引起世人的重视。1998 年，美国麻省理工学院(MIT)创造性地提出了当时被称作 EPC 系统的"物联网"的构想。1999 年，美国 Auto-ID 首先提出"物联网"的概念，主要是建立在物品编码、RFID 技术和互联网的基础上。过去在中国，物联网被称为传感网。中国科学院早在 1999 年就启动了传感网的研究，并取得了一些科研成果，建立了一些适用的传感网。同年，在美国召开的移动计算和网络国际会议提出，"传感网是下一个世纪人类面临的又一个发展机遇"。

2003 年，美国《技术评论》提出传感网络技术将是未来改变人们生活的十大技术之首。2005 年 11 月 17 日，在突尼斯举行的信息社会世界峰会(WSIS)上，国际电信联盟(ITU)发布了《ITU 互联网报告 2005：物联网》，正式提出了"物联网"的概念。报告指出，无所不在的"物联网"通信时代即将来临，世界上所有的物体从轮胎到牙刷、从房屋到纸巾都可以通过因特网主动进行信息交换。射频识别技术(RFID)、传感器技术、纳米技术、智能嵌入技术将被更加广泛地应用。根据 ITU 的描述，在物联网时代，通过各种各样的日常用品上嵌入一种短距离的移动收发器，人类在信息与通信世界里将获得一个新的沟通维度，从任何时间、任何地点的人与人之间的沟通连接扩展到人与物和物与物之间的沟通连接。

5.2 物联网的定义

物联网的英文名称为 Internet of Things，简称 IoT。物联网于 1999 年提出，即通过射频识别(RFID)(RFID+互联网)、红外感应器、全球定位系统、激光扫描器、气体感应器等信息传感设备，按约定的协议，把任何物品与互联网连接起来，进行信息交换和通信，以实现智能化识别、定位、跟踪、监控和管理的一种网络。物联网的核心和基础仍然是互联网，是在互联网基础之上的延伸和扩展的一种网络。简言之，物联网就是"物物相连的互联网"。

中国物联网校企联盟将物联网定义为当下几乎所有技术与计算机、互联网技术的结合，实现物体与物体之间，环境以及状态信息实时共享以及智能化的收集、传递、处理、执行。广义上说，当下涉及信息技术的应用，都可以纳入物联网的范畴。而在其著名的科技融合体模型中，提出了物联网是当下最接近该模型顶端的科技概念和应用。物联网是一个基于互联网、传统电信网等信息承载体，让所有能够被独立寻址的普通物理对象实现互联互通的网络。它具有智能、先进、互联三个重要特征。

国际电信联盟(ITU)发布的 ITU 互联网报告，对物联网作了如下定义：通过二维码识读设备、射频识别(RFID)装置、红外感应器、全球定位系统和激光扫描器等信息传感设备，按约定的协议，把任何物品与互联网相连接，进行信息交换和通信，以实现智能化识别、定位、跟踪、监控和管理的一种网络。

根据国际电信联盟(ITU)的定义，物联网主要解决物品与物品(Thing to Thing，T2T)、人与物品(Human to Thing，H2T)、人与人(Human to Human，H2H)之间的互联。但是与传统互联网不同的是，H2T 是指人利用通用装置与物品之间的连接，从而使得物品连接更加简化，而 H2H 是指人之间不依赖于 PC 而进行的互联。因为互联网并没有考虑到对于任何物品连接的问题，故我们使用物联网来解决这个传统意义上的问题。物联网顾名思义就是连接物品的网络，许多学者讨论物联网时，经常会引入一个 M2M 的概念，可以解释成为人到人(Man to Man)、人到机器(Man to Machine)、机器到机器(Machine to Machine)。从本质上而言，在人与机器、机器与机器的交互，大部分是为了实现人与人之间的信息交互。

物联网是指通过各种信息传感设备，实时采集任何需要监控、连接、互动的物体或过程等各种需要的信息，与互联网结合形成的一个巨大网络。其目的是实现物与物、物与人，所有的物品与网络的连接，方便识别、管理和控制。其在 2011 年的产业规模超过 2600 亿元人民币。构成物联网产业五个层级的支撑层、感知层、传输层、平台层以及应用层分别占物联网产业规模的 2.7%、22.0%、33.1%、37.5%和 4.7%。而物联网感知层、传输层参与厂商众多，成为产业中竞争最为激烈的领域。

产业分布上，国内物联网产业已初步形成环渤海、长三角、珠三角，以及中西部地区等四大区域集聚发展的总体产业空间格局。其中，长三角地区产业规模位列四大区域之首。

5.3 物联网的典型特征

和传统的互联网相比，物联网有其鲜明的特征。

(1) 它是各种感知技术的广泛应用。物联网上部署了海量的多种类型传感器，每个传感器都是一个信息源，不同类别的传感器所捕获的信息内容和信息格式不同。传感器获得的数据具有实时性，按一定的频率周期性地采集环境信息，不断更新数据。

(2) 它是一种建立在互联网上的泛在网络。物联网技术的重要基础和核心仍旧是互联网，通过各种有线和无线网络与互联网融合，将物体的信息实时准确地传递出去。在物联网上的传感器定时采集的信息需要通过网络传输，由于其数量极其庞大，形成了海量信息，在传输过程中，为了保障数据的正确性和及时性，必须适应各种异构网络和协议。

(3) 物联网不仅仅提供了传感器的连接，其本身也具有智能处理的能力，能够对将传感器和智能处理相结物体实施智能控制。物联网还利用云计算、模式识别等各种智能技术，扩充其应用领域。从传感器获得的海量信息中分析、加工和处理出有意义的数据，以适应不同用户的不同需求，发现新的应用领域和应用模式。

(4) 物联网的精神实质是提供不拘泥于任何场合、任何时间的应用场景与用户的自由互动，它依托云服务平台和互通互联的嵌入式处理软件，弱化技术色彩，强化与用户之间的良性互动、更佳的用户体验、更及时的数据采集和分析建议、更自如的工作和生活，是通往智能生活的物理支撑。

(5) "物"的含义。这里的"物"要满足以下条件才能够被纳入"物联网"的范围：

①要有数据传输通路。②要有一定的存储功能。③要有 CPU。④要有操作系统。⑤要有专门的应用程序。⑥遵循物联网的通信协议。⑦在世界网络中有可被识别的唯一编号。

5.4 物联网的标准

在标准方面，与物联网相关的标准化组织较多，如图 5-1 所示。

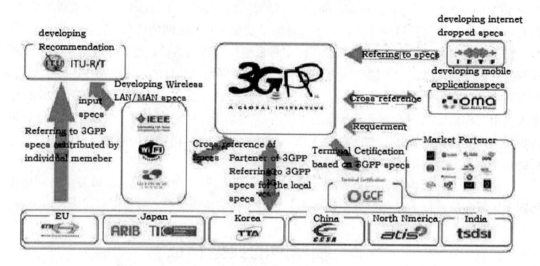

图 5-1 物联网标准化组织

物联网覆盖的技术领域非常广泛，涉及总体架构、感知技术、通信网络技术、应用技术等各个方面。物联网标准组织有的从机器对机器通信(M2M)的角度进行研究，有的从泛在网络的角度进行研究，有的从互联网的角度进行研究，有的专注传感网的技术研究，有的关注移动网络技术研究，有的关注总体架构研究。目前介入物联网领域主要的国际标准组织有 IEEE、ISO、ETSI、ITU-T、3GPP、3GPP2 等。

针对泛在网络总体框架方面进行系统研究的国际标准组织比较有代表性的是国际电信联盟(ITU-T)及欧洲电信标准化协会(ETSI)M2M 技术委员会。ITU-T 从泛在网络的角度研究总体架构，ETSI 从 M2M 的角度研究总体架构。

感知技术(主要是对无线传感网的研究)方面进行研究的国际标准组织比较有代表性的有国际标准化组织(ISO)、美国电气及电子工程师学会(IEEE)。

通信网络技术方面进行研究的国际标准组织主要有 3GPP 和 3GPP2。它们主要从 M2M 业务对移动网络的需求方面进行研究，只限定在移动网络层面。

在应用技术方面，各标准组织都有一些研究，主要是针对特定应用制定标准。

总的来说，国际上物联网标准工作还处于起步阶段，目前各标准组织自成体系，标准内容涉及架构、传感、编码、数据处理、应用等，不尽相同。

各标准组织都比较重视应用方面的标准制定。在智能测量、E-Health、城市自动化、汽车应用、消费电子应用等领域均有相当数量的标准正在制定中，这与传统的计算机和通信领域的标准体系有很大不同(传统的计算机和通信领域标准体系一般不涉及具体的应用标准），这也说明了"物联网是由应用主导的"观点在国际上已成为共识。

图 5-2 所示是物联网在不同领域的主要标准组织分布情况。

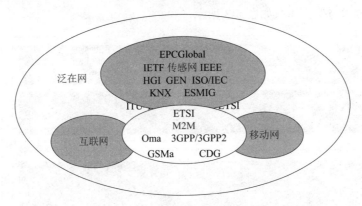

图 5-2　物联网在不同领域的主要标准组织分布情况

5.5　物联网的关键技术及架构

5.5.1　物联网的关键技术

(1) 传感器技术：这也是计算机应用中的关键技术。大家都知道，到目前为止绝大部分计算机处理的都是数字信号。自从有计算机以来就需要传感器把模拟信号转换成数字信号，计算机才能处理。

(2) RFID 标签：也是一种传感器技术，RFID 技术是融合了无线射频技术和嵌入式技术为一体的综合技术。RFID 在自动识别、物品物流管理方面有着广阔的应用前景。

(3) 嵌入式系统技术：是综合了计算机软硬件、传感器技术、集成电路技术、电子应用技术为一体的复杂技术。经过几十年的演变，以嵌入式系统为特征的智能终端产品随处可见：小到人们身边的 MP3，大到航天航空的卫星系统。嵌入式系统正在改变着人们的生活，推动着工业生产以及国防工业的发展。如果把物联网用人体做一个简单比喻，传感器相当于人的眼睛、鼻子、皮肤等感官，网络就是神经系统用来传递信息，嵌入式系统则是人的大脑，在接收到信息后要进行分类处理。这个例子很形象地描述了传感器、嵌入式系统在物联网中的位置与作用。

5.5.2　物联网架构

物联网架构可分为三层：传感层、网络层和应用层。

(1) 传感层由各种传感器构成，包括温湿度传感器、二维码标签、RFID 标签和读写器、摄像头、红外线、GPS 等感知终端。传感层是物联网识别物体、采集信息的来源。

(2) 物联层与网络层互通，其中包含各种网络组网，负责对信息进行处理。

(3) 网络层由各种网络，包括互联网、广电网、网络管理系统和云计算平台等组成，是整个物联网的中枢，负责传递和处理感知层获取的信息。

(4) 应用层是物联网和用户的接口，它与行业需求结合，实现物联网的智能应用。

物联网的技术与架构体系如图 5-3 所示。

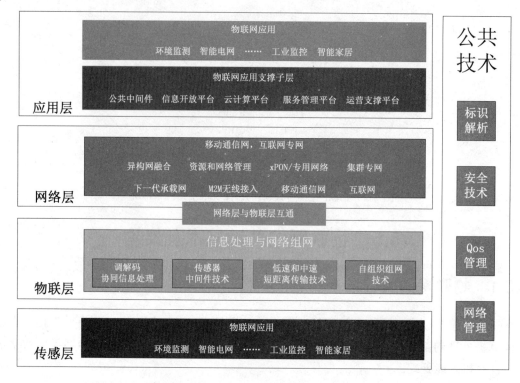

图 5-3　物联网技术与架构图

5.6　物联网的应用

物联网关键应用领域如下所述。

1. 智能家居

智能家居是在物联网的影响之下物联化的体现。智能家居通过物联网技术将家中的各种设备(如音视频设备、照明系统、窗帘控制、空调控制、安防系统、数字影院系统、网络家电以及三表抄送等)连接到一起，提供家电控制、照明控制、窗帘控制、电话远程控制、室内外遥控、防盗报警、环境监测、暖通控制、红外转发以及可编程定时控制等多种功能和手段。与普通家居相比，智能家居不仅具有传统的居住功能，兼备建筑、网络通信、信息家电、设备自动化，集系统、结构、服务、管理为一体的高效、舒适、安全、便利、环保的居住环境，提供全方位的信息交互功能，帮助家庭与外部保持信息交流畅通，优化人们的生活方式，帮助人们有效地安排时间，增强家居生活的安全性，甚至为各种能源费用节约资金。

2. 智能交通

智能交通系统(Intelligent Transportation System，ITS)是未来交通系统的发展方向，它是将先进的信息技术、数据通信传输技术、电子传感技术、控制技术及计算机技术等有效地集成运用于整个地面交通管理系统而建立的一种在大范围内、全方位发挥作用的，实时、准确、高效的综合交通运输管理系统。它的突出特点是以信息的收集、处理、发布、交换、分析、利用为主线，为交通参与者提供多样性的服务。

3. 智能医疗

智能医疗是通过打造健康档案区域医疗信息平台，利用最先进的物联网技术，实现患者与医务人员、医疗机构、医疗设备之间的互动，逐步实现信息化。在不久的将来，医疗行业将融入更多人工智慧、传感技术等高科技，使医疗服务走向真正意义的智能化，推动医疗事业的繁荣发展。智能医疗的应用如医院的耗材管理(加拿大医院采用 RFID 技术补充耗材)、血液管理(RFID 在血液管理中的应用)、药品的追踪溯源(德国制药厂商使用超高频标签追踪药品)等。

4. 智能电网

智能电网是在传统电网的基础上构建起来的集传感、通信、计算、决策与控制于一体的综合数物复合系统，通过获取电网各层节点资源和设备的运行状态，进行分层次的控制管理和电力调配，实现能量流、信息流和业务流的高度一体化，提高电力系统运行稳定性，以达到最大限度地提高设备利用效率，提高安全可靠性，节能减排，提高用户供电质量，提高可再生能源的利用效率。

5. 智能物流

智能物流是利用集成智能化技术，使物流系统能模仿人的智能，具有思维、感知、学习、推理判断和自行解决物流中某些问题的能力。智能物流的未来发展将会体现出四个特点：智能化，一体化和层次化，柔性化，社会化。在物流作业过程中的大量运筹与决策的智能化；以物流管理为核心，实现物流过程中运输、存储、包装、装卸等环节的一体化和智能物流系统的层次化；智能物流的发展会更加突出"以顾客为中心"的理念，根据消费者需求变化来灵活调节生产工艺；智能物流的发展将会促进区域经济的发展和世界资源优化配置，实现社会化。智能物流系统的四个智能机理，即信息的智能获取技术、智能传递技术、智能处理技术、智能运用技术。

6. 智能农业

智能农业(或称工厂化农业)，是指在相对可控的环境条件下，采用工业化生产，实现集约高效可持续发展的现代超前农业生产方式，就是农业先进设施与陆地相配套、具有高度的技术规范和高效益的集约化规模经营的生产方式。

它集科研、生产、加工、销售于一体，实现周年性、全天候、反季节的企业化规模生产；它集成现代生物技术、农业工程、农用新材料等学科，以现代化农业设施为依托，科技含量高，产品附加值高，土地产出率高和劳动生产率高，是我国农业新技术革命的跨世纪工程。

智能农业产品通过实时采集温室内温度、土壤温度、CO_2浓度、湿度信号以及光照、叶面湿度、露点温度等环境参数，自动开启或者关闭指定设备。可以根据用户需求，随时进行处理，为设施农业综合生态信息自动监测、对环境进行自动控制和智能化管理提供科学依据。通过模块采集温度传感器等信号，经由无线信号收发模块传输数据，实现对大棚温湿度的远程控制。智能农业还包括智能粮库系统，该系统通过将粮库内温湿度变化的感知与计算机或手机的连接进行实时观察，记录现场情况以保证粮库的温湿度平衡。

7. 智能化安防

智能化安防技术随着科学技术的发展与进步和 21 世纪信息技术的腾飞已迈入了一个全新的领域，智能化安防技术与计算机之间的界限正在逐步消失，没有安防技术社会就会显得不安宁，世界科学技术的前进和发展就会受到影响。

物联网技术的普及应用，使得城市的安防从过去简单的安全防护系统向城市综合化体系演变，城市的安防项目涵盖众多的领域，有街道社区、楼宇建筑、银行邮局、道路监控、机动车辆、警务人员、移动物体、船只等。特别是针对重要场所，如机场、码头、水电气厂、桥梁大坝、河道、地铁等场所，引入物联网技术后可以通过无线移动、跟踪定位等手段建立全方位的立体防护，兼顾了整体城市管理系统、环保监测系统、交通管理系统、应急指挥系统等应用的综合体系。特别是车联网的兴起，在公共交通管理上、车辆事故处理上、车辆偷盗防范上可以更加快捷准确地跟踪定位处理，还可以随时随地通过车辆获取更加精准的灾难事故信息、道路流量信息、车辆位置信息、公共设施安全信息、气象信息等信息来源。

8. 智慧城市

智慧城市是把新一代信息技术充分运用在城市的各行各业之中的基于知识社会下一代创新(创新 2.0)的城市信息化高级形态。智慧城市基于互联网、云计算等新一代信息技术以及大数据、社交网络、Fab Lab、Living Lab、综合集成法等工具和方法的应用，营造有利于创新涌现的生态，实现全面透彻的感知、宽带泛在的互联、智能融合的应用以及以用户创新、开放创新、大众创新、协同创新为特征的可持续创新。

9. 智能汽车

智能车辆是一个集环境感知、规划决策、多等级辅助驾驶等功能于一体的综合系统，它集中运用了计算机、现代传感、信息融合、通信、人工智能及自动控制等技术，是典型的高新技术综合体。目前对智能车辆的研究主要致力于提高汽车的安全性、舒适性，以及提供优良的人车交互界面。近年来，智能车辆已经成为世界车辆工程领域研究的热点和汽车工业增长的新动力，很多发达国家都将其纳入各自重点发展的智能交通系统当中。

10. 智能建筑

智能建筑指通过将建筑物的结构、系统、服务和管理根据用户的需求进行最优化组合，从而为用户提供一个高效、舒适、便利的人性化建筑环境。智能建筑是集现代科学技术之大成的产物。其技术基础主要由现代建筑技术、现代计算机技术、现代通信技术和现代控制技术所组成。

据《2013—2017 年中国智能建筑行业发展前景与投资战略规划分析报告》数据显示，我国智能建筑行业市场在 2005 年首次突破 200 亿元之后，也以每年 20% 以上的增长态势发展，2017 年的市场规模达到 3250 亿元。

11. 智能水务

智能水务是通过数采仪、无线网络、水质水压表等在线监测设备实时感知城市供排水系统的运行状态，并采用可视化的方式有机整合水务管理部门与供排水设施，形成"城市水务物联网"，并可将海量水务信息进行及时分析与处理。

12. 商业智能

商业智能又名商务智能，英文为 Business Intelligence，简写为 BI。商业智能通常被理解为将企业中现有的数据转化为知识，帮助企业做出明智的业务经营决策的工具。这里所谈的数据包括来自企业业务系统的订单、库存、交易账目、客户和供应商等来自企业所处行业和竞争对手的数据以及来自企业所处的其他外部环境中的各种数据。而商业智能能够辅助的业务经营决策，既可以是操作层的，也可以是战术层和战略层的决策。为了将数据转化为知识，需要利用数据仓库、联机分析处理(OLAP)工具和数据挖掘等技术。因此，从技术层面上讲，商业智能不是什么新技术，它只是数据仓库、OLAP 和数据挖掘等技术的综合运用。

可以认为，商业智能是对商业信息的搜集、管理和分析过程，目的是使企业的各级决策者获得知识或洞察力(Insight)，促使他们做出对企业更有利的决策。商业智能一般由数据仓库、联机分析处理、数据挖掘、数据备份和恢复等部分组成。商业智能的实现涉及软件、硬件、咨询服务及应用，其基本体系结构包括数据仓库、联机分析处理和数据挖掘三个部分。

13. 智能工业

智能工业是将具有环境感知能力的各类终端、基于泛在技术的计算模式、移动通信等不断融入工业生产的各个环节，大幅提高制造效率，改善产品质量，降低产品成本和资源消耗，将传统工业提升到智能化的新阶段。总的来说，智能工业的实现是基于物联网技术的渗透和应用，并与未来先进制造技术相结合，形成新的智能化的制造体系。工业和信息化部制定的《物联网"十二五"发展规划》中将智能工业应用示范工程归纳为：生产过程控制、生产环境监测、制造供应链跟踪、产品全生命周期监测、促进安全生产和节能减排。

14. 平安城市

平安城市是一个特大型、综合性非常强的管理系统，不仅需要满足治安管理、城市管理、交通管理、应急指挥等需求，而且还要兼顾灾难事故预警、安全生产监控等方面对图像监控的需求，同时还要考虑报警、门禁等配套系统的集成以及与广播系统的联动。

平安城市就是通过三防系统(技防系统、物防系统、人防系统)建设城市的平安和谐。一个完整的安全技术防范系统，是由技防系统、物防系统、人防系统和管理系统四个系统相互配合相互作用来完成安全防范的综合体。安全技术防范系统主要有入侵报警系统、电视监控系统、出入口控制系统、电子巡查系统、停车场管理系统、防爆安全检查系统。

本 章 小 结

物联网简称 IoT，是指任何物品与互联网连接起来，进行信息交换和通信，以实现智能化识别、定位、跟踪、监控和管理的一种网络。物联网的核心和基础是互联网，是在互联网基础之上的延伸和扩展的一种网络。

物联网是各种感知技术的广泛应用，也是一种建立在互联网上的泛在网络。传感器技术、RFID 标签和嵌入式系统技术是物联网的关键技术。物联网架构可分为三层：传感层、网络层和应用层。

物联网的应用领域非常广泛，包括智能家居、智能交通、智能电网、智能物流和智慧城市等。

习 题

1. 简述你所理解的物联网。
2. 简述物联网的典型特征以及其标准。
3. 物联网的关键技术有哪些？并简述其架构。
4. 请简述你所知道的物联网在生活中的应用。

第 6 章

"智慧地球"概念的形成

学习目标

1. 了解智慧地球的概念和特征。
2. 掌握智慧地球的架构、重要作用和实际应用价值。
3. 了解智慧地球在中国的发展。

知识要点

智慧地球的概念、特征、架构及其实际应用价值和在中国的发展。

当前科学技术迅猛发展，正在引发社会生产方式的深刻变革。互联网、云计算、物联网等信息网络技术的广泛应用不断推动生产方式发生变化。世界范围内，生产力、生产方式、生活方式、经济社会发展格局正在发生深刻变革。培育新的经济增长点、抢占国际经济科技制高点已经成为世界各国发展的大趋势，科技竞争在综合国力竞争中的地位更加突出。

实践证明：信息技术产业每隔10年到15年就会发生一次重大的变革，并催生新市场、新业务模式、新产业规律。在"数字地球"发展十余年时间，"智慧地球"将掀起互联网浪潮后的又一次科技革命。

6.1 "智慧地球"的概念

"智慧地球"是以"物联网"和"互联网"为主要运行载体的现代高新技术的总称，也是对当前世界所面临的许多重大问题的一种积极的解决方案。"智慧地球"的技术内涵，是对现有互联网技术、传感器技术、智能信息处理等信息技术的高度集成，是实体基础设施与信息基础设施的有效结合，是信息技术的一种大规模普适应用。通俗地讲，"互联网+物联网=智慧地球"。实质上，"智慧地球"是"数字地球"的延续和发展，形象地说，"数字地球"加上物联网就可以实现"智慧地球"，如图6-1所示。

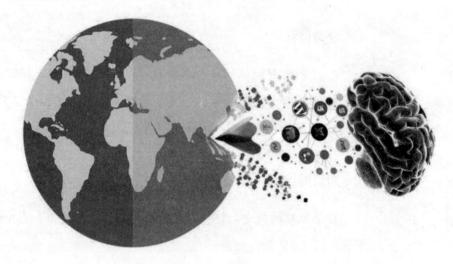

图6-1 "智慧地球"

2008年11月6日，美国IBM总裁兼首席执行官彭明盛在纽约市外交关系委员会发表演讲《智慧地球：下一代的领导议程》。"智慧地球"的理念被明确地提出来，这一理念给人类构想了一个全新的空间——让社会更智慧地进步，让人类更智慧地生存，让地球更智慧地运转，如图6-2所示。

2009年1月28日，奥巴马就任美国总统后，与美国工商业领袖举行了一次"圆桌会议"。作为仅有的两名代表之一，IBM首席执行官彭明盛再次提出"智慧地球"这一概念，建议新政府投资新一代的智慧型基础设施，阐明其短期和长期效益。奥巴马对此给予了积极的回应:"经济刺激资金将会投入到宽带网络等新兴技术中去,毫无疑问,这就是美国在 21 世纪保持和夺回竞争优势的方式。"之后不久,奥巴马就签署了经济刺激计划,批准投资 110 亿美元推进智慧的电网,批准 190 亿美元推进智慧的医疗,同时批准投资 72 亿美元推进美国宽带网络的建设。同时,"智慧地球"的概念一经提出,即得到美国各界的高度关注,甚至有分析认为 IBM 的这一构想极有可能上升至美国的国家战略,并在世界范围内引起轰动。

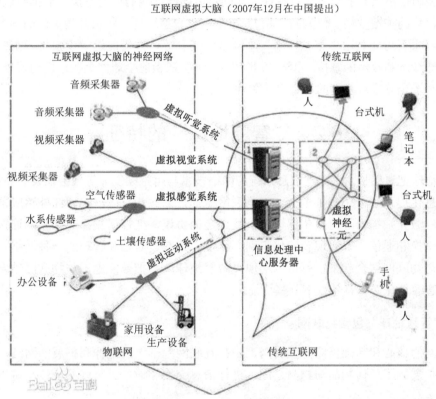

图 6-2 IBM"智慧地球"

2009 年 2 月 24 日,IBM 大中华区首席执行官钱大群在 2009 年的 IBM 论坛上公布了名为"智慧地球"的最新策略。IBM 认为,IT 产业下一阶段的任务是把新一代 IT 充分运用在各行各业之中,具体地说,就是把感应器嵌入和装备到电网、铁路、桥梁、隧道、公路、建筑、供水系统、大坝、油气管道等各种物体中,并且被普遍连接,形成物联网。而后通过超级计算机和"云计算"将"物联网"整合起来,植入"智慧"的理念,不仅仅能够在短期内有力地刺激经济、促进就业,而且能够在短时间内为国家打造一个成熟的智慧基础设施平台。人类能以更加精细和动态的方式管理生产和生活,从而达到全球"智慧"状态,最终形成"互联网+物联网=智慧地球"。

IBM 提出"智慧地球"是因为 IBM 认识到互联互通的科技将改变这个世界目前的运行方式。这一系统和流程将有力推动实体商品的开发、制造、运输和销售;服务的交付;从人、金钱到石油等万事万物的运动；乃至数十亿人的工作、自我管理和生活。

IBM 认为当今世界许多重大的问题如金融危机、能源危机和环境恶化等，实际上都能够以更加"智慧"的方式解决。在全球经济形势低迷之时，"智慧地球"不仅能加速发展，摆脱经济危机的影响，而且也孕育着未来的发展机遇，能够借此开创新型产业和新的市场，引领世界经济迅速腾飞。

"智慧地球"战略被不少美国人认为与当年克林顿政府利用互联网革命和"数字地球"战略，把美国带出当时的经济低谷有许多共同点，同样被他们认为是挽救危机、振兴经济、确立竞争优势的关键战略。作为新一轮 IT 革命，"智慧地球"将上升为美国的国家战略，奥巴马政府将有可能利用"智慧地球"来刺激经济复苏，并借此进一步强化美国的技术优势及对全球经济和政治的掌控，重演 20 世纪那一幕。在当前全球性金融危机的背景下，"智慧地球"对于全球经济复苏的意义引人关注。

6.2　"智慧地球"的特征

数字地球把遥感技术、地理信息系统和网络技术与可持续发展等社会需要联系在一起，为全球信息化提供了一个基础框架。而物联网是通过射频识别(RFID)、红外感应器、全球定位系统、激光扫描器等信息传感设备，按约定的协议，把任何物品与互联网连接起来，进行信息交换和通信，以实现智能化识别、定位、跟踪、监控和管理的一种网络。我们将数字地球与物联网结合起来，就可以实现"智慧地球"。把数字地球与物联网结合起来所形成的"智慧地球"将具备以下一些特征。

1. "智慧地球"包含物联网

物联网的核心和基础仍然是互联网，是在互联网基础上的延伸和扩展的网络，其用户端延伸和扩展到了任何物品与物品之间，进行信息交换和通信。物联网应该具备以下三个特征。

(1) 全面感知。即利用 RFID、传感器、二维码等随时随地获取物体的信息。

(2) 可靠传递。通过各种电信网络与互联网的融合，将物体的信息实时准确地传递出去。

(3) 智能处理。利用云计算、模糊识别等各种智能计算技术，对海量的数据和信息进行分析和处理，对物体实施智能化的控制。

2. "智慧地球"面向应用和服务

无线传感器网络是无线网络和数据网络的结合，与以往的计算机网络相比它更多的是以数据为中心。由微型传感器节点构成的无线传感器网络则一般是为了某个特定的需要设计的，与传统网络适应广泛的应用程序不同的是无线传感器网络通常是针对某一特定的应用，是一种基于应用的无线网络各个节点能够协作地实时监测、感知和采集网络分布区域内的各种环境或监测对象的信息，并对这些数据进行处理，从而获得详尽而准确的信息并将其传送到需要这些信息的用户。

3. 智慧地球与物理世界融为一体

在无线传感器网络当中，各节点内置有不同形式的传感器，用以测量热、红外、声纳、雷达和地震波信号等，从而探测包括温度、湿度、噪声、光强度、压力、土壤成分、移动物体的大小、速度和方向等众多我们感兴趣的物质现象。传统的计算机网络以人为中心，而无线传感器网络则是以数据为中心。

4. 智慧地球能实现自主组网、自维护

一个无线传感器网络当中可能包括成百上千或者更多的传感节点，这些节点通过随机撒播等方式进行安置。对于由大量节点构成的传感网络而言，手工配置是不可行的，因此，网络需要具有自组织和自动重新配置能力。同时，单个节点或者局部几个节点由于环境改变等原因而失效时，网络拓扑应能随时间动态变化。因此，要求网络应具备维护动态路由的功能，才能保证网络不会因为节点出现故障而瘫痪。

6.3 "智慧地球"的架构

解读"智慧地球"背后蕴含的支持力量："IBM 的架构是'新锐洞察'让你有时间将资料变成信息，把信息变成智慧；'智慧运作'就是我们用新的方法来做事情；我们称之为'动态架构'，让更加智慧的架构支持客户，让客户的管理成本更低、可靠性更高；最后是'绿色与未来'，包括我们本身 IT 数据中心，也包括我们会帮助客户来管理他们的设备，让他们达到绿色的要求。"

智慧地球需要关注的四个关键问题：一是新锐洞察。面对无数个信息孤岛式的爆炸性数据增长，需要获得新锐的智能和洞察，利用众多来源提供的丰富实时信息，以做出更明智的决策。二是智能运作。需要开发和设计新的业务和流程需求，实现在灵活和动态流程支持下的聪明的运营和运作，达到全新的生活和工作方式。三是动态架构。需要建立一种可以降低成本、具有智能化和安全特性，并能够与当前的业务环境同样灵活动态的基础设施。四是绿色未来。需要采取行动解决能源、环境和可持续发展的问题，提高效率、提升竞争力。

而站在宏观的角度来考虑，应从掌控地球的硬件和软件等物理层面来设计。这样，智慧地球可从以下四个层次来架构，如图 6-3 所示。

(1) 感知层：该层是智慧地球的神经末梢，包括传感器节点、射频标签、手机、个人电脑、PDA、家电、监控探头。

(2) 服务层：包括无线传感网、P2P 网络、网格计算网、云计算网络，是泛在的融合的网络通信技术保障，体现出信息化和工业化的融合。

(3) 网络层：Internet 网、无线局域网、3G 等移动通信网络。

(4) 应用层：包括各类面向视频、音频、集群调度、数据采集的应用。

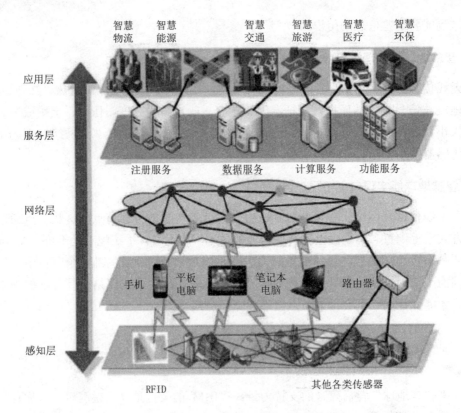

图 6-3 "智慧地球"架构

总之,"物联网""云计算""智慧地球"等,实际上都是基于互联网的智慧化应用。信息技术正在深刻地改变世界,智慧化社会的到来是大势所趋,这也是各种智慧新概念都能得到一部分人肯定的原因。企业当然以盈利为目的,但一个智慧化的地球确实也需要人们贡献更多的"智慧"。

6.4 "智慧地球"的重要作用

1. "智慧地球"将对世界带来重大改变

IBM 提出的"智慧地球"把地球拟人化,地球成了人的同类。"智慧地球"概念,让 IT 更加贴近我们的工作、生活,也更容易被人理解。真正值得关注的,是如何使"智慧地球"得以实现的现象后面的体系架构,以及由此对世界各国未来政治、经济、社会、文化等各个方面都带来重大改变的作用。英国、法国、德国、俄罗斯、日本、韩国、新加坡等国家积极响应,纷纷制定出振兴本国经济的发展计划,"智慧地球"战略已席卷全球。

2. "智慧地球"又一次引发科技革命

IBM"智慧地球"理念的提出,表明其国际型大企业的风格,因为它是站在全球用户的高度,以全人类最新需求为市场导向来规划企业战略。作为一家把"思考"作为立身之本的百年企业，IBM已经形成了自己对科技趋势、社会进步和世界发展的独特视角。早在这次金融危机爆发之前，IBM已经看到了当代世界体系的一个根本矛盾，那就是一个新的、更小的、更平坦的世界与我们对于这个世界落后的管理模型之间的矛盾，这个矛盾有待于用新的科学理念和高新技术去解决。

"智慧地球"将掀起互联网浪潮后的又一次科技革命。当前世界各国尤其是各主要大国都在对自身经济发展进行战略筹划，纷纷把发展新能源、新材料、信息网络、生物医药、节能环保、低碳技术、绿色经济等作为新一轮产业发展的重点，加大投入，着力推进。

3. "智慧地球"重构世界运行模型

"智慧地球"是克服了信息技术应用中"零散的、各自为战"的现状，"从一个总体产业或社会生态系统出发，针对该产业或社会领域的长远目标，调动该生态系统中的各个角色，以创新的方法"，"充分发挥先进信息技术的潜力以促进整个生态系统的互动，以此推动整个产业和整个公共服务领域的变革，形成新的世界运行模型。"

也就是说，"智慧地球"是IBM对于如何运用先进的信息技术构建这个新的世界运行模型的一个愿景——使用先进信息技术改善商业运作和公共服务，而不是一个新鲜的想法。在这种智慧的模型之中，政府、企业和个人的关系将被重新定义，从过去单维度的"生产——消费""管理——被管理""计划——执行"，转变为先进的、多维度的新型协作关系。在这种新型关系中，每个个体和组织都可以自由地、精确地、及时地贡献和获取信息，洞察和运用专业知识，从而对彼此的行为施加正面的影响，达成智慧运行的宏观效果。

4. "智慧地球"惠及各行各业

IBM提出"构建一个更有智慧的地球"，是因为认识到互联互通的科技将改变世界的运行方式。世界的基础设施正在逐渐变得可感应可量度、互联互通以及更加智能。"智慧地球"将推动"物联网"和"互联网"的全面融合——把商业系统和社会系统与物理系统融合起来，形成一个全新的智慧基础设施，让各行各业都"智慧"起来，包括智慧的城市、智慧的电力、智慧的铁路、智慧的医疗、智慧的金融、智慧的水资源管理等。这种智能的应用将带来更多的社会价值：经济的繁荣、信息传递的便利、无障碍的沟通、随需应变的企业、更方便的生活等，也会创造更多的市场需求和工作岗位。

5. "智慧地球"孕育"智慧城市"

像"数字城市"源于"数字地球"一样，"智慧地球"将孕育"智慧城市"。IBM将联动多方，从更透彻的感知、更全面的互联互通和更深入的智能化三方面入手帮助政府构建更为智慧的城市，将政府变成一个一站式的服务体制，面向市民将业务进行板块化。IBM认为，在城市发展中，经济发展和稳定是首要任务，公共安全、社会服务、教育、社保和市政建设分别构成最重要的板块。而形成整个板块的支撑层有法律框架、市政系统，以及赋予城市以"智慧"的信息基础架构。"智慧城市"意味着在部门之间共享协同作业，意味着改变等待服务请求为主动的连续的服务，意味着精简业务流程和降低服务成本。在智能互联的信息化建设支持下,政府可以实时收集并分析城市各领域的数据,以便快速制定决策并采取适当的行动,市民的生活更加便捷、灵活和自主,企业能享受更具竞争力的商业环境。

"智慧城市"是一座光速城市。城市光网计划将为所有市民实现 100 兆光纤到户,将宽带上网速度提升 50 倍,比肩世界信息发展先进城市。"智慧城市"是一座无线城市。从 WLAN 到 3G,再到 4G,宽带无线网将无所不在,每个人都随时"在线"。"智慧城市"是一座物联城市,城市每个"细胞"都被传感器、网络连接,如图 6-4 所示。

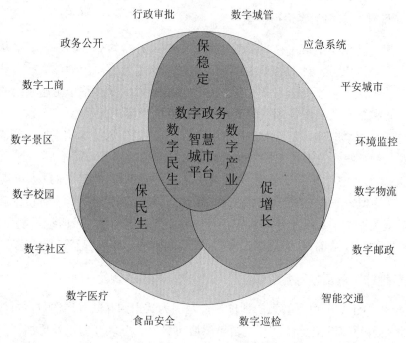

图 6-4 "智慧城市"

"智慧城市"不仅仅是物联的城市,更是一个通过云计算、深度分析可控制的城市。在新一轮的信息化建设热潮中,"智慧城市"将带给我们全新的信息生活感受、焕发其无穷魅力。

"智慧城市"的到来,不仅仅是改变个人信息生活的质量,还可运用于城市公共安全、制造生产、环境监控、智能交通、智能家居、公共卫生、健康监测、金融贸易等多个领域,如图 6-5 所示。它可以使各种资源的效用发挥到最大化,能够大大促进企业降本增效,使得政府提高公共服务能力和城市管理效率。

智慧城市将是未来城市的发展趋势,包括智慧的交通、智慧的商业、智慧的公共安全、智慧的居民健康和教育、智慧的环境等,这些城市系统构成了智慧城市的"神经元"。为此,如何将这些"神经元"所涉及的范围和所应用的信息技术挖掘出来;如何连通智慧城市主要的"神经元",是至关重要的。"智慧城市"延展和拓宽了城市信息化的新内涵,为城市管理和信息化专家、IT 厂商提供了一个交流互动的平台,必定会促进智慧城市"神经元"的形成和有机发育,极大地推动建设新一代生态宜居的、可持续发展的智慧城市。

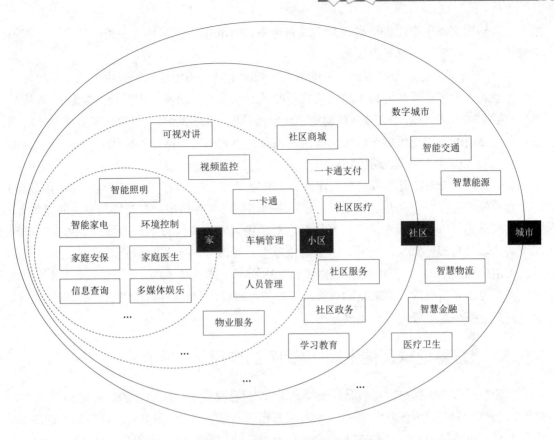

图 6-5 "智慧城市"包含的服务

总之,智慧城市是围绕城乡一体化发展、城市可持续发展、民生核心需求为关注点,将先进信息技术与先进的城市经营服务理念进行有效融合,通过对城市的地理、资源、环境、经济、社会等系统进行数字网络化管理,对城市基础设施、基础环境、生产生活相关产业和设施的多方位数字化、信息化的实时处理与利用,构建以政府、企业、市民三大主体的交互、共享平台,为城市治理与运营提供更简捷、高效、灵活的决策支持与行动工具,为城市公共管理与服务提供更便捷、高效、灵活的创新应用与服务模式,从而推进现代城市运作更安全、更高效、更便捷、更绿色的和谐目标。

6.5 "智慧地球"的实际应用价值

6.5.1 "智慧地球"战略能够带来长短兼顾的良好效益

在当前应对危机、复苏经济的局势下,"智慧地球"对于美国经济甚至世界经济走出困境具有实际应用价值。

在短期经济刺激方面,"智慧地球"战略首先要求政府投资于诸如智能铁路、智能高速公路、智能电网等基础设施,能够刺激短期经济增长,创造大量的就业岗位;其次,新一代的智能基础设施将为未来的科技创新开拓巨大的空间,有利于增强国家的长期竞争力;

再次,能够提高对于有限的资源与环境的利用率,有助于资源和环境保护;最后,计划的实施将能建立必要的信息基础设施。

IBM 正在竭力协助公用事业,以便将数字智能工具应用到电网管理中。通过使用传感器、计量表、数字控件和分析工具,可以更好地自动监控每次操作中的双向能源流动(从发电厂到插头)。这样的话,电力公司便能优化电网性能、防止断电、更快地恢复供电,消费者对电力使用的管理也可细化到每个联网的装置。"智能"电网还可使用新的再生能源(如风能或太阳能),并与各地分散的电力能源相互支持,或可嵌入到电动车辆中。

简而言之,美国打算将智能电网作为整个新能源产业链(包括风电、核电、太阳能发电)的配套设施来进行整体性开发与配置,并最终应用到终端包括电动汽车等新型交通工具上。

从长远的经济发展来看,"智慧地球"对于美国发展高新技术,增强经济实力,提升军事实力,具有战略意义。同时,"智慧地球"内含高新技术和实际应用价值,对于世界各国采用信息技术(IT)、现代通信技术(ICT)、3S 技术、虚拟技术(VR)、Internet 技术、物联网技术等现代高新技术,构筑基础设施,搞好城市建设,发展经济,扩充行业,增加就业,脱贫致富,缩小差距等都具有重要作用。

6.5.2 "智慧地球"催生新一代 IT 的应用

"智慧地球"的提出,实质是在为全球 IT 产业寻找金融危机后新的经济增长点。"智慧地球"最终是要实现地球上 70 亿人和万事万物的高度智能化。但要实现这样宏大的愿景,需要三种不可或缺的技术:拥有大量的信息数据、利用数学模型优化分析和进行高性能计算,而这些技术都离不开 IT 的应用。

互联网+物联网=智慧地球。这里互联网和物联网包含大量 IT 的应用,智慧地球包含许多 IT 产业。IT 产业下一阶段的任务是把新一代 IT 充分运用到各行各业之中,具体地说,就是把感应器嵌入和装备到电网、铁路、桥梁、隧道、公路、建筑、供水系统、大坝、油气管道等各种物体中,并且被普遍连接,形成所谓"物联网",然后将"物联网"与现有的互联网整合起来。实现人类社会与物理系统的整合。在这个整合的网络当中,存在能力超级强大的中心计算机群,能够对整合网络内的人员、机器、设备和基础设施实施实时的管理和控制。在此基础上,人类可以以更加精细和动态的方式管理生产和生活,达到"智慧"状态,提高资源利用率和生产力水平,改善人与自然间的关系。

6.5.3 "智慧地球"利于政府电子政务平台架构

"智慧地球"涉及国家、区域、城市和政府等各方面的发展。如何进一步发展区域城市间信息共享?如何提高数字化城市管理能力?如何不断提升公众服务水平?面对这些发展中的问题和严峻挑战,各级政府必须大刀阔斧地改革其现有的流程运作方式。为了支持政府观念转型、业务转型,支撑政府运作的 IT 系统也要由分散、隔离状态转向集成化、共享化,需要建立更加安全可靠的 IT 运行环境,来支持建立随需应变的政府。

为了配合政府的工作,IBM 打造了基于 SOA 的区域政府电子政务平台架构。SOA,即面向服务的架构(Service Oriented Architecture)，作为软件基础架构发展的必然趋势，是政府基础架构平台的最佳构建方式。SOA 作为一种软件系统架构方法，把业务组件分成基本的构建模块，就像通过标准化软件接口实现 IT 基础设施的模块化。由此灵活的业务流程可以与灵活的 IT 流程相匹配。

6.5.4 "智慧地球"存在着改变世界的潜力

"智慧地球"具有三方面的特征：一是更透彻的感知，即能够充分利用任何可以随时随地感知、测量、捕获和传递信息的设备、系统或流程；二是更全面的互联互通，即智慧的系统可按新的方式协同工作；三是更深入的智能化，即能够利用先进技术更智能地洞察世界，进而创造新的价值。因此，"智慧地球"存在着改变世界的潜力。

例如，我国政府在进行基础设施投资、转变经济增长方式的过程中，运用"智慧"的理念，"智慧"的技术，不但能够刺激经济增长，创造就业岗位，而且将提升科技创新水平，更加绿色高效地利用资源，改善环境。以中国软件产业为例，该行业每增加 1000 亿元产值，能够新增 30 万～35 万个知识型就业岗位，这个功能是单纯的传统基础设施投资所不具备的。根据 IBM 中国商业价值研究院的研究结果，中国在智慧医疗基础设施方面投入 250 亿元人民币，将可以直接和间接创造近 16 万个知识型就业岗位。而这些人的消费，则又可以创造 20 万个服务业工作岗位。可以说，在我国积极推进工业化和信息化融合，坚持科学发展，建设和谐社会之际，"智慧地球"理念意义深远。如此看来，信息技术确实存在着改变世界的潜力。

6.5.5 智慧地球典型应用

"智慧地球"的目标是让世界的运转更加智能化，涉及个人、企业、组织、政府、自然和社会之间的互动，而它们之间的任何互动都将是提高性能、效率和生产力的机会。随着地球体系智能化的不断发展，也为我们提供了更有意义的、崭新的发展契机。

除了在国防和国家安全的应用外，"智慧地球"在各行各业将会有着很广泛的应用，下面列举一些具体的典型应用。

1. 城市网格化管理与服务

"智慧城市"可以更有效地实现城市网格化管理和服务。例如，武汉市有 200 多万个部件设施，800 多万人，每年超过 60 万件事件，我们可以通过智能采集数据、智能分析，将这些部件设施、人口、事件进行有效的管理和服务。

2. 智能交通

智能交通系统通过对传统交通系统的变革，提升交通系统的信息化、智能化、集成化和网络化，智能采集交通信息、流量、噪声、路面、交通事故、天气、温度等，从而保障人、车、路与环境之间的相互交流，进而提高交通系统的效率、机动性、安全性、可达性、经济性，达到保护环境、降低能耗的作用。

3. 数字家庭应用

不论我们在室内还是在户外，通过物联网和各种接入终端，可以让每个家庭都能感受到智慧地球的信息化成果。

6.6 "智慧地球"在中国

6.6.1 "智慧地球"将推动中国经济的转型

IBM 提出的"智慧地球"战略，是在全球经济市场低迷之际，凭借其敏锐的洞察力提出的立足现状、面向未来的愿景，通过概念创新，实现 IBM 抢占国际市场尤其是中国庞大市场的目的。

IBM 认为，改革开放 30 年，中国经济取得了持续高增长，今后发展"绿色经济"，向"服务经济"转型，建立"和谐社会"以及自主创新，都需要利用先进的技术和更加智慧的理念和方式去实现。在当前我国的基本政策来看，我国将一直在基础设施领域进行大量的投资。IBM "智慧地球"所实现的信息化与经济融合、虚拟经济与实体经济结合，更可以帮助中国改善基础设施建设，使中国从"智慧地球"中获得最大的收益，不仅在短期内可以战胜某些风险与挑战，而且也为长远健康、和谐和可持续发展创造了条件。

近年来，IBM 对中国经济六大领域(电力、医疗、城市统辖和管理、交通运输、供应链和银行业)转型的展望，很好地说明"智慧地球"这一概念将如何造福于中国政府、企业和人民，它们可以相互协作共同创建一个可以更透彻的感知，拥有更全面的互联互通和实现更深入的智能化的生态系统。

(1) 智慧的电力。赋予消费者管理其电力使用并选择污染最小的能源的权力，这样可以提高能源使用效率并保护环境。同时，它还能确保电力供应商有稳定可靠的电力供应，亦能减少电网内部的浪费。这些确保了经济持续快速发展所需的可持续能源供应。

(2) 智慧的医疗。解决医疗系统中的主要问题，如医疗费用过于昂贵难以负担(特别是农村地区)、医疗机构职能效率低下以及缺少高质量的病患看护。解决这些问题可以推动构建和谐社会，因为只有市民健康才能劳动创造价值。

(3) 智慧的城市。中国的商用和民用城市基础设施不完善、城市治理和管理系统效率低下，以及紧急事件响应不到位等问题亟须解决。城市是经济活动的核心，智慧的城市可以带来更高的生活质量、更具竞争力的商务环境和更大的投资吸引力。

(4) 智慧的交通。采取措施缓解超负荷运转的交通运输基础设施面临的压力。减少拥堵意味着产品运输时间缩短、人员交通时间缩短和生产力提高，同时还能减少污染排放，更好地保护环境。

(5) 智慧的供应链。智慧的供应链致力于解决由于交通运输、存储和分销系统效率低下造成的物流成本高和备货时间长等系统问题。成功地解决这些问题将刺激国内贸易，提高企业竞争力,并将助力经济的可持续发展。

(6) 智慧的银行业。提高中国的银行在国内和国际市场的竞争力,减轻风险,提高市场稳定性,进而更好地支持小公司、小企业和个体经营的发展。

6.6.2 "智慧地球"将对我国 IT 产业形成挑战

冷静思考之后我们可以预感到,如果 IBM "智慧地球"在中国落户,将对我国的 IT 产业产生冲击,对我国 IT 产业自主创新形成挑战。因为如果接受"智慧地球",就意味着接受其技术、接受其产品、接受其管理方式和运行模式,这无疑将挤占我国 IT 产业自主创新的生存空间,侵占我国 IT 市场份额,给我国还不够强大的 IT 产业提出新问题。此外,如果引进"智慧地球",也有可能造成某些安全威胁。可感知、可互联互通和更加智能化也就意味着一切更加透明,一切更易被操控。目前,在互联网领域,我国能够掌控的核心技术还十分有限,如果再加上传感器和射频标签的普遍应用,由此带来的安全风险也就更加难以估量。

6.6.3 我国有能力建设自己的智慧系统

"智慧地球"理念所涵盖的传感器技术、射频标签、网络技术、智能信息处理等技术,我国均已具备一定研发基础和产业化能力。

(1) 在传感技术领域,我国已经建立了传感技术国家重点实验室、微米/纳米国家重点实验室、国家传感技术工程中心等研究开发基地,初步建立了敏感元件与传感器产业。2007 年,传感器业总产量达到 20.93 亿只,品种规格已有近 6000 种,并已在国民经济各部门和国防建设中得到一定的应用。

(2) 在射频标签领域,我国已突破芯片、天线、封装、标签、读写器等系列 RFID 共性关键技术,产业化关键技术、应用关键技术,建立我国 RFID 技术自主创新体系,形成了我国 RFID 技术标准体系。在频率规划方面,我国于 2007 年出台了 800/900MHz 射频识别技术频率规划试行规定。同时,已有近 200 家国内企业加入了"中国 RFID 产业联盟",积极推进我国 RFID 产业与应用的发展。

(3) 在网络技术方面,我国为发展下一代互联网,国家在技术研发、网络建设、业务应用、产品产业化方面都提前进行过全面部署。早在 2002 年就通过中日合作开展 IPv6 教育网试验系统的建设,并于 2004 年开始下一代互联网试验网的建设。在此之后,国家连续组织实施了三批下一代互联网高技术产业化专项工程,使我国在下一代互联网技术、产业和应用方面走在了世界前列。目前,我国自主建设的下一代互联网已经有了近百万用户,并且可以生产 50%以上的下一代互联网核心关键设备。

(4) 在智能信息处理领域,以智能交通为例,我国目前智能交通主要应用于三大领域:一是公路交通信息化,包括高速公路建设、省级国道公路建设;二是城市道路交通管理服务信息化;三是城市公交信息化。仅北京市就已初步建成四大类智能交通系统,即道路交通控制、公共交通指挥与调度、高速公路管理、紧急事件管理,约 30 个子系统,分散在各交通管理和运营部门。因此，只要国家重视，相关行业努力，我们应该有能力建立自己的智慧系统。

6.6.4 "智慧地球"拓宽信息产业发展思路

1. 从战略层面提升重视级别

尽管"智慧地球"是 IBM 的一种营销手段和产品促销策略，是其应对金融危机展开自救的一项措施，但不可否认其战略的前瞻性和超前性。我们应从战略层面，高度重视"智慧地球"对我国信息产业和信息安全的影响。

首先，"智慧地球"将有可能引导我国信息产业链的各个环节向"智慧地球"聚集，从而影响我国在信息产业的整体布局；其次，"智慧地球"的"更全面的互联互通"，目标是要实现国家层面乃至全球的基础设施甚至自然资源的"互联互通"，这就为某些跨国大公司借助技术手段掌控全球范围的各种资源提供了便利，其可能给我国信息安全带来的影响，也应引起我们的高度重视，并有必要进行系统的评估。

2. 加强对"智慧地球"的跟踪研究

"智慧地球"落户我国，使我们更加关注两个重要因素：一是关注我国巨大的市场需求。政府将致力于交通运输和电力基础设施、医疗和教育条件的改善、环境保护和节约能源、经济适用房的建造、改善农民的生活质量、技术进步和灾后重建六大领域加大投资力度，我国的这种自身建设需求，为"智慧地球"落地我国提供了可能性。二是关注 IBM 强大的技术和市场运作实力。成立于 1911 年的 IBM，目前是全球最大的硬件、软件、IT 服务器和 IT 融资供应商，是世界上最大的信息工业跨国公司，也是全球多元化的专利霸主。仅在 20 世纪 90 年代，IBM 公司就共获得 1.5 万多项专利，比名列第二拥有最多专利数的日本佳能公司多出 2300 项。IBM 具备了推进"智慧地球"实现的能力。

因此，对 IBM 来讲，"智慧地球"在中国的实施，具备了内在实力和外在需求两种有利因素。2009 年 1 月，长虹集团宣布引入 IBM 成为四川长虹的战略投资股东，IBM 成为长虹的第二大股东，双方将在信息家电和 IT 产品、技术开发、IT 及咨询服务、灾后重建以及资本运营等方面深入合作。此举动被看成是 IBM 在中国推销其"智慧地球"概念的重要一步。此外，净雅集团、葛洲坝集团、杭州黄龙饭店、网易、金蝶集团等也已与 IBM 开始了实质性的合作。

3. 加快构建"中国物联网"推动现代服务业发展

IBM 的"智慧地球"计划，预示了该公司将向现代服务业转型的战略举措。"智慧地球"所推崇的"互联网+物联网"的理念，让我们更加关注"物联网"。

"互联网+物联网"，实现了虚拟经济与实体经济的结合，克服了 21 世纪初以互联网为主要载体的知识经济所产生的泡沫。"智慧地球"必将促进现代服务业的快速发展，其未来可能产生的巨大应用前景，也已为人们所广泛关注。

抓住当前的大好时机，立足提高自主创新能力，加快构建"中国物联网"，推动我国现代服务业发展，是我们应该充分重视的问题。2009年8月7日，时任总理温家宝在江苏无锡调研时，对研发"物联网"关键技术的微纳传感器研发中心予以高度关注，提出要把传感网络中心设在无锡、辐射全国的想法。发展物联网不仅仅是提高具体产业的经济效益，更重要的是带动产业发展和产业升级。有了物联网，每个行业都可以通过信息化提高核心竞争力，这些智能化的应用就是经济发展方式的转变和经济结构的调整。

4. 掌握"智慧地球"涉及的核心技术

目前，在信息技术等高技术领域，我国对外技术依存度依然很高，多数产业的核心技术仍然掌握在跨国公司手中。因此，我们应加强关键技术领域的自主研发，突破制约我国经济社会发展的核心技术。只有我们真正掌握了与"智慧地球"相关的核心技术，我们才能从容地应对"智慧地球"可能给我国带来的各种影响。

当前，我们应结合我国经济社会发展的需求，有计划、有步骤地选择一批发展重点，如智能电网、智能医疗等尽快部署，加强相关技术的集成创新，并开展试点示范，积极构建我国自己的"智慧地球"，从而为迎接未来挑战、参与新一轮竞争奠定基础。

未来，运用"智慧地球"技术而迈向智慧的中国，将是一个实现经济可持续发展的中国，将是一个不断繁荣，致力于成为21世纪领导者的中国。而实现中国的"智慧之路"就必须加大对物质、技术及人才基础架构的投资，在全社会范围实现更透彻的感知，更全面的互联互通和更深入的智能化。

"智慧地球"战略能否掀起如当年互联网革命一样的科技和经济浪潮，振兴全球，不仅为美国关注，更为世界所关注，让我们拭目以待。

本 章 小 结

"智慧地球"是以"物联网"和"互联网"为主要运行载体的现代高新技术的总称，也是对当前世界所面临的许多重大问题的一种积极的解决方案。"智慧地球"的技术内涵，是对现有互联网技术、传感器技术、智能信息处理等信息技术的高度集成，是实体基础设施与信息基础设施的有效结合，是信息技术的一种大规模普适应用。

"智慧地球"包含物联网、面向应用和服务、和物理世界融为一体和能实现自主组网，自维护等特性。"智慧地球"的架构包含四层，分别是物联网设备层、基础网络支撑层、基础设施网络层和应用层。

"智慧地球"将对世界带来重大的改变，同时引发科技革命、重构世界运行模型、惠及各行各业和孕育"智慧城市"。"智慧地球"的典型应用包括城市网格化管理与服务、智能交通和数字家庭应用。

"智慧地球"将推动中国经济的转型，从而为迎接未来挑战，参与新一轮竞争奠定基础。未来，运用"智慧地球"技术而迈向智慧的中国，将是一个实现经济可持续发展的中国，将是一个不断繁荣，致力于成为21世纪领导者的中国。

习 题

1. 什么是"智慧地球"？
2. "智慧地球"的架构是什么？
3. "智慧地球"的重要作用和价值是什么？
4. "智慧地球"的应用有哪些？
5. "智慧地球"在我国应该如何发展？

第 7 章

物联网的支撑技术

学习目标

1. 掌握传感器技术的定义分类、特点以及发展趋势。
2. 了解 RFID 技术的概念、技术标准和中间件。
3. 掌握 M2M 技术的概念、高层框架和主要应用。
4. 掌握 EPC 技术的基础、编码体系、系统网络技术和 EPC 标签。

知识要点

传感器技术、RFID 技术、M2M 技术和 EPC 技术的相关信息。

7.1 传感器技术

7.1.1 传感器的定义与分类

1. 传感器的定义

信息处理技术取得的进展以及微处理器和计算机技术的高速发展，都需要在传感器的开发方面有相应的进展。微处理器现在已经在测量和控制系统中得到了广泛的应用。随着这些系统能力的增强，作为信息采集系统的前端单元，传感器的作用越来越重要。传感器已成为自动化系统和机器人技术中的关键部件，作为系统中的一个结构组成，其重要性变得越来越明显。

从广义上来说，传感器是一种能把物理量或化学量转变成便于利用的电信号的器件。国际电工委员会(International Electrotechnical Committee，IEC)的定义为："传感器是测量系统中的一种前置部件，它将输入变量转换成可供测量的信号。"也有的学者认为："传感器是包括承载体和电路连接的敏感元件"，而"传感器系统则是组合有某种信息处理(模拟或数字)能力的传感器"。传感器是传感器系统的一个组成部分，它是被测量信号输入的第一道关口。

传感器系统的框图如图 7-1 所示，进入传感器的信号幅度是很小的，而且混杂有干扰信号和噪声。为了方便随后的处理过程，首先要将信号整形成具有最佳特性的波形，有时还需要将信号线性化，该工作是由放大器、滤波器以及其他一些模拟电路完成的。在某些情况下，这些电路的一部分是和传感器部件直接相邻的。成形后的信号随后转换成数字信号，并输入到微处理器。

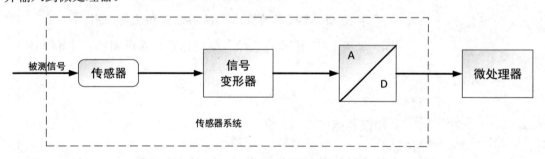

图 7-1 传感器系统的框图

德国和俄罗斯学者认为传感器应是由两部分组成的，即直接感知被测量信号的敏感元件部分和初始处理信号的电路部分。按这种理解，传感器还包含了信号整形的电路部分。

传感器系统的性能主要取决于传感器，传感器把某种形式的能量转换成另一种形式的能量。有两类传感器：有源的和无源的。有源传感器能将一种能量形式直接转变成另一种，不需要外接的能源或激励源(见图 7-2(a))。

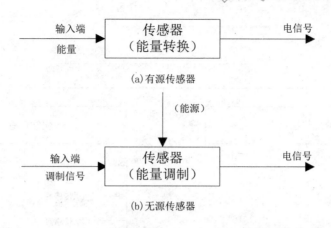

图 7-2 有源传感器和无源传感器的信号流程

无源传感器不能直接转换能量形式,但它能控制从另一输入端输入的能量或激励能(见图 7-2(b))。

传感器承担将某个对象或过程的特定特性转换成数量的工作。其"对象"可以是固体、液体或气体,而它们的状态可以是静态的,也可以是动态(即过程)的。对象特性被转换量化后可以通过多种方式检测。对象的特性可以是物理性质的,也可以是化学性质的。按照其工作原理,传感器将对象特性或状态参数转换成可测定的电学量,然后将此电信号分离出来,送入传感器系统加以评测或标示。各种物理效应和工作机理被用于制作不同功能的传感器。传感器可以直接接触被测量对象,也可以不接触。用于传感器的工作机制和效应类型不断增加,其包含的处理过程日益完善。常将传感器的功能与人类五大感觉器官相比拟:光敏传感器——视觉;声敏传感器——听觉;气敏传感器——嗅觉;化学传感器——味觉;压敏、温敏、流体传感器——触觉。

与当代的传感器相比,人类的感觉能力好得多,但也有一些传感器比人的感觉功能优越,例如人类没有能力感知紫外线或红外线辐射,感觉不到电磁场、无色无味的气体等。

对传感器设定了许多技术要求,有一些是对所有类型传感器都适用的,也有只对特定类型传感器适用的特殊要求。针对传感器的工作原理和结构在不同场合均需要的基本要求是:高灵敏度,抗干扰的稳定性(对噪声不敏感),线性,容易调节(校准简易),高精度,高可靠性,无迟滞性,工作寿命长(耐用性),可重复性,抗老化,高响应速率,抗环境影响(热、振动、酸、碱、空气、水、尘埃)的能力,选择性,安全性(传感器应是无污染的),互换性,低成本,宽测量范围,小尺寸、重量轻和高强度,宽工作温度范围。

2. 传感器的分类

可以用不同的观点对传感器进行分类:它们的转换原理(传感器工作的基本物理或化学效应);它们的用途;它们的输出信号类型以及制作它们的材料和工艺等。

根据传感器工作原理,可分为物理传感器和化学传感器两大类,其分类如图 7-3 所示。

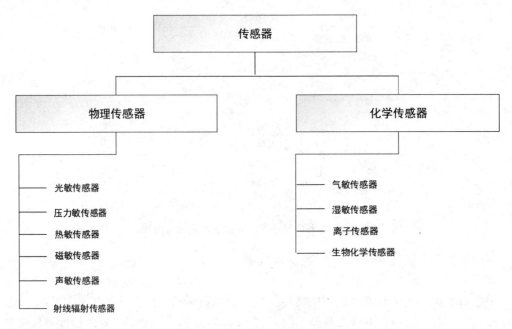

图 7-3 按传感器工作原理分类

物理传感器应用的是物理效应，诸如压电效应，磁致伸缩现象，离化、极化、热电、光电、磁电等效应。被测信号量的微小变化都将转换成电信号。

化学传感器包括那些以化学吸附、电化学反应等现象为因果关系的传感器，被测信号量的微小变化也将转换成电信号。

有些传感器既不能划分到物理类，也不能划分为化学类。大多数传感器是以物理原理为基础运作的。化学传感器技术问题较多，例如可靠性问题、规模生产的可能性、价格问题等，解决了这类难题，化学传感器的应用将会有巨大增长。

常见传感器的应用领域和工作原理列于表 7-1。

表 7-1 常见传感器的应用领域和工作原理

传感器品种	工作原理	可被测定的非电学量
力敏电阻、热敏电阻半导体传感器	阻值变化	力、重量、压力、加速度、温度、湿度、气体
电容传感器	电容量变化	力、重量、压力、加速度、液面、湿度
感应传感器	电感量变化	力、重量、压力、加速度、旋进数、转矩、磁场
霍尔传感器	霍尔效应	角度、旋进度、力、磁场
压电传感器、超声波传感器	压电效应	压力、加速度、距离
热电传感器	热电效应	烟雾、明火、热分布
光电传感器	光电效应	辐射、角度、旋转数、位移、转矩

按照传感器用途可分类为：压力敏和力敏传感器、位置传感器、液面传感器、能耗传感器、速度传感器、热敏传感器、加速度传感器、射线辐射传感器、振动传感器、湿敏传感器、磁敏传感器、气敏传感器、真空度传感器、生物传感器等。

以传感器输出信号为标准可分类为以下 4 种。

(1) 模拟传感器——将被测量的非电学量转换成模拟电信号。

(2) 数字传感器——将被测量的非电学量转换成数字输出信号(包括直接和间接转换)。

(3) 膺数字传感器——将被测量的信号量转换成频率信号或短周期信号的输出(包括直接或间接转换)。

(4) 开关传感器——当一个被测量的信号达到某个特定的阈值时,传感器相应地输出一个设定的低电平或高电平信号。

在外界因素的作用下,所有材料都会做出相应的、具有特征性的反应。它们中的那些对外界作用最敏感的材料,即那些具有功能特性的材料,被用来制作传感器的敏感元件。从所应用的材料观点出发可将传感器分成下列几类。

(1) 按照其所用材料的类别分：金属、聚合物、陶瓷、混合物。

(2) 按材料的物理性质分：导体、绝缘体、半导体、磁性材料。

(3) 按材料的晶体结构分：单晶、多晶、非晶材料。

与采用新材料紧密相关的传感器开发工作,可以归纳为下述三个方向。

(1) 在已知的材料中探索新的现象、效应和反应,然后使它们能在传感器技术中得到实际使用。

(2) 探索新的材料,应用那些已知的现象、效应和反应来改进传感器技术。

(3) 在研究新型材料的基础上探索新现象、新效应和反应,并在传感器技术中加以具体实施。

现代传感器制造业的进展取决于用于传感器技术的新材料和敏感元件的开发强度。传感器开发的基本趋势是和半导体以及介质材料的应用密切关联的。表 7-2 中给出了一些可用于传感器技术的、能够转换能量形式的材料。

表 7-2 半导体和介质材料的能量转换(调制)

能量转换(调制)	转换元件	材　料
机械→电(电压),机械→电(阻抗)	压电元件、力敏电阻	$PbTiO_3$、$PbZrO_3$
热→电(电压),热→电(阻抗),热→电(容抗)	热电偶、热敏电阻、电容器、热电效应元件	Bi_2Te_3、Sb_2Te_3、NiO、CoO、MnO、$LiTaO_3$、$PbTiO_3$
光→电(电压),光→电(电流)	光能电池、光电转换器	CbS、Si、$GaAa$
磁→电(电压),磁→电(阻抗)	霍尔元件、磁阻元件	$InSb$、$InAs$、Ge、Si
气体→电(阻抗),湿度→电(阻抗),湿度→电(容抗)	气敏元件、湿敏电阻、电容器	SnO_2、ZnO_2、$MgCr_2O_4$、TiO_2、Al_2O_3

按照传感器制造工艺,可以区分为以下 4 种：集成传感器、薄膜传感器、厚膜传感器、陶瓷传感器。

(1) 集成传感器是用标准的生产硅基半导体集成电路的工艺技术制造的,通常还将用于初步处理被测信号的部分电路也集成在同一芯片上。

(2) 薄膜传感器则是由相应敏感材料的薄膜形成的,通过沉积在介质衬底(基板)上。使用混合工艺时,同样可将部分电路制造在此基板上。

(3) 厚膜传感器是利用相应材料的浆料,涂覆在陶瓷基片上制成的,基片通常是 Al_2O_3 制成的,然后进行热处理,使厚膜成形。

(4) 陶瓷传感器采用标准的陶瓷工艺或其某种变种工艺(溶胶-凝胶等)生产。

完成适当的预备性工作之后,已成形的元件在高温中进行烧结。厚膜传感器和陶瓷传感器这两种工艺之间有许多共同特性(见表 7-3),在某些方面,可以认为厚膜工艺是陶瓷工艺的一种变型。

表 7-3 传感器制造工艺的比较特性

特　性	集成传感器	薄膜传感器	厚膜传感器	陶瓷传感器
参数的可重复性	高	高	中	中
参数的稳定性	高	很高	高	高
工作的温度范围	150℃以下	600℃以下	600℃以下	800℃以下
开发和生产所需资金投入	很高	高	中	低
规模生产时每只传感器的生产投资	很低	低	低	低
小批量生产时每只传感器的投资	很高	高	低	低
研究和开发投资	很高	很高	中	中
工艺技术的灵活性(变通的可能性)	低	高	中等	高
生产规模量(年产只数)	105~106	104~106	105~107	105~107

从表 7-3 中可知,每种工艺技术都有自己的优点和不足。由于研究、开发和生产所需的资本不同,以及传感器参数的高稳定性等原因,可以根据实际情况选择不同类型的传感器。本书所罗列的只是一部分传感器的类型,随着我国工业化程度的提高,又出现了许多新型的传感器,在此不做更深的探讨。

7.1.2 传感器的技术特点

传感器技术是涉及传感器的机理研究与分析、传感器的设计与研制、传感器的性能评估与应用等的综合性技术。传感器技术有如下特点。

1. 内容离散,涉及多个学科

传感器的内容离散,涉及物理学、化学、生物学等多个学科。物理型传感器是利用物理性质制成的传感器。例如,"热电偶"是利用金属的温差电动势和接触电动势效应,制成温度传感器;压力传感器是利用压电晶体的正压电效应,实现对压力的测量。化学型传感器是利用电化学反应原理制成的传感器。例如,离子敏传感器是利用电极对溶液中离子的选择性反应,测量溶液的 pH;电化学气体传感器是利用被测气体在特定电场下的电离,测量气体的浓度。生物型传感器是利用生物效应制成的传感器。例如,第一代生物传感器将葡萄糖氧化酶固化并固定在隔膜氧电极上,制成了葡萄糖传感器;第二代生物传感器是微生物、免疫、酶免疫和细胞器传感器。

2. 种类繁多，彼此相互独立

传感器的种类繁多，被测参数彼此之间相互独立。被测参数包括热工量(温度、压力、流量、物位等)、电工量(电压、电流、功率、频率等)、机械量(力、力矩、位移、速度、加速度、转角、角速度、振动等)、化学量(氧、氢、一氧化碳、二氧化碳、二氧化硫、瓦斯等)、物理量(光、磁、声、射线等)、生物量(血压、血液成分、心音、激素、肌肉张力、气道阻力等)、状态量(开关、二维图形、三维图形等)等。这需要开发多种多样的敏感元件和传感器，以适应不同的应用场合和具体要求。

3. 知识密集，学科边缘性强

传感器技术以材料的力、热、声、光、电磁等功能效应和功能形态变换原理为理论基础，并综合了物理学、化学、生物工程、微电子学、材料科学、精密机械、微细加工和试验测量等方面的知识，具有突出的知识密集性。

传感器技术与许多基础学科和专业工程学的关系极为密切，一旦有新的发现，就迅速应用于传感器，具有学科边缘性。例如，超导材料的约瑟夫逊效应发现不久，以该效应为原理的超导量子干涉仪(Superconducting Quantum Interference Device，SQUID)传感器就问世了，可测 10^{-9}Gs 的极弱磁场，灵敏度极高。

4. 技术复杂，工艺要求高

传感器的制造涉及了许多高新技术，如集成技术、薄膜技术、超导技术、微细或纳米加工技术、黏合技术、高密封技术、特种加工技术、多功能化和智能化技术等，技术复杂。

传感器的制造工艺难度大、要求高。例如，微型传感器的尺寸小于 1mm；半导体硅片的厚度有时小于 1μm；温度传感器的测量范围为−196℃～1800℃；压力传感器的耐压范围为 10^{-6}Pa～102MPa。

5. 性能稳定，环境适应性强

传感器要求具有高可靠性、高稳定性、高重复性、低迟滞、宽量程、快响应，做到准确可靠，经久耐用，性能稳定。

处于工业现场和自然环境下的传感器，还要求具有良好的环境适应性，能够耐高温、耐低温、耐高压、抗干扰、耐腐蚀、安全防爆，便于安装、调试和维修等。

6. 应用广泛，应用要求千差万别

传感器应用广泛，诸如航天、航空、兵器、船舶、交通、冶金、机械、电子、化工、轻工、能源、环保、煤炭、石油、医疗卫生、生物工程、宇宙开发等领域，甚至人们日常生活的各个方面，几乎无处不使用传感器。例如，阿波罗 10 号运载火箭部分使用了 2077 个传感器，宇宙飞船部分使用了 1218 个传感器；汽车上有 100 多个传感器，分别使用在发动机、底盘、车身和灯光电气上，用于测量温度、压力、流量、位置、气体浓度、速度、光亮度、干湿度和距离等。

传感器的应用要求千差万别。例如，有的要求通用性强，有的要求专业性强；有的单独使用，有的与主机密不可分；有的要求高精度，有的要求高稳定性。

7. 生命力强，不会轻易退出历史舞台

相对于信息技术的其他领域，传感器生命力强，某种传感器一旦成熟，就不会轻易退出历史舞台。例如，应变式传感器已有70多年的历史，目前仍然在重量测量、压力测量、微位移测量等领域占有重要地位；硅压阻式传感器也已有40多年的历史，目前仍然在气流模型试验、爆炸压力测试、发动机动态测量等领域占有重要地位。

8. 品种多样，一种被测量可采用多种传感器

传感器品种多样，一种被测量往往可以采用多种传感器检测。例如，线位移传感器的品种有近二十种之多，包括电位器式位移传感器、磁致伸缩位移传感器、电感式位移传感器、电容式位移传感器、光电式位移传感器、超声波式位移传感器、霍尔式位移传感器等。

7.1.3 传感器的选用原则

现代传感器在原理与结构上千差万别，如何根据具体的测量目的、测量对象以及测量环境合理地选用传感器，是在进行某个量的测量时首先要解决的问题。当传感器确定之后，与之相配套的测量方法和测量设备也就可以确定了。测量结果的成败，在很大程度上取决于传感器的选用是否合理。

1. 根据测量对象与测量环境确定传感器的类型

要进行一个具体的测量工作，首先要考虑采用何种原理的传感器，这需要分析多方面的因素之后才能确定。因为即使是测量同一物理量，也有多种原理的传感器可供选用，哪一种原理的传感器更为合适，则需要根据被测量的特点和传感器的使用条件考虑以下一些具体问题：量程的大小；被测位置对传感器体积的要求；测量方式为接触式还是非接触式；信号的引出方法，有线或是非接触测量；传感器的来源，国产还是进口，价格能否承受，还是自行研制。

在考虑上述问题之后就能确定选用何种类型的传感器，然后再考虑传感器的具体性能指标。

2. 灵敏度的选择

通常，在传感器的线性范围内，希望传感器的灵敏度越高越好。因为只有灵敏度高时，与被测量变化对应的输出信号的值才比较大，有利于信号处理。但要注意的是，传感器的灵敏度高，与被测量无关的外界噪声也容易混入，也会被放大系统放大，影响测量精度。因此，要求传感器本身应具有较高的信噪比，尽量减少从外界引入的干扰信号。

传感器的灵敏度是有方向性的。当被测量是单向量，而且对其方向性要求较高，则应选择其他方向灵敏度小的传感器；如果被测量是多维向量，则要求传感器的交叉灵敏度越

小越好。

3. 频率响应特性

传感器的频率响应特性决定了被测量的频率范围，必须在允许频率范围内保持不失真的测量条件，实际上传感器的响应总有一定延迟，希望延迟时间越短越好。传感器的频率响应高，可测的信号频率范围就宽，而由于受到结构特性的影响，机械系统的惯性较大，那么有频率低的传感器可测信号的频率较低。

在动态测量中，应根据信号的特点(稳态、瞬态、随机等)响应特性，以免产生过大的误差。

4. 线性范围

传感器的线性范围是指输出与输入成正比的范围。从理论上讲，在此范围内，灵敏度保持定值。传感器的线性范围越宽，则其量程越大，并且能保证一定的测量精度。在选择传感器时，当传感器的种类确定以后首先要看其量程是否满足要求。但实际上，任何传感器都不能保证绝对的线性，其线性度也是相对的。当所要求测量精度比较低时，在一定的范围内，可将非线性误差较小的传感器近似看作线性的，这会给测量带来极大的方便。

5. 稳定性

传感器使用一段时间后，其性能保持不变化的能力称为稳定性。影响传感器长期稳定性的因素除传感器本身结构外，主要是传感器的使用环境。因此，要使传感器具有良好的稳定性，传感器必须要有较强的环境适应能力。

在选择传感器之前，应对其使用环境进行调查，并根据具体的使用环境选择合适的传感器，或采取适当的措施，减小环境的影响。

传感器的稳定性有定量指标，在超过使用期后，在使用前应重新进行标定，以确定传感器的性能是否发生变化。

在某些要求传感器能长期使用而又不能轻易更换或标定的场合，所选用的传感器稳定性要求更严格，更能够经受住长时间的考验。

6. 精度

精度是传感器的一个重要的性能指标，它是关系到整个测量系统测量精度的一个重要环节。传感器的精度越高，其价格越昂贵，因此，传感器的精度只要满足整个测量系统的精度要求就可以，不必选得过高。这样就可以在满足同一测量目的的诸多传感器中选择比较便宜和简单的传感器。

如果测量目的是定性分析的，选用重复精度高的传感器即可，不宜选用绝对量值精度高的；如果是为了定量分析，必须获得精确的测量值，就需选用精度等级能满足要求的传感器。

对某些特殊使用场合，无法选到合适的传感器，则需自行设计制造传感器。自制传感器的性能应满足使用要求。

7.1.4 传感器的发展趋势

近年来,传感器正处于由传统型传感器向新型传感器转型的阶段。现代科技水平的不断提高,带动了传感器技术的提高,特别是近几年快速发展的集成电路(IC)技术和计算机技术,为传感器的发展方法提供了良好与可靠的技术基础,微型化、数字化、多功能化、智能化与网络化是现代传感器发展的重要特征。

目前传感器正在向以下几个方面发展。

1. 高精度、高灵敏度、宽量程

随着生产自动化程度的不断提高,对传感器的要求也在不断提高,灵敏度高、精度高、量程宽、响应速度快的新型传感器对生产自动化具有重大意义。

2. 微型化

更强的自动检测系统的功能,要求系统各个部件的体积越小越好,这就要求发展新的材料及加工技术,使制作的传感器更小更好。

微型化是建立在微电子机械系统(MEMS)技术基础上的,目前已成功应用在硅器件上形成硅加速度传感器。如传统的加速度传感器是由重力块和弹簧等制成的,体积较大,稳定性差,而利用激光等各种精细加工技术制成的硅加速度传感器体积非常小,可靠性和互换性都较好。

3. 智能化及数字化

随着现代科技的发展,传感器的功能已突破传统,不再输出单一的模拟信号,而是把微处理器、部分处理电路及传感测量部分合为一体,具有放大、校正、判断和一定的信号处理功能,可组成数字智能传感器。

4. 微功耗及无源化

传感器一般都是将非电量向电量转化,工作时离不开电源,为了节省能源并提高系统寿命,微功耗的传感器及无源传感器是必然的发展方向。目前,低功耗芯片发展很快,如 T12702 运算放大器,其静态工作电流只有 $1.5\mu A$,而工作电压只需 $2\sim 5V$。

5. 超大尺寸测量

如何获取制造大型和超大型装备与系统过程中的机械特性及物理特性等信息,分析影响制造性能的各要素与机理,为提升制造水平提供科学依据,是新型传感器的发展方向。

除上述方向外,新型传感器的发展还有赖于新型半导体材料、敏感元件和纳米技术的发展,如新一代光纤传感器、超导传感器、焦平面陈列红外探测器、生物传感器、纳米传感器、新型量子传感器、微型网络化传感器、模糊传感器、多功能传感器等。

7.2 RFID 技术

7.2.1 RFID 的概念

无线射频识别技术(Radio Frequency Identification，RFID)是一种非接触的自动识别技术，其基本原理是利用射频信号和空间耦合(电感或电磁耦合)或雷达反射的传输特性，实现对被识别物体的自动识别。RFID 系统至少包含电子标签和读写器两部分。电子标签是射频识别系统的数据载体，电子标签由标签天线和标签专用芯片组成。RFID 读写器通过天线与 RFID 电子标签进行无线通信，可以实现对标签识别码和内存数据的读出或写入操作。典型的读写器包含高频模块(发送器和接收器)、控制单元以及读写器天线。

在 RFID 系统中，识别信息存放在电子数据载体中，电子数据载体称为应答器。应答器中存放的识别信息由阅读器读出。在一些应用中，阅读器不仅可以读出存放的信息，而且可以对应答器写入数据，读、写过程是通过双方之间的无线通信来实现的。

无线射频识别技术具有下述特点。

(1) 它是通过电磁耦合方式实现的非接触自动识别技术。

(2) 它需要利用无线电频率资源，必须遵守无线电频率使用的众多规范。

(3) 它存放的识别信息是数字化的，因此通过编码技术可以方便地实现多种应用，如身份识别、商品货物识别、动物识别、工业过程监控和收据等。

(4) 它可以容易地对多应答器、多阅读器进行组合建网，以完成大范围的系统应用，并构成完善的信息系统。

(5) 它涉及计算机、无线数字通信、集成电路、电磁场等众多学科，是一个新兴的融合多种技术的领域。

1. RFID 发展简史

在过去的半个多世纪里，RFID 技术的发展经历了以下几个阶段。

1941—1950 年，雷达的改进和应用催生了 RFID 技术，1948 年奠定了 RFID 技术的理论基础。

1951—1960 年，早期的 RFID 技术的探索阶段，主要处于实验室研究。

1961—1970 年，RFID 技术的理论得到了发展，开始了一些应用尝试。

1971—1980 年，RFID 技术与产品研发处于一个大发展时期，各种 RFID 技术测试得到加速，出现了一些最早的 RFID 技术应用。

1981—1990 年，RFID 技术及产品进入商业应用阶段，多种应用开始出现，成本成为制约进一步发展的主要问题，国内开始关注这项技术。

1991—2000 年，大规模生产使得成本可以被市场接受，技术标准化问题和技术支撑体系的建立得到重视，大量厂商进入，RFID 产品逐渐走入人们的生活，国内研究机构开始跟踪和研究该技术。

2001年至今，RFID技术得到了进一步丰富和完善，产品种类更加丰富，无源电子标签、半有源电子标签均得到发展，电子标签成本也不断降低，RFID技术的应用领域不断扩大，RFID与其他技术日益结合。

纵观RFID技术的发展历程，我们不难发现，随着市场需求的不断发展，人们对RFID技术认识水平日益提升，RFID技术必然会逐渐进入我们的生活，而RFID技术及产品的不断开发也必将引发其应用拓展的新高潮，与此同时也必将带来RFID技术发展新的变革。

2. RFID发展现状

从全球范围来看，美国已经在RFID标准的建立、相关软硬件数据的开发与应用领域走在了世界的前列。欧洲RFID标准追随美国主导的EPC global标准。在封装系统应用方面，欧洲与美国基本处在同一阶段。日本虽然已经提出UID标准，但主要得到的是本国厂商的支持，如要成为国际标准还有很长的路要走。在韩国，RFID技术的重要性得到了加强，政府给予了高度重视，但至今韩国在RFID标准上仍模糊不清。

美国的TI、RFID等集成电路厂商目前都在RFID领域投入巨资进行芯片开发。Symbol等公司已经研发出同时可以阅读条形码和RFID的扫描器。IBM、Microsoft和HP等公司也在积极开发相应的软件及系统来支持RFID技术的应用。目前，美国的交通、车辆管理、身份识别、生产线自动化控制、仓储管理及物资跟踪等领域已经逐步应用RFID技术。在物流方面，美国已有100多家企业承诺支持RFID技术应用。另外，值得注意的是，美国政府是RFID技术应用的积极推动者。

欧洲的Philips、STMicroelectronics公司在积极开发廉价的RFID芯片；Checkpoint公司在开发支持多系统的RFID识别系统；诺基亚公司在开发能够基于RFID技术的移动电话购物系统；SAP公司则在积极开发支持RFID的企业应用管理软件。在应用方面，欧洲在诸如交通、身份识别、生产线自动化控制、物资跟踪等封闭系统与美国基本处于同一阶段。目前，欧洲许多大型企业都纷纷进行RFID技术的应用实验。

日本是一个制造业强国，在RFID研究领域起步较早，政府也将RFID作为一项关键的技术来发展。2004年7月，日本经济产业省METI选择了七大产业做RFID技术的应用实验，包括消费电子、书籍、服装、音乐CD、建筑机械、制药和物流。从近年日本RFID领域的动态来看，与行业应用相结合的基于RFID技术的产品和解决方案开始出现，基于RFID技术的产品在物流、零售、服务等领域的应用已经非常广泛。

中国人口众多，经济规模不断扩大，已经成为全球制造中心，RFID技术有着广阔的应用市场。近年来，中国已初步开展了RFID相关技术的研发和产业化工作，并在部分领域开始应用。中国已经将RFID技术应用于铁路车号识别、身份证和票证管理、动物标识、特种设备与危险品管理、公共交通以及生产过程管理等多个领域，但规模化的实际应用项目还很少。目前，我国RFID应用以低频和高频标签产品为主，如城市交通一卡通和中国第二代身份证等项目。

自2010年中国物联网发展被正式列入国家发展战略后，中国RFID及物联网产业迎来了难得的发展机遇。随着RFID及物联网行业的快速发展，RFID行业市场规模快速增长，中国产业信息研究网发布的《2017—2022 年中国 RFID 行业运行现状分析与市场发展态势研究报告》数据显示，2016 年我国 RFID 的市场规模达到 542.7 亿元。

1963—2011 年间，全球 RFID 专利主要分布在美国、日本、韩国、中国等国家，这 4 个国家专利量的总和达到全球专利总量的 64%，由此可以看出，美国、日本、韩国和中国在此领域内拥有绝对的技术优势，占据了 RFID 市场主导地位。

自 2004 年起，全球范围内掀起了一场 RFID 的热潮，包括沃尔玛、宝洁、波音公司在内的商业巨头无不积极推动 RFID 在技术制造、零售、交通等行业的应用。RFID 技术及应用正处于迅速上升的时期，被业界公认为是 21 世纪最有潜力的技术之一，它的发展和应用推广将是自动识别行业的一场技术革命。当前，RFID 技术的应用和发展还面临一些关键问题与挑战，主要包括便签成本、标准制定、公共服务体系、产业链形成以及技术和安全等问题。

3. RFID 的分类

依据电子标签供电方式的不同，电子标签可以分为有源电子标签(Active Tag)、无源电子标签(Passive Tag)和半无源电子标签(Semi-passive Tag)。有源电子标签内装有电池，无源射频标签没有内装电池，半无源电子标签(Semi-passivetag)部分依靠电池工作。电子标签依据频率的不同可分为低频电子标签、高频电子标签、超高频电子标签和微波电子标签。

低频段射频标签，简称低频标签，其工作频率范围为 30kHz～300kHz。典型工作频率有 125kHz 和 133kHz。低频标签一般为无源标签，其工作能量通过电感耦合方式从阅读器耦合线圈的辐射近场中获得。低频标签与阅读器之间传送数据时，低频标签需位于阅读器天线辐射的近场区内。低频标签的阅读距离一般情况下小于 1m。低频标签的典型应用有门禁考勤管理、动物识别、容器识别、工具识别等。

高频段射频标签的工作频率一般为 3MHz～30MHz。典型工作频率为 13.56MHz。该频段的射频标签，其工作原理与低频标签完全相同，即采用电感耦合方式工作，高频标签一般也采用无源方式，其工作能量同低频标签一样，也是通过电感(磁)耦合方式从阅读器耦合线圈的辐射近场中获得。标签与阅读器进行数据交换时，标签必须位于阅读器天线辐射的近场区内，广泛应用于电子票证、电子身份证、小区物业管理、门禁管理系统等。

超高频与微波频段的射频标签简称超高频射频标签，其典型工作频率有 433.92MHz(有源)、862MHz～928MHz、2.45GHz(有源)、5.8GHz(有源)。工作时，862MHz～928MHz 射频标签位于阅读器天线辐射场的远区场内，标签与阅读器之间的耦合方式为电磁耦合方式。阅读器天线辐射场为无源标签提供射频能量，将有源标签唤醒。相应的射频识别系统阅读距离一般大于 1m，典型情况为 4～6m，最大可达 10m 以上。阅读器天线一般均为定向天线，只有在阅读器天线定向波束范围内的射频标签可被读/写。由于阅读距离的增加，应用中有可能在阅读区域中同时出现多个射频标签的情况，从而提出了多标签同时读取的需求。目前，先进的射频识别系统均将多标签识读问题作为系统的一个重要特征。超高频标签主要用于铁路车辆自动识别、集装箱识别，还可用于公路车辆识别与自动收费系统中。

4. RFID 技术工作原理

RFID 技术的基本工作原理并不复杂：标签进入磁场后，接收解读器发出的射频信号，凭借感应电流所获得的能量发送出存储在芯片中的产品信息(Passive Tag，无源标签或被动标签)，或者由标签主动发送某一频率的信号(Active Tag，有源标签或主动标签)，解读器读取信息并解码后，送至中央信息系统进行有关数据处理。

一套完整的 RFID 系统，是由阅读器(Reader)与电子标签(Tag)也就是所谓的应答器(Transponder)及应用软件系统三个部分所组成，其工作原理是 Reader 发射一特定频率的无线电波能量给 Transponder，用以驱动 Transponder 电路将内部的数据送出，此时 Reader 便依序接收解读数据，送给应用程序作相应的处理。以 RFID 卡片阅读器及电子标签之间的通信及能量感应方式来看大致上可以分成：感应耦合(Inductive Coupling)及后向散射耦合(Backscatter Coupling)两种。一般低频的 RFID 大都采用第一种方式，而较高频大多采用第二种方式。

阅读器根据使用的结构和技术不同可以是读或读/写装置，是 RFID 系统信息控制和处理中心。阅读器通常由耦合模块、收发模块、控制模块和接口单元组成。阅读器和应答器之间一般采用半双工通信方式进行信息交换，同时阅读器通过耦合给无源应答器提供能量和时序。在实际应用中，可进一步通过 Ethernet 或 WLAN 等实现对物体识别信息的采集、处理及远程传送等管理功能。应答器是 RFID 系统的信息载体，目前应答器大多是由耦合原件(线圈、微带天线等)和微芯片组成无源单元。

7.2.2 RFID 技术标准

目前，RFID 技术还未形成统一的全球化标准，市场走向多标准的统一已经得到业界的广泛认同。RFID 系统也可以说主要是由数据采集和后台数据库网络应用系统两大部分组成。目前已经发布或者是正在制定中的标准主要是与数据采集相关的，其中包括标签与读卡器之间的空中接口、读卡器与计算机之间的数据交换协议、标签与读卡器的性能和一致性测试规范以及标签的数据内容编码标准等。后台数据库网络应用系统目前并没有形成正式的国际标准，只有少数产业联盟制定了一些规范，现阶段还在不断演变中。

信息技术发展到今天，已经没有多少人还对标准的重要性持有任何怀疑态度。RFID 技术标准之争非常激烈，各行业都在发展自己的 RFID 技术标准，这也是目前国际上没有统一标准的一个原因。关键是 RFID 技术不仅与商业利益有关，甚至还关系到国家或行业的利益与信息安全。

目前全球有五大 RFID 技术标准化势力，即 ISO/IEC、EPCglobal、Ubiquitous IDCenter、AIMglobal 和 IP-X。其中，前三个标准化组织势力较强大；而 AMI 和 IP-X 的势力则相对弱小。这五大 RFID 技术标准化组织纷纷制定 RFID 技术相关标准，并在全球积极推广这些标准。

1. 全球三大标准体系比较

1) ISO 制定的 RFID 标准体系

RFID 标准化工作最早可以追溯到 20 世纪 90 年代。1995 年国际标准化组织 ISO/IEC 联合技术委员会 JTCl 设立了子委员会 SC31(以下简称 SC31)，负责 RFID 标准化研究工作。SC31 委员会由来自各个国家的代表组成，如英国的 BSI IST34 委员、欧洲 CEN TC225 成员。他们既是各大公司内部咨询者，也是不同公司利益的代表者。因此在 ISO 标准化制定过程中，有企业、区域标准化组织和国家三个层次的利益代表者。SC31 子委员会负责 RFID 标准可以分为四个方面：数据标准(如编码标准 ISO/IEC15691、数据协议 ISO/IEC15692、ISO/IEC15693，解决了应用程序、标签和空中接口多样性的要求，提供了一套通用的通信机制)、空中接口标准(ISO/IEC18000 系列)、测试标准(性能测试 ISO/IEC18047 和一致性测试标准 ISO/IEC18046)、实时定位(RTLS)(ISO/IEC24730 系列应用接口与空中接口通信标准)方面的标准。如图 7-4 所示为 RFID 技术的国际标准，图 7-5 所示为 RFID 系统与 ISO/IEC 数据标准和空中接口标准的关系图。

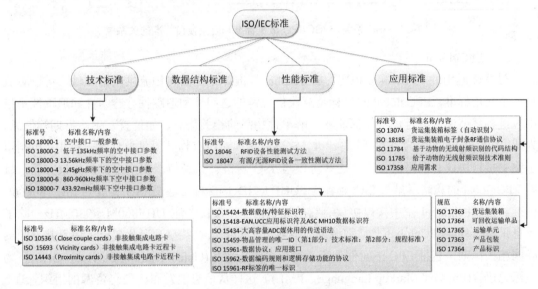

图 7-4 RFID 技术的国际标准

ISO 对于 RFID 的应用标准是由应用相关的子委员会制定。RFID 在物流供应链领域中的应用方面标准由 ISO TC122/104 联合工作组负责制定，包括 ISO 17358 应用要求、ISO 17363 货运集装箱、ISO 17364 装载单元、ISO 17365 运输单元、ISO 17366 产品包装、ISO 17367 产品标签。RFID 在动物追踪方面的标准由 ISO TC23SC19 来制定，包括 ISO 11784/11785 动物 RFID 畜牧业的应用，ISO 14223 动物 RFID 畜牧业的应用-高级标签的空中接口、协议定义。从 ISO 制定的 RFID 标准内容来说，RFID 应用标准是在 RFID 编码、空中接口协议、读写器协议等基础标准之上，针对不同的使用对象，确定了使用条件、标签尺寸、标签粘贴位置、数据内容格式、使用频段等方面特定应用要求的具体规范，同时也包括数据的完整性、人工识别等其他一些要求。通用标准提供了一个基本框架，应用标准是对它的补充和具体规定。这一标准制定思想，既保证了 RFID 技术具有互通与互操作性，又兼顾了应用领域的特点，能够很好地满足应用领域的具体要求。

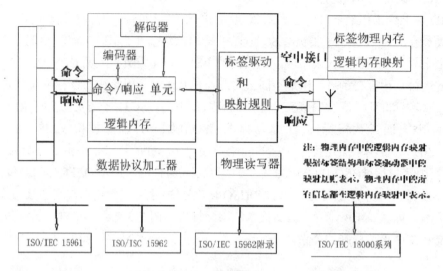

图 7-5　RFID 系统与 ISO/IEC 数据标准和空中接口标准的关系图

2) EPCglobal

与 ISO 通用性 RFID 标准相比，EPCglobal 标准体系是面向物流供应链领域，可以看成是一个应用标准。EPCglobal 的目标是解决供应链的透明性和追踪性，透明性和追踪性是指供应链各环节中所有合作伙伴都能够了解单件物品的相关信息，如位置、生产日期等信息。为此，EPCglobal 制定了 EPC 编码标准，它可以实现对所有物品提供单件唯一标识；也制定了空中接口协议、读写器协议。这些协议与 ISO 标准体系类似。在空中接口协议方面，目前 EPCglobal 的策略尽量与 ISO 兼容，如 UHF RFIDGen2 标准递交 ISO 将成为 ISO 180006C 标准。但 EPCglobal 空中接口协议有它的局限范围，仅仅关注 UHF860M～930MHz。除了信息采集以外，EPCglobal 非常强调供应链各方之间的信息共享，为此制定了信息共享的物联网相关标准，包括 EPC 中间件规范、对象名解析服务(Object Naming Service，ONS)、物理标记语言(Physical Markup Language，PML)。这样从信息的发布、信息资源的组织管理、信息服务的发现以及大量访问之间的协调等方面作出规定。"物联网"的信息量和信息访问规模大大超过普通的因特网。"物联网"是基于因特网的，与因特网具有良好的兼容性。物联网标准是 EPCglobal 所特有的，ISO 仅仅考虑自动身份识别与数据采集的相关标准，数据采集以后如何处理、共享并没有作规定。物联网是未来的一个目标，对当前应用系统建设来说具有指导意义。

3) 日本 UID 制定的 RFID 技术标准体系

日本泛在 ID(UbiquiousID，UID)中心制定 RFID 相关标准的思路类似于 EPCglobal，目标也是构建一个完整的标准体系，即从编码体系、空中接口协议到泛在网络体系结构，但是每一个部分的具体内容存在差异。为了制定具有自主知识产权的 RFID 标准，在编码方面制定了 uCode 编码体系，它能够兼容日本已有的编码体系，同时也能兼容国际其他编码体系。在空中接口方面积极参与 ISO 的标准制定工作，也尽量考虑与 ISO 相关标准兼容。在信息共享方面主要依赖于日本的泛在网络，它可以独立于因特网实现信息的共享。泛在网络与 EPCglobal 的物联网还是有区别的。EPC 采用业务链的方式，面向企业，面向产品信息的流动(物联网)，比较强调与互联网的结合。UID 采用扁平式信息采集分析方式，强调信息的获取与分析，比较强调前端的微型化与集成。

4) AIMglobal

AIMglobal 即全球自动识别组织。自动识别和数据采集(Automatic Identification and Data Collection，AIDC)组织原先制定通行全球地条形码标准，于 1999 年另成立了 AIM(Automatic Identification Manufactures)组织，目的是推出 RFID 技术标准。AIM 全球由 13 个国家与地区性地分支且目前其全球会员数已快速累积超过 1000 个。

5) IP-X

IP-X 即南非、澳大利亚、瑞士等国地 RFID 技术标准组织。

6) ISO/IEC 的 RFID 技术标准体系中主要标准介绍

(1) 空中接口标准。

空中接口标准体系定义了 RFID 不同频段的空中接口协议及相关参数，所涉及的问题包括时序系统、通信握手、数据帧、数据编码、数据完整性、多标签读写防冲突、干扰和抗干扰、识读率和误码率、数据的加密和安全性、读卡器与应用系统之间的接口等问题，以及读卡器与标签之间进行命令和数据双向交换的机制、标签与读卡器之间操作性问题。

(2) 数据格式管理标准。

数据格式管理是对编码、数据载体、数据处理和与交换的管理。数据格式管理标准系统主要规范物品编码、编码解析和数据描述之间的关系。

(3) 信息安全标准。

标签与读卡器之间、读卡器中间件之间、中间件与中间件之间以及 RFID 相关信息网络方面均需要相应信息安全标准支持。

(4) 测试标准。

对于标签、读卡器、中间件根据其通用产品规范指定测试标准；针对接口标准制定相应的一致性测试标准。测试标准包括编码一致性测试标准、编码测试标准、读卡器测试标准、空中接口一致性测试标准、闪频性能测试标准、中间件测试标准。

(5) 网络服务规范。

网络协议是完成有效、可靠通信的一套规则，是任何一个网络的基础，包括物品注册、编码、解析、检索与定位服务等。

(6) 应用标准。

RFID 技术标准包括基础性和通用性标准以及针对事务对象的应用(如动物识别、集装箱识别、身份识别、交通运输、军事物流、供应链管理等)标准，是根据实际需求制定的相应标准。

7) 三大标准体系空中接口协议的比较

目前，ISO/IEC 18000、EPCglobal、日本 UID 三个空中接口协议正在完善中。这三个标准相互之间并不兼容，主要差别在通信方式、防冲突协议和数据格式这三个方面，在技术上差距其实并不大。这三个标准都按照 RFID 的工作频率分为多个部分。在这些频段中，以 13.56MHz 频段的产品最为成熟，处于 860M～960MHz 内的 UHF 频段的产品因为工作距离远且最可能成为全球通用的频段而最受重视，发展最快。

ISO/IEC 18000 标准是最早开始制定的关于 RFID 的国际标准，按频段被划分为七个部分。目前支持 ISO/IEC 18000 标准的 RFID 产品最多。EPCglobal 是由 UCC 和 EAN 两大组织联合成立、吸收了麻省理工 Auto-ID 中心的研究成果后推出的系列标准草案。EPCglobal 最重视 UHF 频段的 RFID 产品，极力推广基于 EPC 编码标准的 RFID 产品。目前，EPCglobal 标准的推广和发展十分迅速，许多大公司如沃尔玛等都是 EPC 标准的支持者。日本的 UID 中心一直致力于本国标准的 RFID 产品开发和推广，拒绝采用美国的 EPC 编码标准。与美国大力发展 UHF 频段 RFID 不同的是，日本对 2.4GHz 微波频段的 RFID 似乎更加青睐，目前日本已经开始了许多 2.4GHz RFID 产品的实验和推广工作。标准的制定面临越来越多的知识产权纠纷。不同的企业都想为自己的利益努力。同时，EPC 在努力成为 ISO 的标准，ISO 最终如何接受 EPC 的 RFID 标准，还有待观望。全球标准的不统一，硬件产品的兼容方面必然不理想，阻碍应用。

8) EPCglobal 与日本 UID 标准体系的主要区别

(1) 编码标准不同。

EPCglobal 使用 EPC 编码，代码为 96 位。日本 UID 使用 uCode 编码，代码为 128 位。uCode 的不同之处在于能够继续使用在流通领域中常用的"JAN 代码"等现有的代码体系。uCode 使用泛在 ID 中心制定的标识符对代码种类进行识别。例如，希望在特定的企业和商品中使用 JAN 代码时，在 IC 标签代码中写入表示"正在使用 JAN 代码"的标识符即可。同样，在 uCode 中还可以使用 EPC。

(2) 根据 IC 标签代码检索商品详细信息的功能上有区别。

EPCglobal 中心的最大前提条件是经过网络，而 UID 中心还设想了离线使用的标准功能。

AutoID 中心和 UID 中心在使用互联网进行信息检索的功能方面基本相同。UID 中心使用名为"读卡器"的装置，将所读取到的 ID 标签代码发送到数据检索系统中。数据检索系统通过互联网访问泛在 ID 中心的"地址解决服务器"来识别代码。

除此之外，UID 中心还设想了不通过互联网就能够检索商品详细信息的功能。具体来说就是利用具备便携信息终端(Personal Digital Assistant，PDA)的高性能读卡器。预先把商品详细信息保存到读卡器中，即便不接入互联网，也能够了解与读卡器中 IC 标签代码相关的商品详细信息。泛在 ID 中心认为：如果必须随时接入互联网才能得到相关信息，那么其方便性就会降低。如果最多只限定 2 万种药品等商品的话，将所需信息保存到 PDA 中就可以了。"

(3) 采用的频段不同。

日本的电子标签采用的频段为 2.45GHz 和 13.56MHz。欧美的 EPC 标准采用 UHF 频段，例如 902MHz～928MHz。此外日本的电子标签标准可用于库存管理、信息发送和接收以及产品和零部件的跟踪管理等。EPC 标准侧重于物流管理、库存管理等。

2. 超高频 RFID 技术协议标准的发展与应用

超高频 RFID 技术协议标准在不断更新,已出现了第一代标准和第二代标准。第二代标准是从区域版本到全球版本的一次转移,增加了灵活性操作、健壮防冲突算法、向后兼容性、使用会话、密集条件阅读、覆盖编码等功能。RFID 技术应用还存在着一些问题,但前景广阔。本节主要考虑超高频 RFID 技术协议标准的发展与应用。

1) 超高频 RFID 技术协议标准

(1) 第一代超高频 RFID 技术协议标准(以下简称 Gen1 协议标准)。

目前已经推出的第一代超高频 RFID 技术协议标准有 EPC Tag Data Standard 1.1、EPC Tag Data Standard 1.3.1、EPC Tag Data Transtation 1.0 等。美国的 MIT 实验室自动化识别系统中心(Auto-ID)建立了产品电子代码管理中心网络,并推出了第一代超高频 RFID 技术协议标准:0 类、1 类。ISO 18000-6 标准是 ISO 和 IEC 共同制定的 860MHz~960MHz 空中接口 RFID 技术通信协议标准,其中的 A 类和 B 类是第一代标准。

(2) 第二代超高频 RFID 技术协议标准(以下简称 Gen2 协议标准)。

Auto-ID 在早期就认识到了这些专有 RFID 技术标准化的问题,于是在 2003 年就开始研究第二代超高频 RFID 技术协议标准。到 2004 年年末,Auto-ID 的全球产品电子代码管理中心(EPCglobal)推出了更广泛适用的超高频 RFID 技术协议标准版本 ISO 18000-6C,但直到 2006 年才被批准为第一个全球第二代超高频 RFID 技术标准协议。Gen2 协议标准解决了第一代部署中出现的问题。由于 Gen2 协议标准适合全球使用,ISO 才接受了 ISO/IEC18000-6 空中接口协议的修改版本——C 版本。事实上,由于 Gen2 协议标准有很强的协同性,因此从 Gen1 协议标准到 Gen2 协议标准的升级是从区域版本到全球版本的一次转移。

第二代超高频 RFID 技术协议标准的设计是改进了 ISO 18000-6 超高频空中接口协议标准和第一代 EPC 超高频协议标准,弥补了第一代超高频协议标准的一些缺点,增加了一些新的安全技术。

2) Gen2 协议标准的一些改进与安全漏洞

Gen2 协议标准具有更大的存储空间、更快的阅读速度、更好的减少噪声易感性。Gen2 协议标准采用更安全的密码保护机制,它的 32 位密码保护也比 Gen1 协议标准的 8 位密码安全。Gen2 协议标准采用了读卡器永远锁住标签内存并启用密码保护阅读的技术。

EPCglobal 和 ISO 标准组织还考虑了使用者和应用层次上的隐私保护问题。如果要避免通信被窃听造成的隐私侵害或信息泄露,就需要关注安全漏洞在关键随机原始码的定义与管理。但是,Gen2 协议标准还没有解决覆盖编码的随机数交换、标签可能被复制等一些关键问题。对于研究人员来说,最大的挑战是防止射频中信息偷窃和偷听行为。很多 RFID 技术协议标准在解决无线连接下通信的安全和可信赖问题时,却受到标签处理能力小、内存少、能量少等问题的困扰。虽然为确保标签在各种威胁条件下的阅读可靠性和安全性,Gen2 协议标准中采用了很多安全技术,但也存在安全漏洞。

3) Gen2 协议标准的一些技术改进

(1) 操作的灵活性。

Gen2 协议标准的频率为 860M～960MHz，覆盖了所有的国际频段，因而遵守 ISO 18000-6C 协议标准的标签在这个区间性能不会下降。Gen2 协议标准提供了欧洲使用的 865M～868MHz 频段，美国使用的 902M～928MHz 频段。因此，ISO 18000-6C 协议标准是一个真正灵活的全球 Gen2 协议标准。

(2) 健壮防冲突算法。

Gen1 协议标准要求 RFID 读卡器只识别序列号唯一的标签。如果两个标签的序列号相同，它们将拒绝阅读，但 Gen2 协议标准可同时识别两个或更多相同序列号的标签。Gen2 协议标准采用了时隙随机防冲突算法。当载有随机(或伪随机)数的标签进入槽计数器，根据读卡器的命令槽计数器会相应地减少或增加，直到槽计数器为 0 时标签回答读卡器。Gen2 协议标准的标签使用了不同的 Aloha 算法(也称为 Aloha 槽)实现反向散射。Gen1 协议标准和 ISO 协议标准也使用了这种算法，但 Gen2 协议标准在查询命令中引入了一个 Q 参数。读卡器能从 0～15 之间选出一个 Q 参数对防冲突结果进行微调。例如，读卡器在阅读多个标签的同时也发出 Q 参数(初始值为 0)的查询命令，那么 Q 值的不断增加将会处理多个标签的回答，但也会减少多次回答的机会。如果标签没有给读卡器响应，Q 值的减少同时也会增加标签的回答机会。这种独特的通信序列使得反冲突算法更具健壮性。因此，当读卡器与某些标签进行对话时，其他标签将不可能进行干扰。

(3) 读取率和向后兼容性的改进。

Gen2 协议标准的一个特点是读取率的多样性。它读取的最小值是 40kb/s，高端应用的最大值是 640kb/s。这个数据范围的一个好处是向后兼容性，即读卡器更新到 Gen2 协议标准只需要一个固件的升级，而不是任意固件都要升级。Gen1 协议标准中的 0 类与 1 类协议标准的数据读取速率分别被限制在 80kb/s 和 140kb/s。由于读取速率低，很多商业应用都使用基于微控制器的低成本读卡器，而不是基于数字信号处理器或高技术微处理控制器的读卡器。为享受 Gen2 协议标准的真正好处，厂商就会为更高的数据读取率去优化自己的产品，这无疑需要硬件升级。

一个理想的适应性产品是使最终用户根据不同应用从读取率的最低值到最高值之间挑选任意数值的读取率。无论是传送带上物品的快速阅读，还是在嘈杂昏暗环境下的低速密集阅读，Gen2 协议标准的标签数据读取率都比 Gen1 协议标准的标签快 3～8 倍。

(4) 会话的使用。

在任意给定时间与不同给定预期下，Gen1 协议标准不支持一组标签与给定标签群间的通信。例如，在 Gen1 协议标准中为避免对一个标签的多次阅读，读卡器在阅读完成后给标签一个睡眠命令。如果别处的另一个读卡器靠近它，并在这个区域寻找特定项目时，就不得不调用和唤醒所有标签。这种情况下，将中断发出睡眠命令读卡器的计数，强迫读卡器重新开始计数。

Gen2 协议标准在读取标签时使用了会话概念。会话假设至多四个读卡器与一个标签在相互不干扰的情况下进行各自的操作。两个或更多的读卡器能使用会话方式分别与一个共同的标签群进行通信。

(5) 密集阅读条件的使用。

除使用会话进行数据处理外,Gen2 协议标准的阅读工作还可以在密集条件下进行,即克服 Gen1 协议标准中存在的阅读冲突状态。Gen2 协议标准通过分割频谱为多个通道进一步克服这个限制,使得读卡器工作时不能相互干涉或违反安全问题。

(6) 使用查询命令改进 Ghost 阅读。

阅读慢和阅读距离短限制了 RFID 技术的发展,Gen2 协议标准对此做了改进,其主要处理方法是 Ghost 阅读。Ghost 阅读是 Gen2 标准协议保证引入标签序列号合法性、没有来自环境的噪声、没有由硬件引起的小故障的机制。Ghost 阅读中利用一个信号处理器处理标签序列号的噪声。因为 Gen2 协议标准是基于查询的,所以读卡器不能创造任何 Ghost 序列号,也就能很容易地探测和排除整合型攻击。

(7) 覆盖编码。

覆盖编码(Cover Coding)是在不安全通信连接下为减少窃听威胁而隐匿数据的一项技术。在开放环境下,使用所有数据既不安全也不好实现。假如攻击者能窃听会话的一方(读卡器到标签)但不能窃听到另一方(标签到读卡器),Gen2 协议标准使用覆盖编码去阅读/写入标签内存,从而实现数据安全传输。

RFID 技术的应用越来越广,目前应用最多的是 Gen1 协议标准标签。Gen1 协议标准标签的主要应用领域有物流、零售、制造业、服装业、身份识别、图书馆、交通等,但应用中的突出问题主要有价格问题、隐私问题、安全问题等。随着国际通用的 Gen2 协议标准的出台,Gen2 协议标准 RFID 技术的应用将越来越多。它已有了一些应用案例。例如,基于 Gen2 协议标准的电子医疗系统,充分利用了 Gen2 协议标准的灵活性、可量测性、更高的智能性。由于超高频 Gen2 协议标准 RFID 技术具有一次性读取多个标签、识别距离远、传送数据速度快、安全性高、可靠性和寿命高、耐受户外恶劣环境等特点,得到了世界各国的重视和欧美大企业的青睐。在我国,随着经济高速发展和运用信息技术提高企业效益的形势推动,政府也提出大力发展互联网产业,加之 RFID 系统价格的逐年下降,这将极大地促进超高频 Gen2 协议标准 RFID 技术的应用推广。

目前,超高频 Gen2 协议标准下的 RFID 系统在整体市场的占有率还比较低,但预计未来 10 年内将进入高速成长期。

3. 不同频率的标签与标准

1) 低频标签与标准

低频段射频标签简称为低频标签,其工作频率范围为 30k～300kHz,典型工作频率 125kHz、133kHz。低频标签一般为被动标签,其电能通过电感耦合方式从读卡器天线的辐射近场中获得。低频标签与读卡器之间传送数据时,低频标签需位于读卡器天线辐射的近场区内。低频标签的阅读距离一般情况下小于 1.2m。低频标签的典型应用有动物识别、容器识别、工具识别、电子闭锁防盗(带有内置应答器的汽车钥匙)等。与低频标签相关的国际标准 ISO 11784/11785(用于动物识别)、ISO 18000-2(125k～135kHz)。

2) 中频标签与标准

中频段射频标签简称中频标签,其工作频率一般为 3M～30MHz,典型工作频率为 13.56MHz。该频段的射频标签,从射频识别应用的角度来说,因其工作原理与低频标签完全相同,即采用电感耦合方式工作,所以宜将其归为低频标签类中。另外,根据无线电频率的一般划分,其工作频段又称为高频,所以也常将其称为高频标签。鉴于该频段的射频标签可能是实际应用中最大量的一种射频标签,因而将高、低理解成为一个相对的概念,即不会在此造成理解上的混乱。为了便于叙述,将其称为中频射频标签。中频标签由于可方便地做成卡状,典型应用包括电子车票、电子身份证、电子闭锁防盗(电子遥控门锁控制器)等。相关的国际标准有 ISO 14443、ISO 15693、ISO 18000-3.1、ISO 18000-3.2(13.56MHz)等。中频标准的基本特点与低频标准相似,由于其工作频率的提高,可以选用较高的数据传输速率。射频标签天线设计相对简单,标签一般制成标准卡片形状。

3) 超高频标签与标准

超高频与微波频段的射频标签简称为超高频射频标签,其典型工作频率为 433.92MHz、862(902)M～928MHz、2.45GHz、5.8GHz。超高频射频标签可分为有源标签(主动方式、半被动方式)与无源标签(被动方式)两类。工作时,标签位于读卡器天线辐射场的远区场内,标签与读卡器之间的耦合方式为电磁耦合方式。读卡器天线辐射场为无源标签提供射频能量,将有源标签(半被动方式)唤醒。相应的射频识别系统阅读距离一般大于 1m,典型情况为 4～6m,最大可超过 10m。读卡器天线一般为定向天线,只在读卡器天线定向波束范围内的标签可被读/写。以目前技术水平来说,无源微波射频标签比较成功的产品相对集中在 902MHz～928MHz 工作频段上。2.45GHz 和 5.8GHz 射频识别系统多以半无源微波射频标签(半被动方式)产品面世。半无源标签一般采用纽扣电池供电,具有较远的阅读距离。超高频射频标签的典型特点主要集中在是否无源、无线读写距离,是否支持多标签读写,是否适合高速识别应用,读卡器的发射功率容限,射频标签及读卡器的价格等方面。典型的微波射频标签的识读距离为 3～5m,个别有达 10m 或 10m 以上的产品。对于可无线写的射频标签而言,通常情况下,写入距离要小于识读距离,其原因在于写入要求更大的能量。

超高频射频标签的典型应用包括移动车辆识别、电子身份证、仓储物流应用、电子闭锁防盗(电子遥控门锁控制器)等。相关的国际标准有 ISO 10374,ISO 18000-4(2.45GHz)、ISO 18000-5(5.8GHz)、ISO 18000-6(860MHz～930MHz)、ISO 18000-7(433.92MHz)、ANSIN-CITS256- 1999 等。

4) 常用中频射频标签标准对比

在 13.56MHz 的中频射频标签中,最常用的标准有两种,即接触式的 ISO 14443 和非接触式近距的 ISO 15693。其特点对比如表 7-4 所示。在我国第二代身份证和公交卡中,广泛使用的是 ISO 14443 标准的接触式 RFID。在图书馆中,广泛使用的是 ISO 15693 标准的近距式的非接触式的 RFID。为什么采用近旁式的 RFID 用于公交卡呢?因为如果采用近距式的,就可能由于天线对于靠近天线而不准备登车的卡产生误检测,并进行扣钱处理。而采取近旁式(接触式)就能一个一个进行公交卡检测和扣钱处理,不会把附近的卡误处理。以 13.56MHz 交变信号为载波频率的标准主要有 ISO 14443 和 ISO 15693 标准。由于 ISO 15693

标准规定的读写距离较远(当然这也与应用系统的天线形状和发射功率有关)，而 ISO 14443 标准规定的读写距离稍近，更符合小区门禁系统对识别距离的要求，该射频系统应选择 ISO 14443 标准。对于 ISO 14443 标准，它定义了 TypeA、TypeB 两种类型协议。通信速率为 106kb/s，它们的不同主要在于载波的调制深度及位的编码方式。从 PCD 向 PICC 传送信号时，TypeA 采用改进的 Miller 编码方式，调制深度为 100%的 ASK 信号；TypeB 则采用 NRZ 编码方式，调制深度为 10%的 ASK 信号。从 PICC 向 PCD 传送信号时，二者均通过调制载波传送信号，副载波频率皆为 847kHz。TypeA 采用开关键控(On-Off keying)的 Manchester 编码；TypeB 采用 NRZ-L 的 BPSK 编码。TypeB 与 TypeA 相比，由于调制深度和编码方式的不同，具有传输能量不中断、速率更高、抗干扰能力更强的优点。

表 7-4　ISO 14443 和 ISO 15693 特点对比表

功　能	ISO 14443	ISO 15693
RFID 频率/MHz	1356	1356
读取距离	接触型，近旁型(0cm)	非接触型，近距型(2～20cm)
IC 类型	微控制器(MCU)或者内存布线逻辑型	内存布线逻辑型
读/写(R/W)	可写、可读	可写、可读
数据传输速率/(kb/s)	106，最高可到 848	106
防碰撞再读取	有	有
IC 内可写内存容量/KB	64	2

7.2.3　RFID 中间件

1. 背景介绍

2002 年以来，RFID 技术和市场迅速发展，很多用户大胆尝试了 RFID 项目。经过两三年的发展，与 RFID 发展密切相关的 RFID 中间件，在用户的反馈和呼声中应需而生。

如果说以往的中间件旨在解决局域网或广域网上成百上千个不同系统或者同一系统不同部分之间的协调、支撑作用的话，那么，RFID 中间件面对的阅读器数量则是以万甚至十万计算的，这么多的阅读器一端扫描着企业的重要移动数据，另一端要通过服务器进入企业网，如果管理得不好，那么数据混乱、数据泄露以及不良分子进入等危险就将不可避免。

然而，RFID 对 RFID 中间件发展的推动还不仅仅是由于硬件设施数量的巨大造成的，标签后面的逻辑的复杂性才是最重要的。例如，一瓶可乐从配送中心送到超市，又从超市卖出去这一过程意味着什么？要从里面发现规律，必须对来自众多阅读器的 RFID 数据进行复杂的逻辑分析。而这样的分析最终都会有回报，它很有可能启发企业决策者发现一个新的商业模型。

看到目前各式各样 RFID 的应用，企业最想问的第一个问题是："我要如何将我现有的系统与这些新的即 RFID Reader 连接？"这个问题的本质是企业应用系统与硬件接口的问题。

一般情况下，硬件系统一旦开发好以后就往往是相对固定的，而主机程序确实千差万别的，并且这种差别不可避免，主要有以下原因。

(1) 软件应用的背景领域可能不同，不可能各个领域使用同一套软件。

(2) 开发时使用的软件语言和软件技术可能不同。

(3) 软件运行的平台可能不同。

主机程序必须与 ID 硬件系统通信，这样的情况下就很有必要开发一个中间件，该中间件位于硬件和主机中间，专门负责应用程序与硬件系统之间的通信。因此，通透性是整个应用的关键，正确抓取数据、确保数据读取的可靠性，以及有效地将数据传送到后端系统都是必须考虑的问题。传统应用程序与应用程序之间数据通透是通过中间件架构解决，并发展出各种应用服务器软件；同理，中间件的架构设计解决方案便成为 RFDI 应用的一项极为重要的核心技术。

2. 中间件介绍

RFID 中间件(RFID Middleware)是一种介于 RFID 读写器硬件设备与企业后端软件系统之间的软件。RFID 中间件的主要功能包括：管理 RFID 硬件及其配套设备，屏蔽 RFID 设备的多样性和复杂性；过滤和处理 RFID 标签数据流，完成与企业后端软件系统的信息交换；作为一个软硬件集成的桥梁，降低系统升级维护的开销。RFID 中间件是 RFID 应用系统中的一个重要组成部分，被视为 RFID 应用的运作中枢。各种 RFID 的系统集成商和软件商都提出了相关的解决方案，RFID 中间件的概念和范畴还在演进之中。与 RFID 其他标准(例如空中接口、标签等)相比，RFID 中间件的标准化工作进展较为缓慢。目前主要是 EPCglobal 组织推出了与 REID 中间件相关的系列标准建议，其他国际标准化组织尚没有相关的 REID 中间件标准。

1) RFID 中间件标准化体系

(1) RFID 中间件标准化组织。

目前活跃在 REID 舞台上的具有影响力的国际五大标准化组织分别是 EPCglobal、UID、ISO/IEC JClSC31 第四工作组、AIM 和 IP-X，这些标准组织代表了国际上不同团体或者国家的利益。EPCglobal 并不是一个官方的标准组织，但由于它获得了许多国际知名企业的鼎力支持，在 REID 行业中被广泛地认同，它所制定的一些标准也逐渐被 ISO 所采纳。目前只有 EPCglobal 提出了 REID 中间件的规范，其他标准组织关于 REID 的标准多是集中在空中电磁接口、标签等方面。

EPCglobal 是国际物品编码协会(EAN)和美国统一代码委员会(UCC)的一个合资公司。它是一个受业界委托而成立的非营利性组织，负责 EPCglobal 网络的全球化标准的制定，以便快速、准确、自动地识别供应链中的对象。EPCglobal 的目的是促进 EPC 网络在全球范围内更加广泛地应用。EPC 网络由自动识别实验室(Auto-ID Lab)开发，其研究总部设在美国麻省理工学院，并且还有全球各地的研究型大学的实验室参与。2003 年 10 月 31 日以后，自动识别中心的管理职能正式停止，其研究功能并入自动识别实验室。EPCglobal 将继续与自动识别实验室密切合作，以改进 EPC 技术使其满足将来自动识别的需要。

(2) RFID 中间件。

① RFZD 中间件的最初概念 Savant。

美国麻省理工学院的 Auto-ID 实验室最先提出 RFID 中间件的概念，称之为 Savant。Savant 是一种位于读写器和企业应用系统之间的中介软件，用来处理从一个或多个 RFID 读写器设备传来的 RFID 标签或者 RFID 事件的数据流。Savant 对标签的数据执行过滤、聚合以及统计等功能，从而降低传向企业应用系统的数据量。

在 Savant 1.0 的规范中，Savant 被定义为一系列处理模块的容器，通过读写器接口和应用接口分别与前端的 RFID 读写器设备和后端的企业应用系统进行互联。Savant 1.0 的规范中讨论了读写器接口、应用接口和部分标准的处理模块，并给出了基于 XML-RPC/HTTP 的 SOAP-RPC/HTTP 两种消息与传输的绑定实现机制。

② RFID 中间件标准的演进。

与 RFID 中间件交互的信息设备和系统包括读写器、对象名称解析服务(ONS)、EPC 信息服务(EPC IS)、其他 RFID 中间件、企业应用系统等。Savant 的规范不但包含了中间件与其他信息设备和系统的接口规范，而且涉及 Savant 内部的具体实现细节。这种既包括接口也包括实现的标准定义方式，具有明显的局限性，有可能不能适应个性化用户系统的需求。出于这种考虑，EPCglobal 的 RFID 中间件标准也经历了从侧重于功能定义到侧重于接口规范的演进过程。

a. 在 Auto-ID 实验室 2003 年的原始 Savant 规范中，仅仅将 Savant 与读写器和企业应用的交互部分定义为接口，而将其他交互称为处理模块的服务。

b. 在 Auto-ID 实验室 2004 年对 EPC 框架的讨论中，开始弱化 Savant 处理模块的概念，强调服务(Service)的概念，并且进一步将 ONS、EPCIS 等服务称为 Savant 需要交互的外部服务。

c. 自 2005 年开始，EPC 网络的规范改由 EPCglobal 组织发布，其关于 EPC 系统结构框架的文档指出：EPCglobal 将避免对组件进行定义，以便给用户足够的自由来设计系统，EPCglobal 的重点将是定义接口标准以确保不同用户部署的系统能互操作。

d. 本着上述原则，EPCglobal 在结构框架中规定了几种 RFID 中间件的接口，将 RFID 中间件与企业应用的接口定义为应用层事件接口，与读写器的接口定义为读写器协议，并预留了 RFID 中间件的管理接口。

e. EPCglobal 公布了其标准化工作的进一步进展，对 RFID 中间件的接口规范方面，增加了读写器管理接口、读写器组网协议、读写器发现及初始化接口等。

(3) RFID 中间件标准化体系。

当前，RFID 中间件的标准化工作主要是对与 RFID 中间件有交互的信息组件的接口规范与定义，而不对功能与实现方面做出详细规范。在 EPCglobal 的规范中仅仅约定 RFID 中间件的基本功能，即 RFID 标签数据流的过滤和控制。规范允许各厂商结合不同的场景扩展 RFID 中间件的功能，而目前中间件厂商提供的 RFID 中间件的功能还有读写器管理、读写器组网管理、EPC 信息服务的访问、对象名称解析服务的访问等。出于这些考虑，我们认为 RFID 中间件的接口可以分为四类，分别是读写器控制接口、应用接口、公共服务接口、中间件管理接口。

2) 中间件系列标准

(1) 读写器接口标准。

① 读写器协议。

读写器协议指定了读写器设备的读写能力与应用软件(中间件或者企业应用)之间的相互作用。读写器协议的目标是对主机屏蔽掉读写器与标签之间的任何交互作用,读写器可能会使用多种协议去跟标签交互。读写器协议规定了几个层次区分信息,包括读写器层、消息层、传输层等,协议支持以不同的绑定方式实现。读写器协议是 RFID 中间件必须实现的一个标准。

② 读写器管理。

读写器管理协议详细规范了读写器设备与管理软件之间的交互。管理软件可以是用来处理 SNMP 信息的管理控制台,或者是具备监控读写器状态的能力的特定应用。读写器管理协议与读写器协议的区别是,前者是监控读写器运行状态所需的通信协议,后者是读写器与主机之间采集标签数据的规范。读写器管理协议包括两个规范,用于描述读写器运行状态的 EPCglobal SNMPMIB 格式规范和读写器管理所需的通信协议。

在 EPCglobal 的 RFID 中间件的功能定义中只有过滤与收集,并没有包括设备管理,如果 RFID 中间件实现读写器设备管理的功能,则需要服从该读写器管理协议。

③ 读写器组网协议。

低层读写器协议定义了客户与读写器之间的接口,这样客户端与读写器就可通过基于 IP 的网络进行连接。协议也明确地为客户与读写器之间的通信提供了格式和步骤。实际上就是定义通信数据、协议数据,达到客户对读写器进行操作的目的。这样多个读写器可以通过 IP 网络集合起来,用户可以对多个读写器进行操作。该协议实际上是一种读写器组网协议,该协议的出现终结了原 IETF 推出的简单轻量级 RFID 读写器协议。

在 EPCglobal 的 RFID 中间件的功能定义中只有过滤与收集,并没有包括读写器网络管理,如果 RFID 中间件实现读写器网络管理的功能则需要服从该读写器组网协议。

④ 读写器发现与配置。

该协议正在制定之中,其实际上是一种新设备组件通道控制器的标准。通道控制器可实现多种 DCI 功能,包括初始化 RFID 读写器或客户必须保证的配置需求,以确保 DCI 操作的成功。这个标准用来定义读写器是如何发现一个或多个客户,客户如何发现一个或多个读写器,读写器如何获取配置信息,下载固件,以及为允许其他读写器操作协议而进行的初始化行为。

在 EPCglobal 的 RFID 中间件的功能定义中只有过滤与收集,并没有包括读写器发现与配置管理,如果 RFID 中间件实现读写器发现与配置管理的功能则需要服从该读写器发现与配置协议。

(2) 应用接口标准。

应用层事件规范(ALE)的目的是为了减少原始数据的冗余性,从大量数据中提炼出有效的业务逻辑,而且可以满足不同的应用需求。ALE 接收从一个或多个读写器中发来的原始标签读取信息，而后，按照时间间隔等条件累计数据，将重复或不感兴趣的内容剔除过滤，最后，将这些信息以应用系统需要的形式向应用系统进行汇报。ALE 接口实现了最后提交给应用层的数据已经经过滤除和格式化，即应用层完全可以读懂数据含义了。应用层只要告诉 ALE 该到何处寻找数据源，然后接收报告进行高层操作就可以了，从而实现向上屏蔽设备细节，向下屏蔽操作细节的目的。应用层事件规范是 RFID 中间件必须实现的一个标准。

公共服务应用接口如下。

① RFID 信息服务。

EPC 信息服务的目标是实现不同应用之间 EPC 数据的共享，这种共享可以是企业内的，也可以是企业间的。EPC 信息服务分几个层次规范相关信息的交换，分别是抽象数据模型层、数据定义层、服务层等。该规范给出了基于 XML 等方式的不同层次的绑定实现。

在 EPCglobal 的 RFID 中间件的功能定义中只有过滤与收集，并没有包括对 RFID 信息服务的访问，如果 RFID 中间件实现 RFID 信息服务的访问功能，则需要服从该 RFID 信息服务接口。

② 对象名称服务。

对象名称服务的目标是实现从 EPC 编码到 RFID 信息服务地址的解析系统与服务。对象名称服务采用现有的互联网的域名解析系统(DNS)来解析和查询 EPC 的服务地址信息。对象名称服务是实现开环公共 RFID 信息服务和信息共享的前提和基础。

在 EPCglobal 的 RFID 中间件的功能定义中只有过滤与收集，并没有包括对对象名称服务的访问，如果 RFID 中间件实现对象名称服务的访问功能，则需要服从该对象名称服务接口。

3. RFID 中间件设计依赖技术

1) RFID 的功能

RFID 中间件在实际应用当中主要起到数据的处理、传递和读写器的管理等功能。通过对 RFID 系统的分析，RFID 中间件应具备以下几个功能。

(1) 数据读出和写入。

目前市场上的电子标签，不但存储标识数据，有的还能够提供用户可进行自定义读写操作的附加存储器。当网络因某种原因失效时，通过读取附加存储器的内容仍能够获得必要的信息。RFID 中间件应提供统一的 API，完成数据的读出和写入工作。中间件应提供对不同厂家读写设备的支持、不同协议的设备支持，实现应用对设备的透明操作。

(2) 数据的过滤和聚合。

读写器不断地从 Tag 读取大量的未经处理的数据，一般来说，应用系统并不需要大量的重复数据，数据必须进行去重和过滤。

不同的应用需要取得不同的数据子集，例如：装卸部门的应用关心包装箱的数据而不关心包装箱内件的数据。RFID 中间件应能够聚合汇总上层应用系统定制的数据集合。

(3) RFID 数据的分发。

RFID 设备读取的数据，并不一定由某一个应用程序来使用，它可能被多个应用程序使用(包括企业内部各个应用系统甚至是企业商业伙伴的应用系统)，每个应用系统可能需要数据的不同集合，中间件应能够将数据整理后发送到相关的应用系统。数据分发还应支持分发时间的定制，例如：应立即将读取的 RFID 数据传送到生产线控制系统以指导生产、在整批货物处理完成后再将完整的数据传送到企业合作伙伴的应用系统中、每天业务处理完成后再将当天的全部数据传送到决策支持系统等。

(4) 数据安全。

RFID 的使用往往在不为人所知的地方，在家用电器上、服装上甚至食品包装盒上也许都嵌入有 RFID 芯片，在芯片的内部保存着 ID 信息，也许还有其他附加信息，一些别有用心的人也许能够通过收集这些数据而窥探到个人隐私。RFID 中间件应该考虑到用户的这些担心，并在法律法规的指导下进行数据收集和处理工作。

2) RFID 中间件设计要点

在进行 RFID 中间件设计过程中应注意以下一些问题。

- 客观条件限制下怎样有效利用 RFID 系统进行数据的过滤和聚集。
- 明确聚集类型将减少和降低标签检测事件对系统的冲击。
- RFID 中间件中消息组件的功能特点。
- 怎样支持不同的 RFID 读写器。
- 怎样支持不同的 RFID 标签内存结构。
- 如何将 RFID 系统集成到客户的信息管理系统中。

(1) 过滤和聚集。

过滤就是按照规则取得指定的数据。过滤有两种类型：基于读写器过滤、基于标签和数据的过滤。

过滤功能的设计最初主要是用于解决读写器与标签之间进行无线传输时带宽不足的问题，但是否真正解决还不能够下定论，但至少可以优化数据传输的效率问题。

聚集的含义是将读入的原始数据按照规则进行合并，例如重复读入的数据只记录第一次读入的数据和最后一次读入的数据。聚集的类型可以分为四种：进入和移出、计数、通过和虚拟阅读。

目前，聚集功能的实现主要依靠代理软件来实现，但也有一些功能较强的读写器能够自己设置并完成聚集功能。

(2) 消息传递机制。

在 RFID 系统中，一方面是各种应用程序以不同的方式频繁地从 RFID 系统中取得数据，另一方面却是有限的网络带宽，其中的矛盾使得设计一套消息传递系统成为自然而然的事情。消息传递系统读写器产生事件，并将事件传递到消息系统中，由消息系统决定如何将事件数据传递到相关的应用系统。在这种模式下，读写器不必关心哪个应用系统需要什么数据，同时，应用程序也不需要维护与各个读写器之间的网络通道，仅需要将需求发送到消息系统中即可。由此，设计出的消息系统应该有如下功能。

① 基于内容的路由功能。对于读写器获取的全部原始数据，应用在大多数情况下仅仅需要其中的一部分，例如，设置在仓库门口的读写器读取了货物消息和托盘消息，但是业务管理系统只需要货物消息，固定资产管理系统需要托盘消息，这就需要中间件必须提

供通过事件消息的内容来决定消息的传递方向的功能。否则将导致消息系统不得不将全部信息都传递给应用程序,而应用程序不得不自实现部分的过滤工作。

② 反馈机制。消息系统的设计初衷之一就是降低 RFID 读写器与应用系统之间的通信量,其中比较有效的方式就是使 RFID 系统能够明白应用系统对哪些 RFID 数据感兴趣,而不是需要获得全部的 RFID 数据。这样就可以将部分数据过滤的工作安排在 RFID 读写器而不在 RFID 中间件上进行。目前市场上的 RFID 读写器,有些已经具备了进行数据过滤等高级功能,RFID 中间件应该能够自动配置这些读写器将数据处理的规则反馈到读写器,从而有效降低对网络带宽的需求。

③ 数据分类存储功能。有些应用(如物流分拣系统或销售系统)需要实时得到读取的标签信息,所以消息系统几乎不需要存储这些标签数据。而有些系统则需要得到批量 RFID 标签数据,并从中选取有价值的 RFID 事件信息,这就要求消息系统应该提供数据存储功能,直到用户成功接收数据为止。

(3) 标签的读写。

RFID 中间件的一个重要功能就是提供透明的标签读写功能。对于应用程序来讲,通过中间件从 RFID 标签中读写数据,应该就像从硬盘中读写数据一样简单和方便。这样,RFID 中间件应主要解决两方面的问题,第一是要兼容不同读写器的接口,第二是要识别不同的标签存储器的结构以进行有效的读写操作。

每一种读写器都有自己的 API,根据功能的差异,其控制指令也是各不相同的。RFID 中间件定义一组通用的应用程序接口,对应用系统提供统一的界面,屏蔽各类设备之间的差异。

标签存储器分为只读和读写两种类型,存储空间可分为不同的数据块,每个数据块均存储定义不同的内容,可读写的存储器还可以由用户来定义存储的内容和方式。进行写入操作时如果只针对指定的数据块进行而不是全部读写,可以提高读写性能并降低带宽需求。为了实现这样的功能,中间件应该设计虚拟的标签存储服务。标签存储服务设计虚拟的存储空间与实际的标签存储空间一一对应,RFID 中间件接收用户提供的数据(单个数据或一组结构数据),先写入虚拟存储空间,再由专用的驱动接口通过读写器写入 RFID 标签。

如果写入操作成功,则中间件向应用系统返回信息并按照规则将已经写入的数据暂存在 RFID 中间件系统中;如果标签的存储器损坏而写入失败,则可由中间件系统在虚拟存储空间中保存应写入的数据,对于而后应用程序发出的读出请求,均由中间件将虚拟存储空间的数据返回到应用,在标签即将离开中间件部署范围之前将标签更新即可。类似这样的操作同样适用于标签能源不足、数据溢出等情况。实现虚拟存储空间的一个重要前提是虚拟存储空间应该是分布式的架构,所有 RFID 中间件实例均能够访问虚拟存储空间。

4. RFID 中间件设计方法

中间件设计包括 RFID 设备管理组件和事件过程管理组件。RFID 设备管理组件是分布式的代理,它负责第一级的事件过滤。设备管理包括设备询问器,对每一个读写器和传感器设备,代理必须互相作用,过程管理组件通过 RFID 事件下一级的过滤,把事件放置到交易环境中，然后发布应用层事件(ALE)。

1) 设备管理

设备管理器提供远端设备的配置接口，管理一个或多个询问器到读写器和其他传感器，管理被指定的 ALE 事件。设备和询问器之间是一对多的关系。每一个询问器被分配一个物理设备概要表，每一个物理设备概要表可能有多个传感器(如多个天线)。当一个设备管理初始化自身的时候，会确定它负责哪一个物理设备表及其配置信息，然后安全地下载和初始化合适的询问器，最后注册事件。

设备管理器接听来自询问器的传感器事件，这些传感器事件和它们指定的读写器事件等同。来自多个询问器的传感器事件必须合并创建读写器事件，这些读写器事件和指定的由设备管理器发送到 ALE 服务的逻辑读写器事件相同。逻辑读写器可由任何数目的其他读写器构成，由一个或多个设备管理器的实例管理。设备管理器对参与到一个逻辑读写器中的其他读写器是没有什么反应的。同样一个读写器被限定到一个设备管理器的实例所控制的范围内。

由于每个 ALE 读写器事件流可能来自多个物理设备配置表，设备管理器为每个设备表创建一个询问器，并通知询问器什么样的传感器被绑定到指定的读写器上。询问器发送传感器事件流到设备管理器，设备管理器将一个或多个传感器事件流构造成读写器事件，这是因为读写器事件流可能来自不同的传感器事件流。设备管理器把初步处理的读写器事件发送到 ALE 服务器。设备管理器必须设定的唯一的物理识别符如下：设备管理 ID，是唯一的识别号；设备概要 ID，物理设备表的唯一的识别符；读写器 ID，每个传感器事件来源的唯一识别符，一个物理设备概要表可能有多个读写器；传感器 ID，唯一的物理设备(传感器)标志。

(1) 询问器代理。

一个设备管理器的配置由它管理的设备和它要咨询的询问器组成，然后和它对应的设备管理器交互。每一个设备概要表由物理设备属性和询问器配置组成。物理设备属性是被命名过的传感器(例如天线和一个金属传感器)。

询问器代理是一个对应于特定读写器或其他设备的适配器实例。每个物理设备概要表有一个询问器代理，每个读写器模块有一个特定类型的代理。尽管一个询问器代理可以服务于多个物理设备概要表，但每一个物理读写器只能有一个询问器。每一个被指定设备的询问器可以由多个传感器，例如多个天线或多个单线的设备。每个传感器有一个 SensorID。

设备管理把带有物理设备概要表的配置信息进一步组合。询问器代理把来自每个传感器的信息流发送到设备管理器，进而构造读写器事件。

(2) 事件信息空间。

事件信息空间类似一个公共的容错事件信息经纪人。它支持异步接收来自设备管理器的事件，ALE 事件以及其他来自事件过程管理的配置需求。事件信息空间同时提供一个存储转发机制，确保重要的事件在中断的网络或其他组件失效的情况下不丢失。

2) 事件管理过程

事件过程管理(Event Process Managment，EPM)由 ALE 服务、配置管理、复杂事件过程以及交易规则执行组成，对 EVP 的访问能通过 HTTP、JMS 以及网络服务接口来实现。EPM 登记/订阅它感兴趣的事件，这样当在信息空间中有事件时，它就会被通知。

一旦接收到这些事件，随后会应用复杂事件处理(过滤器)，结合交易规则对这些事件进行处理，或者在另一种情况下，外部的客户端(如 EPC-IS)已经注册接收 ALE，这些过滤后的事件会被发送到 ALE 客户端指定的位置。这种交易规则意味着：来自设备管理器的信号需要和其他企业信息系统的具体要求结合，才能达到交易过程的要求。

(1) 配置管理。

物理设备的物理信息例如 MAC 地址、IP、公钥、逻辑读写器任务等，被放在这个组件中管理。这些信息可以存放在本地，也可以放在通过密钥访问外部地址服务或者其他企业信息管理仓库中。

它包括下列项及其和其他部分关系的定义：传感器(天线、单一的事件)、物理设备概要表(可以有一个或多个传感器)、读写器(来自一个或多个物理设备概要表的传感器事件)、逻辑读写器。

(2) 应用层事件服务。

这些服务是一个对 EPCglobal ALE 规范的实现。它会提供一个网络服务客户端接口以及和 ALE API 的 JMS 接口。

ALE 规范中允许含有逻辑的读写器、被创建的逻辑读写循环、一个或多个读写器，以及一个更多的来自那些能组成一个逻辑事件的读写器的读写器事件。ALE 也规定了那些必须发送的逻辑事件。ALE 服务精心编制了设备管理器的参与者：逻辑读写器以及相应的逻辑事件，ALE 服务将这些事件通知到合适的接收器。

(3) 复杂事件处理。

它是一种规则引擎，是一种过滤器，它把事件变为有意义的可用交易规则的交易事件。ALE 服务将维持复杂事件规则，随后产生有用的事件。这些事件被用来启动交易规则。

(4) 交易过程执行。

因为中间件期望在各种商业环境被应用，所以具体的功能不能硬性规定必须链接到中间件中。交易过程一般可定义为：通过接口接听事件，通过使用规则引擎启动各种交易过程。ALE 提供了一个丰富的事件接口，但是这些事件的翻译以及随后必需的处理过程，只有在具体的环境才能最后明确。交易过程可以是一个可被关闭的门或启动的警告等。

当交易过程在一个较高的层次上时，需要和企业系统如仓储管理系统集成，所以在中间件层中的交易规则引擎应允许有较好的定制性，以及与其他底层设备相结合的可扩展性。

7.3 M2M 技术

7.3.1 M2M 的概念

M2M 是机器对机器(Machine-To-Machine)通信的简称。目前，M2M 重点在于机器对机器的无线通信，存在以下三种方式：机器对机器，机器对移动电话(如用户远程监视)，移动电话对机器(如用户远程控制)。

预计未来用于人对人通信的终端可能仅占整个终端市场的 1/3，而更大数量的通信是机器对机器(M2M)通信业务。事实上，目前机器的数量至少是人类数量的四倍，因此 M2M 具有巨大的市场潜力。

M2M 的潜在市场不仅局限于通信业。由于 M2M 是无线通信和信息技术的整合，它可用于双向通信，如远距离收集信息、设置参数和发送指令，因此 M2M 技术可有不同的应用方案，如安全监测、自动售货机、货物跟踪等。

在 M2M 中，GSM/GPRS/UMTS 是主要的远距离连接技术，其近距离连接技术主要 802.11b/g、Bluetooth、Zigbee、RFID 和 UWB。此外，还有一些其他技术，如 XML 和 Corba，以及基于 GPS、无线终端和网络的位置服务技术。

1. M2M 标准

20 世纪 90 年代中后期，随着各种信息通信手段(如 Internet、遥感勘测、远程信息处理、远程控制等)的发展，加之地球上各类设备的不断增加，人们开始越来越多地关注于如何对设备和资产进行有效监视和控制，甚至如何用设备控制设备——"M2M"理念由此起源。

M2M 是现阶段物联网最普遍的应用形式，是实现物联网的第一步。

未来的物联网将是由无数个 M2M 系统构成，不同的 M2M 系统会负责不同的功能处理，通过中央处理单元协同运作，最终组成智能化的社会系统。

M2M 表达的是多种不同类型的通信技术有机地结合在一起：机器对机器(Machine to Machine)、人对机器(Man to Machine)、机器对人(Machine to Man)、移动网络对机器(Mobile to Machine)。M2M 让机器、设备、应用处理过程与后台信息系统共享信息，并与操作者共享信息。

M2M 是一种以机器智能交互为核心的、网络化的应用与服务。简单地说，M2M 是指机器之间的互联互通。M2M 技术使所有机器设备都具备联网和通信能力，它让机器、人与系统之间实现超时空的无缝连接。M2M 通信技术综合了通信和网络技术，将遍布在日常生产生活中的机器设备连接成网络，使这些设备变得更加"智能"，从而可以创造出丰富的应用，给人们的日常生活、工业生产等带来新一轮的变革。

M2M(Machine to Machine)机器与机器之间自动地进行数据交换，包括传统意义上的机器，如汽车、自动售货机等，也包括虚拟意义上的机器，如软件等。基于通用通信网络实现的机器与机器之间的"交流"引出了所谓"物联网"的概念，其设想是：在未来机器与机器之间能够通过通信媒介，像人与人之间一样进行交流，并且这种交流是资助的、具有一定智能的。

简单地说，M2M 是将数据从一台终端传送到另一台终端，也就是就是机器与机器(Machine to Machine)的对话。但从广义上 M2M 可代表机器对机器(Machine to Machine)、人对机器(Man to Machine)、机器对人(Machine to Man)、移动网络对机器(Mobile to Machine)之间的连接与通信，它涵盖了所有实现在人、机器、系统之间建立通信连接的技术和手段。

2. M2M 现今发展状况

M2M 技术正演变成为一种用来监控和控制全球行业用户资产、机器及其生产过程所带来的高性能、高效率、高利润的方法，同时具有可靠、节省成本等特点。无线 M2M 方案的无限潜力意味着未来几年市场将会爆炸性增长。

1) 国外发展状况

在国外，法国 Orange 公司、英国 Vodafone、日本 DoCoMo 公司已进入 M2M 产业多年。2006 年 4 月，Orange 推出了一个名为"M2M 连接"的计划，为欧洲的公司提供 M2M 较低的单位数据传输价格和一系列软件工具。Vodafone M2M 业务开展于 2002 年，与 Nokia、Wavecom 等开发商合作，应用领域主要在实时账务解决方案。DoCoMo 于 2004 年年底启动基于"M2M-x"的商业服务。

M2M 应用市场正在全球范围快速增长，随着包括通信设备、管理软件等相关技术的深化，M2M 产品成本的下降，M2M 业务将逐渐走向成熟。目前，在美国和加拿大等国已经实现安全监测、机械服务、维修业务、自动售货机、公共交通系统、车队管理、工业流程自动化、电动机械、城市信息化等领域的应用。

2) 国内发展状况

国内外 M2M 应用繁多，在国内，中国电信、中国移动、中国联通已经开始进入 M2M 市场。中国电信广州研究院 2005 年受中国电信集团委托开始立项研究 M2M 产业，并在 2005 年年底对中国电信进入 M2M 产业运营模式提出建议，2006 年年底完成统一的 M2M 平台开发，2007 年在全国开始推广智能家居、水电抄表、远程无人彩票销售系统等业务。

中国移动在 2006 年与 Moto、华为、深圳宏电、北京标旗公司进行开发合作，其业务覆盖浙江、广东、北京、江苏和山东五个地区。目前中国移动正大力开拓基于 GPRS 的 M2M 行业应用市场，其产品包括煤气抄表、电力监控、销售数据传输等，应用领域包括金融、交通物流、公用事业、政府等。

中国联通 2006 年在浙江、广东、北京、江苏和山东五个地区开展 M2M 业务，Moto、SK、深圳宏电公司为其合作开发商，应用领域涉及电力、水利、交通、金融、气象等行业，GPRS 网络系统应用比较典型的有江苏省无锡供电局配网自动化、湖北省气象局气象监控、江西省水利监控、北京市商业银行 POS 机业务等。在 CDMA 网络系统开展的典型应用包括江苏省扬州供电局配网自动化、江苏省气象局的气象监控、胜利油田油井监控等。

全球主要的无线通信解决方案提供商泰利特(Telit)、西门子、Wavecome 等都在中国销售模块产品。其中，Telit 于 2007 年年初宣布正式在中国成立办事处。

此前，党的十七大明确提出要推进"两化"融合，而作为重要内容的——M2M，也已被正式纳入国家信息产业科技发展规划和 2020 年中长期规划纲要，加以重点扶持。运用 A/2M 技术能够将人类社会的所有机器及设备连成网络，实现所有人与人、物与物、人与物之间的连接，这一重大理论和实践问题值得我们深入研究。

人们普遍看好 M2M 技术及商业发展的前景，认为数量众多的机器联网将为通信产业带来极大的发展机遇。在市场上，很多传统的大企业纷纷制定了 M2M 的战略规划：摩托罗拉、诺基亚等通信设备商纷纷加大了 M2M 通信模块的投入和研发；沃达丰等电信运营商推出自己的业务,国内起步虽然较晚,但也开始形成规模,中国移动作为 M2M 业务的领头羊,不仅成立了专门的 M2M 运营中心,而且还开发了众多的 M2M 产品。

7.3.2　M2M 高层框架

1. M2M 的框架介绍

从数据流的角度考虑,在 M2M 技术中,信息总是以相同的顺序流动。在这个基本的框架内,涉及多种技术问题和选择。例如:

- 机器如何连成网络?
- 使用什么样的通信方式?
- 数据如何整合到原有或者新建立的信息系统中?

但无论哪一种 M2M 技术与应用,都涉及五个重要的技术部分:智能化机器、M2M 硬件、通信网络、中间件、应用。

(1) 智能化机器:使机器"开口说话",让机器具备信息感知、信息加工(计算能力)、无线通信能力。实现 M2M 的第一步就是从机器/设备中获得数据,然后把它们通过网络发送出去。使机器具备"说话"(talk)能力的基本方法有两种:生产设备的时候嵌入 M2M 硬件;对已有机器进行改装,使其具备通信/联网能力。

(2) M2M 硬件:进行信息的提取,从各种机器/设备那里获取数据,并传送到通信网络。

M2M 硬件是使机器获得远程通信和联网能力的部件。现在的 M2M 硬件产品可分为五种。

① 嵌入式硬件。

嵌入到机器里面,使其具备网络通信能力。常见的产品是支持 GSM/GPRS 或 CDMA 无线移动通信网络的无线嵌入数据模块。典型产品有:Nokia 12GSM 嵌入式无线数据模块;Sony Ericsson 的 GR48 和 GT48;Motorola 的 G18/G20 for GSM、C18 for CDMA;Siemens 的用于 GSM 网络的 TC45、TC35i、MC35i 嵌入模块。

② 可组装硬件。

在 M2M 的工业应用中,厂商拥有大量不具备 M2M 通信和连网能力的设备仪器,可改装硬件就是为满足这些机器的网络通信能力而设计的。实现形式也各不相同,包括从传感器收集数据的 I/O 设备(I/O Devices);完成协议转换功能,将数据发送到通信网络的连接终端(Connectivity Terminals);有些 M2M 硬件还具备回控功能。其典型产品有 Nokia30/31 for GSM 连接终端。

③ 调制解调器(Modem)。

上面提到嵌入式模块将数据传送到移动通信网络上时,起的就是调制解调器的作用。如果要将数据通过公用电话网络或者以太网送出,分别需要相应的 Modem。其典型产品有 BT-Series CDMA、GSM 无线数据 Modem 等。

④ 传感器。

传感器可分成普通传感器和智能传感器两种。智能传感器(Smart Sensor)是指具有感知能力、计算能力和通信能力的微型传感器。由智能传感器组成的传感器网络(Sensor Network)是 M2M 技术的重要组成部分。一组具备通信能力的智能传感器以 AdHoc 方式构成无线网络，协作感知、采集和处理网络覆盖的地理区域中感知对象的信息，并发布给观察者。也可以通过 GSM 网络或卫星通信网络将信息传给远方的 IT 系统。典型产品如 Intel 的基于微型传感器网络的新型计算的发展规划——智能微尘(Smart Dust)等。

目前，智能微尘面临的最具挑战性的技术难题之一是如何在低功耗下实现远距离传输。另一个技术难题在于如何将大量智能微尘自动组织成网络。

⑤ 识别标识(Location Tags)。

识别标识如同每台机器、每个商品的"身份证"，使机器之间可以相互识别和区分。常用的技术如条形码技术、射频识别卡 RFID 技术(Radio-Frequency Identification)等。标识技术已经被广泛用于商业库存和供应链管理。

(3) 通信网络：将信息传送到目的地。

网络技术彻底改变了我们的生活方式和生存面貌，我们生活在一个网络社会。今天，M2M 技术的出现，使得网络社会的内涵有了新的内容。网络社会的成员除了原有人、计算机、IT 设备之外，数以亿计的非 IT 机器/设备正要加入进来。随着 M2M 技术的发展，这些新成员的数量和其数据交换的网络流量将会迅速增加。

通信网络在整个 M2M 技术框架中处于核心地位，包括广域网(无线移动通信网络、卫星通信网络、Internet、公众电话网)、局域网(以太网、无线局域网 WLAN、Bluetooth)、个域网(ZigBee、传感器网络)。

在 M2M 技术框架中的通信网络中，有两个主要参与者，它们是网络运营商和网络集成商。尤其是移动通信网络运营商，在推动 M2M 技术应用方面起着至关重要的作用，它们是 M2M 技术应用的主要推动者。第三代移动通信技术除了提供语音服务之外，数据服务业务的开拓是其发展的重点。随着移动通信技术向 3G 的演进，必定将 M2M 应用带到一个新的境界。国外提供 M2M 服务的网络有 AT&T Wireless 的 M2M 数据网络计划，Aeris 的 MicroBurst 无线数据网络等。

(4) 中间件：在通信网络和 IT 系统间起桥接作用。

中间件包括两部分：M2M 网关、数据收集/集成部件。网关是 M2M 系统中的"翻译员"，它获取来自通信网络的数据，将数据传送给信息处理系统。其主要功能是完成不同通信协议之间的转换。其典型产品如 Nokia 的 M2M 网关。

数据收集/集成部件是为了将数据变成有价值的信息。对原始数据进行不同的加工和处理，并将结果呈现给需要这些信息的观察者和决策者。这些中间件包括：数据分析和商业智能部件，异常情况报告和工作流程部件，数据仓库和存储部件等。

(5) 应用：对获得数据进行加工分析，为决策和控制提供依据。

2．M2M 的业务模式

1) 内涵

M2M 的理念在 20 世纪 90 年代就已经出现，当时还停留在理论研究阶段。2000 年以后，随着移动互联网的运用，使得以移动通信技术为基础实现机器之间的联网成为可能。2002年以后，M2M 业务开始在西方发达国家出现，近年来得到迅速发展，并成为国际通信领域设备商和运营商们热议的焦点。尤其是 2002 年，Opto22、Nokia 联合发布《Opto22 携手 Nokia 共同开发旨在为企业提供无线通信的新技术》，首次用 M2M 来诠释"以以太网和无线网络为基础，实现网络通信中各实体间信息交流"，随后 Nokia 产品经理 Pisani 在《M2M 技术——让你的机器开口讲话》一书中将 M2M 定义为"人、设备、系统的联合体"，并从此被广泛接受。目前，国外尤其是欧美等发达国家，已经形成了比较成熟的产业链，设备商、软件商、运营商等从中获利颇丰。尤其是对运营商而言，由于语音等业务市场饱和，格外关注附加值高的等业务的发展，仅 2010 年 M2M 收入就占到电信运营商收入的 20%。从产品分类、产品特点和产品功能等方面，可以看出自身与众不同的特点。

(1) 从 M2M 的产品分类看。
- 按通信对象分类：机器到机器、机器到人、人对机器。
- 按服务对象分类：行业领域、个人领域。
- 按接入方式分类：其中无线可分为 SMS/USSD/GRPS/3G 等移动通信方式，蓝牙、ZigBee 等短距通信方式；有线可以分为同轴、LAN、ADSL、光纤等方式。

(2) 从 M2M 的产品特点看。
- 可以实现数据的分散采集、机器的集中控制。根据行业应用需求随意布点机器，比较灵活，同时根据移动通信网络对分散的机器进行集中管理。
- 可以实现低成本、高收益。一次投入建设，降低布线成本，压缩系统建设周期，实现集约化建设等。
- 可以降低劳动强度。通过机器自动采集传输数据可以减少手工劳动，提升自动化效率。
- 可以满足不同需求。通过对不同行业、企业的生产需求定制开发，与企业的生产和管理流程密切相关的应用。

(3) 从 M2M 的产品功能看。

M2M 是一个不同行业应用的产品集合。因此，由于行业需求的差异性造成产品功能上存在较大差异，但是一般还是集中在以下四个方面。
- 数据查询功能。就是可以通过终端设备访问到数据库，与数据库内数据进行交互与实时查询。
- 信息采集功能。就是将各终端设备采集到的信息及时发送回平台。
- 遥测遥信功能。就是对危险源、无人看守或者远程目标的生产过程、运行过程进行检测与控制。
- 故障管理功能。就是实时对终端设备可能的故障和问题继续进行诊断、预警和修复的过程。

2) M2M 的应用领域

M2M 潜在的应用范围极广，从电力、银行到石油行业，从车辆调度到智能公交，从企业安防到农业自动化监测，从远程抄表到医疗检测等，包含了人类社会生产生活的方方面面。同时，随着经济社会的不断发展，还会不断产生新的需求类型，进而产生更多的全新的应用。不言而喻，随着智能化时代的到来，任何一个行业都有可能成为下一个 M2M 的应用领域。M2M 的主要运用领域包括公共安全、智能建筑、数字化医疗、农业、电力等，其中，参与 M2M 主要业务比如工程建筑、能源与公共事业、医疗卫生、工业和制造业、金融和服务、交通运输的提供者众多。

(1) 电力行业。

M2M 业务在电力行业中应用，主要是监测配电网运行参数，通过无线通信网络将配电网运行参数传回电力信息中心，将配电网在线数据和离线数据、配电网数据和用户数据、电网结构和地理图形进行信息集成，实现配电系统正常运行及事故情况下的监测、保护、控制、用电和配电的现代化管理维护。

(2) 石油行业。

M2M 业务在石油行业中应用，主要是采集油井工作情况信息，通过无线通信网络传回后台监控中心，根据油井现场工作情况，远程对油井设备进行遥调遥控，降低工作人员管理劳动强度，及时准确了解油井设备工作情况。

(3) 交通行业。

M2M 业务在交通行业中应用，主要是车载信息终端采集车辆信息(如车辆位置、行驶速度、行驶方向等)，通过移动通信网络将车辆信息传回后台监控中心，监控中心通过 M2M 平台对车辆进行管理控制。

(4) 环保行业。

M2M 业务在环保行业中应用，主要是采集环境污染数据，通过无线通信网络将环境污染数据传回环保信息管理系统，对环境进行监控，环保部门灵活布置环境信息监测端点，及时掌握环境信息，解决环境监测点分布分散、线路铺设和设备维修困难、难以实施数据实时搜集和汇总等难题。

(5) 金融行业。

M2M 业务在金融行业中应用，主要是无线 POS 终端采集用户交易信息，对交易信息进行加密签名，通过无线通信网络传输到银行服务处理系统，系统处理交易请求，返回交易结果通知用户交易完成。

(6) 公安交管。

M2M 业务在公安交管行业中应用，主要是帮助公安交管部门灵活布置交通信息采集点，及时掌握道路交通信息，以便根据实际情况迅速反应，从而提高公安交管部门的办公效率。

(7) 医疗监控。

M2M 业务在医疗行业中应用，主要是帮助医院实时监控病人的情况。即使病人离开医院，医生依然可以实时监控病人的状况。医生在病人脚部安装监控器，获得的数据通过移动通信网络传输给医生。显然，这种系统无论在人性化方面还是在节省社会资源方面，都有非常大的优势，而且只占用非常有限的医疗资源。

3) M2M 的技术基础

M2M 系统分为三层，分别是应用层、网络传输层和设备终端层，因此相关的技术基础也主要涉及三个方面：设备终端层的技术主要涉及通信模块及控制系统；通信传输层的技术主要涉及用于传输数据的通信网络，比如以公众电话网、无线移动通信网络、卫星通信网络等为代表的广域网，以以太网、Bluetooth、WLAN 等为代表的局域网和以传感器网络、ZigBee 等为代表的个域网等；而应用层的技术主要涉及中间件、业务分析、数据存储和用户界面等。

目前，各种移动通信技术都可以作为 M2M 的通信技术基础，但是各自有其不同的优势和特点，在一定的领域都有运用。但目前来看，主要还是移动通信技术占主导地位，其优点在于网络基础好、应用范围广。

未来一段时间，移动通信技术还将成为主流，而短距离通信技术将成为其重要补充。将来移动通信甚至将可能实现全球设备监控的联网，是实现 M2M 的最理想的方式，目前已经有不少基于移动通信的 M2M 业务。只是由于移动通信模块和网络建设等成本较高，RFHX 无线传感器等短距离通信技术成为其重要的补充。比如蓝牙可以直接与移动通信模块连接，或者通过无线传感器网络与移动通信模块连接，实现扩展和运用，有线网络和 Wi-Fi 技术由于其高速率和高稳定性，在一些特殊领域也将有深入的运用。

4) M2M 的产业链

我国目前的 M2M 市场才起步，以运营商推动为主，产业链存在很多空白。完整的 M2M 产业链包括芯片商、通信模块商、外部硬件提供商、应用设备和软件提供商、系统集成商、电信运营商、M2M 服务提供商、设备制造商、客户、最终用户、管理咨询提供商和测试认证提供商。

(1) 芯片商。

通信芯片是 M2M 产业中最底层的环节，也是技术含量最高的环节，是整个通信设备的核心。

(2) 通信模块商。

通信模块商是根据芯片商提供的通信芯片，设计生产出能够嵌入在各种机器和设备上的通信模块的厂商。通信模块是 M2M 业务应用终端的基础，除了通信芯片以外，还包括数据端口、数据存储、微处理器、电源管理等功能。通信模块提供商针对 M2M 业务应用可定制开发通信模块。

(3) 外部硬件提供商。

外部硬件提供商是提供 M2M 终端除通信模块外的其他硬件设备的厂商，包括可以进行数据转换和处理的 I/O 端口设备，提供网络连接的外部服务器和调制解调器。可以操控远程设备的自动控制器，在局域网内传输数据的路由器和接入点以及外部的天线、电缆、通信电源等。外部硬件虽然不是 M2M 终端的核心，但却是终端正常工作所必需的。

(4) 应用设备和软件提供商。

应用设备和软件提供商是提供应用软件和相关设备的厂商。产品类型包括应用开发平台、应用中间件、远程监控系统和监测终端、应用软件、嵌入式软件、自动控制软件等。

(5) 系统集成商。

系统集成商是把所有的 M2M 组件集成为一个解决方案的厂商。系统集成商是整个产业链的重要环节，其推出的解决方案直接影响 M2M 业务的应用和推广。

(6) 电信运营商。

电信运营商是运营固定和移动通信业务的运营商。传统运营商的优势在于拥有自己的移动通信网络，可采用系统集成商的解决方案来推出 M2M 业务，也可自主推进 M2M 业务。

(7) M2M 服务提供商。

M2M 服务提供商一般不拥有自己的移动通信网络。它们往往租用传统移动运营商的网络来推广 M2M 业务。M2M 服务提供商的优势在于可以协调不同地区和协议的通信网络，整合 M2M 业务。

(8) 设备制造商。

M2M 业务要实现机器的联网需要设备制造商的支持。而通信模块与设备的接口和协议也需要模块制造商和设备制造商之间协商。

(9) 管理咨询提供商。

提供 M2M 产业的项目计划管理咨询以及产品设计、集成的支持。与国外的产业发展状况相比，中国的产业链环节有所缺失，特别是 M2M 服务商等重要的环节。这说明，虽然我国 M2M 业务应用市场已经初具规模，但产业还比较零散，市场尚处于摸索阶段，未来还有很长的路要走。

因为价值链长且复杂，导致各家各有所长，很难形成统一的标准与规范。如在硬件环节，M2M 同质化严重、竞争激烈，各家都是私有协议与标准，附加值低；应用系统开发商各持所长。在软件商和系统集成商环节，应用系统开发领域缺乏竞争机制，没有规模的发展，发展的路必将越走越窄；在运营商环节，一些电信运营商面对大量差异化的行业需求束手无策，电信运营商面临各行业的差异化特征，除了做数据通道外还未找到新的应用服务。技术规范未统一则是影响 M2M 业务快速发展的另一主要原因。市场的快速、规模发展离不开技术标准的统一。统一的接口、统一的协议使终端生产厂家在产品标准化的基础上大大降低了开发成本，才能让应用企业可以自由选择市场上的所有终端，不必受制于哪家终端厂商，使整个 M2M 市场步入常态发展。

M2M 在通信芯片商、通信模块商、应用设备和软件商、系统集成商、电信运营商、M2M 服务商、管理咨询提供商、测试认证商等产业链上的主要参与者有德州仪器、IBM 等众多世界 500 强企业。

5) M2M 业务流程

M2M 业务流程涉及众多环节，其数据通信过程内部也涉及多个业务系统包括 M2M 终端、M2M 管理平台、应用系统。

M2M 终端具有的功能包括接收远程 M2M 平台激活指令、本地事故报警、数据通信、远程升级、使用短消息/彩信/GROS 等几种接口通信协议与 M2M 平台进行通信。终端管理模块为软件模块，可以位于 TE 或 MT 设备中，主要负责维护和管理通信及应用功能，为应用层提供安全可靠和可管理的通信服务。

M2M 管理平台具有的功能包括 M2M 管理平台为客户提供统一的行业终端管理、终端设备鉴权；支持多种网络接入方式，提供标准化的接口使数据传输简单直接；提供数据路由、监控、用户鉴权、内容计费等管理功能。

M2M 终端获得了信息以后，本身并不处理这些信息，而是将这些信息集中到应用平台上来，由应用系统来实现业务逻辑。因此应用系统的主要功能是把感知和传输来的信息进行分析和处理，做出正确的控制和决策，实现智能化的管理、应用和服务。

M2M 产业面临的最大部分挑战是把垂直筒仓式转变成一套简单可发展的和递增可开展的应用程序。水平平台的出现和部署是 M2M 工业。成熟迈进的第二阶段过渡的标志。这个水平平台指的是一个贯穿业务领域、网络和设备的，连贯的有效框架。这是一系列能够功能分离的技术、体系结构和过程，特别是在应用层和网络层。

M2M 平台系统在结构上分为以下几个模块：终端接入模块、应用接入模块、业务处理模块、管理门户模块、BOSS 接口模块、网管接口模块、监控平台接口模块。其中，终端接入模块、应用接入模块、业务处理模块的功能描述如下。

(1) 终端接入模块。

终端接入模块负责 M2M 平台系统通过行业网关或 GGSN 与 M2M 终端收发协议消息的解析和处理。该模块支持基于短消息、USSD、彩信、GPRS 几种接口通信协议消息，通过将不同网络通信承载协议的接口消息进行处理后封装成统一的接口消息提供给业务处理模块，从而使业务处理模块专注于业务消息的逻辑处理，而不必关心业务消息承载于哪种通信通道，保证了业务处理模块对于不同网络通信承载协议的稳定性。

终端接入模块实现对终端消息的解析和校验，以保证消息的正确性和完整性，并实现流量控制和过负荷控制，以消除过量的终端消息对 M2M 平台的冲击。

终端接入模块从结构上又可以划分为以下两种。

- SMS/USSD/MMS 通信模块。该模块与 IAGW 或者 ISMG 连接，IAGW/ISMG 通过不同的网络协议与 USSDC/USSDG、SMSC、MMSC 等业务网元连接，最终实现 M2M 平台系统与 M2M 终端的通信，完成与 M2M 终端之间的上下行消息的传送处理。
- GPRS 通信模块。M2M 平台系统与 M2M 终端通过 TCP 或者 UDP 方式进行通信，接收终端的上报数据，并对数据进行校验保证数据的正确性、完整性。

(2) 应用接入模块。

应用接入模块实现 M2M 应用系统到 M2M 平台的接入。M2M 平台支持 MAS 模式和 ADC 模式的 M2M 应用的接入，通过该模块 M2M 平台对接入的应用系统进行管理和监控，从结构上又可以分为以下几种。

- 应用接入控制模块。该模块负责接收 M2M 应用系统的连接请求，并对应用系统进行身份验证和鉴权，以防止非法用户的接入。
- 应用监控模块。该模块对 EC 应用系统的运行行为进行监控和记录，包括系统的状态、连接时间、退出次数等进行记录；并对应用发送的信息量、信息条数、接收的信息量进行记录。
- 应用通信模块。该模块与 M2M 应用系统通过 TCP/IP 方式进行通信，实现上行到应用的业务消息的路由选择，通过 M2M 平台与 M2M 应用之间的接口协议进行数据传输。

(3) 业务处理模块。

业务处理模块是 M2M 平台的核心业务处理引擎，实现 M2M 平台系统的业务消息的集中处理和控制，它负责对收到的业务消息进行解析、分派、路由、协议转换和转发，对 M2M 应用业务实时在线的连接和维护，同时维护相应的业务状态和上下文关系，还负责流量分配和控制、统计功能、接入模块的控制，并产生系统日志和网管信息。

业务处理模块完成各种终端管理和控制的业务处理，它根据终端或者应用发出的请求消息的命令执行对应的逻辑处理，也可以根据用户通过管理门户发出的请求对终端或者应用发出控制消息进行操作。

业务处理模块从结构上可以划分为以下几种。

- 终端监控模块。该模块负责对终端进行远程监控和控制，包括响应终端的注册请求和退出请求、维护终端的在线状态、终端参数采集、终端异常情况报警等功能。
- 终端配置模块。该模块实现对终端配置参数的管理，对终端参数的配置包括终端主动请求和 M2M 平台主动下发两种模式。
- 软件升级模块。该模块实现终端软件版本的自动升级功能。M2M 平台发送软件升级通知短信到 M2M 终端，通知短信里包括了升级服务器的 IP 地址、端口号和升级文件的 URL。M2M 终端可以选择在合适的时候进行升级，下载升级软件后进行安装。
- 应用消息传送模块。该功能用于业务流与管理流并行模式，即终端业务流经过 M2M 平台转发到 M2M 应用，或者 M2M 应用业务流经过 M2M 平台转发到终端，终端或 M2M 应用可以通过 TRANSPARENT_DATA 指令要求平台透传应用消息。M2M 平台对消息中的用户数据不作解析，直接转发到目的终端或 M2M 应用。对于下行数据，M2M 平台通过消息头中的终端序列号来定位目的终端；对于从终端上行的数据，M2M 平台通过消息体中第一个字段的 EC 账号信息来定位目的 M2M 应用。
- 日志模块。该模块记录每个通过 M2M 平台的终端和应用之间的上下行消息，作为日后进行业务统计的原始数据。日志模块记录详细的系统运行日志，包括系统运行状态、系统异常情况、异常消息记录等系统运行的各种记录，以便对系统运行进行监控。

3. M2M 技术的成熟

任何一项业务的成熟都需要经历从萌芽、发展到成熟的三个阶段，在每个不同的阶段，其业务运营模式和各方参与方式都将呈现出不同的特点，对于 M2M 业务而言同样如此。

M2M 市场的成熟曲线包括三个阶段。

第一阶段是设备联网，即将设备连接到 M2M 网络中；第二阶段是设备管理，设备能够和使用者实现双向沟通；第三阶段是创新，即思考创新性的应用，以降低经营成本，开拓收入来源。

其中，第一阶段强调尽可能地将设备接入网络，运营商主要考虑市场上可能存在的需求，为满足这些需求去开发点对点应用，这些应用因为只针对某种需求，因此是相对孤立的；第二阶段运营商建立平台式的发展模式，提供中间件，帮助行业参与者进行业务的开发。

从全球发展来看，M2M 起步较早的市场比如美国和欧洲等部分国家已经进入了第二阶段，一些起步较晚的国家仍处于第一阶段向第二阶段的过渡期。要实现这两个阶段的顺利过渡，运营商首先需要改变思维方式，从第一阶段的思考自己有什么需求，扩展到考虑能为合作伙伴提供什么样的平台，以实现多种应用的开发。

其中，促进 M2M 技术成熟的因素主要包括以下几个方面。

(1) 高水平的框架。这指的是一套新兴的基于结构、平台、技术的标准，是以开发非筒仓式的、不过时应用程序为方法整合的框架。

(2) 政策和政府鼓励措施。

(3) 各个行业需要创造出新的标准需求在全球系统的水平上处理 M2M。

M2M 技术扩展了通信的范围，使得通信不再局限于电话、手机、计算机等 IT 类电子设备，而诸如空调、电冰箱等家用电器，汽车、船舶等交通工具，乃至任何没有生命的设备或物品都能进行信息交互，成为通信系统中的一员。随着越来越多设备感知能力和通信能力的获取，网络一切的物联网将初现雏形。只有当 M2M 规模化、普及化，并且终端之间通过网络来实现智能的融合和通信，才能最终实现物联网的构想，所以物联网是 M2M 发展的高级阶段，也是 M2M 发展的最终目标。

因此，M2M 目标实现过程中将经历三个阶段，首先是单一行业的 M2M 单一应用阶段，也是目前我们所处的阶段；其次是跨行业的终端、应用融合集成阶段；最后是网络无处不在的物联网阶段。

M2M 业务潜力巨大，运营商已试验或开展的 M2M 业务只是 M2M 应用中的一小部分，可以说，M2M 业务仍处于起步阶段。在看到 M2M 业务潜在巨大市场的同时，我们也应看到 M2M 业务发展存在许多问题。

(1) 缺乏完整的标准体系。由于国内目前尚未形成统一的 M2M 技术标准规范，甚至业界对 M2M 概念的理解也不尽相同，这将是 M2M 业务发展的最大障碍。目前，各个 M2M 业务提供商根据各行业应用特点及用户需求，进行终端定制，这种模式造成终端难以大规模生产、成本较高、模块接口复杂。此外，不同的 M2M 终端之间进行通信，需要具有统一的通信协议，让不同行业的机器具有共同的"语言"，这些将是 M2M 应用的基础。

(2) 商业模式不清晰，未形成共赢的、规模化的产业链。M2M 作为一项复杂的应用，涉及应用开发商、系统集成商、网络运营商、终端制造商及最终用户等各个环节，以及与人们生活相关的各个行业。目前，M2M 应用开发商数量众多，规模较小，各自为战，针对具体业务的开发系统各不相同，开发成本较高；系统集成商只是针对具体某个行业进行的系统提供，多个系统和多个行业之间很难进行互联互通；网络运营商正沦为提供通信的管道，客户黏性低，转网成本低，尚未发挥其在产业链中的主导作用；M2M 终端耦合度低，附加值低，同质化竞争严重；用户对 M2M 业务的认识还比较模糊，由于 M2M 业务多数是以具体的行业应用程序来命名，大多数用户对此类业务并不称其为 M2M 业务。可见，涉及 M2M 业务的各个环节不能很好地协调，还没有建立一套完整的产业链，也没有形成成熟的商业模式。

(3) M2M 各行业间融合难度大。M2M 业务的最终目标是网络一切，实现全社会的信息化，这必然涉及社会的各个行业，行业融合难度巨大，所以最终目标的实现将会是一个缓慢而曲折的过程。

为了促进全社会的信息化进程，实现物联网的美好理念，需要保证 M2M 业务快速健康发展，针对 M2M 业务发展过程中遇到的挑战，可以从以下几方面进行考虑。

(1) 尽快研究制定统一的技术标准和体系。

标准对业务发展的作用不言而喻，我们亟须建立和健全覆盖到通信协议、接口、终端、网络、业务应用等各方面的标准。只有完善了标准化工作，业务的发展才能处于主动地位。目前，国内的一些运营商已经清醒地认识到这个问题，如中国电信开发的 M2M 平台基于开放式架构设计，可以在一定程度上解决标准化问题；中国移动制定了 WMMP 标准，能在网上公开进行 M2M 的终端认证测试工作。所有这些尝试，是基于各自企业自身特点进行的规范，还需进一步打破企业，打破行业界限，尽快研究制定统一的技术标准和体系，以引导 M2M 业务的发展。

(2) 加快创新研究和突破。

M2M 业务发展尚处于起步阶段，需要在技术、政策、商业模式等各方面引入创新机制，特别要在影响 M2M 发展的关键方面进行突破。现有的技术对目前开展的部分 M2M 业务能够良好支持，但面对 M2M 业务的巨大蓝海，却显得无能为力。M2M 最终实现所需要的全面感知、安全可靠的传送能力和智能处理是现有技术还无法完全满足的。因此，需要在传感器、传感器网络、自组织网络、泛在网络和无线通信技术等领域不断研究、不断创新。政策层面涉及的部门、行业众多，需要各部门、各行业通力协作，消除人为障碍，实现共赢。跨部门、跨行业关系和利益的处理，更加需要我们用创新的思维来解决。商业模式方面还没有成熟可供依循的参照，前期只能靠我们大胆探索、勇于创新去寻找。

(3) 加快融合进程。

目前，我国正处在"两化"融合的进程中，从技术角度来说，M2M 理念、技术和应用的发展深刻诠释了"两化"融合的理念，M2M 产业的发展将是"两化"融合的核心推动力，因此可以以此为契机，促进 M2M 产业的发展。M2M 最终目标的实现，是各个行业不断融合、不断信息化的结果，所以加快推进信息技术与各个行业的融合进程，可以促进 M2M 产业的快速发展。

4. RFID 应用于 M2M 技术

一种典型的物联网概念是将所有的物品通过短距离射频识别(RFID)等信息传感设备与互联网连接起来，实现局域范围内的物品"智能化识别和管理"。而移动业务运营商所定义的 M2M 业务是另一种狭义的物联网业务，特指基于蜂窝移动通信网络，使用通过程序控制自动完成通信的无线终端开展的机器间交互通信业务，其中至少一方是机器设备。

现阶段各种形式的物联网业务中最主要、最现实的形态是 M2M 业务,其主要原因在于:M2M 业务所基于的数据传输网络是在广阔范围内覆盖的,相对于很多行业而言通信行业更加注重全程全网的标准化和体系架构的开放性,另外电信运营商在 ICT 产业链建设和应用推广中具有重大的影响力和推动力,这些因素使得 M2M 业务正处于快速、规模化的发展过程中。

事实上,对于移动业务运营商而言,M2M 业务的战略价值在于:有助于强化移动运营商之间的经营差异化,M2M 业务所处的市场是一个比较典型的蓝海市场,其市场容量是很大的;大量的 M2M 应用具有非实时或者占用带宽小的特征,对无线接入网络和核心网的压力不大,有助于提高移动运营商的网络资源利用率。

M2M 业务最深层次的价值在于,推动社会信息化向纵深发展,将信息化从满足面向人与人的沟通和办公业务流程的支持,深入到众多行业的生产运营末端系统,从而对"两化融合"形成有效的支撑。M2M 业务可以广泛地应用到众多的行业中,包括车辆、电力、金融、环保等。

据了解,M2M 技术应用系统主要包括企业级管理软件平台、无线通信解决方案以及现场数据采集和监控设备。简单而言,这套系统主要是利用 RFID 收集特殊行业应用终端的相关数据,通过从无线终端到用户端的行业应用中心之间的传输通道,将终端上传的数据进行集中,从而对分散的行业终端进行监控。这样的技术架构可以充分地解决特殊终端与系统中枢之间数据传输困难的问题,突破机器之间数据传输的瓶颈,真正地解决"信息孤岛"的问题。

随着 M2M 技术的不断成熟,其在运输信息化、医疗信息化、物流信息化以及制造业信息化方面的巨大作用将日渐突出,M2M 技术的推广将进一步促进 RFID 技术的应用。

7.3.3　M2M 技术在贸易与物流中的应用

1. 为什么要在物流中应用 M2M

在当今全球化的世界中,每天都有大量的人和货物通过"机器"进行流动,由此所引起的无论是在陆地上、水上还是空中不断增多的物料流动必须被有效协调起来。M2M 技术在运输和物流领域具有巨大的应用潜力,能够给物料流动中的协调任务提供非常大的帮助。另外,产品从生产到销售的中间流程变得越来越复杂,这里也存在着大量对于流程优化的需求。

M2M 技术为运输、贸易和物流提供了各种各样的应用可能,例如,车队管理和供应链管理、道路通行费管理、海关、超市购物以及其他很多应用场合。我们首先以车队管理来作为一个示例进行分析:在过去几十年里,货物跟踪系统得到了广泛应用,该系统实现了对物体的动态监控和跟踪。货物跟踪系统的基础是美国的全球卫星定位系统,全球卫星定位系统覆盖了全球并且可以提供卫星定位服务。通过全球卫星定位系统不仅可以确定一个物体的位置,还可以确定物体移动的速度和方向。

这里描述的系统是一个端到端(End to End)解决方案。在这里数据集成点是一个移动的对象，如一辆货车。与数据终端的通信可以通过全球移动通信系统移动电话网络完成，如车队管理控制中心就是一个数据终端。移动物体的定位由全球卫星定位系统来完成。交通工具上的信息技术应用(如导航设备的软件)构成了对于驾驶人员的接口，通过这种方式驾驶人员可以获得相关信息。基于上述原则的高速公路收费系统可以监控行驶在高速公路上的货车，甚至可以实现高速公路的自动结算。车队管理的原理与此类似，只是出发点和目标不一样而已。

另外，供应链管理(Supply Chain Management，SCM)也可以从 M2M 的解决方案中获益，如对冷链物流全程的无缝监控或者运输时间的精确计算。M2M 技术在供应链管理中应用的推动力来自于对产品质量的高要求、避免损失、给路线优化提供更详细的基础数据以及相关法律规定。

供应链中的每个成员都可以通过互联网查看跨企业货物运输的相关数据，并且可以根据他们各自的需求对这些数据进行分析。在一个冷链物流中，系统可以明确划分每个环节各自的责任范围，在出现一个错误的时候，供应链中相关成员能够很快地得到这个错误信息。运输过程中可以通过 M2M 技术实现对冷藏车中的车厢温度进行全程监控，并且通过移动通信网络来传输相应的数据。通过类似的方式方法可以借助于 M2M 技术来实现对货物运输的实时跟踪，从而提高顾客服务的满意度。

上述应用的成功主要通过无线射频识别芯片来实现。无线射频识别芯片可以记录整个生产流程中的产品数据。从产品的生产、运输，一直到仓储和配送，这些数据可以被传输到中央监控系统，以便进行分析与应用。无线射频识别能够实现运动物体的识别和定位，并且减轻了数据收集和储存的负担。一个无线射频识别系统由一个发送器(Transponder)和一个接收器(读取设备)组成。通常发送器只有一个米粒大小并且与物体连接在一起，接收器用来接收发送器所发出的信号。

无线射频识别中间件构成了这两个系统之间的接口。

使用无线射频识别进行物流流程的优化具有以下三个方面的主要优势。

(1) 降低成本：提高运输效率，减少无效运输，降低仓库库存，自动化，配送订单的合并与分解。

(2) 稳定性：运输任务的收集和处理系统化，避免信息传输断点，数据基础的统一化和完全化。

(3) 安全性与透明性：能够及时发现日期和数量的偏差，保证运输服务协议的履行和运输指令的执行，对物流流程的所有参与者提供数据和记录。

目前，全球范围内生产环境已经发生了根本性的变化。在生产成本压力不断增加的同时，生产订单的波动、订货提前期的缩短、产品客户个性化需求的提高、同类产品供货选项的不断增加以及产品研发成本和市场开发的不可预见性都给企业生产提出了更高要求。

通过无线射频识别可以实现对每一个产品的数据跟踪，所以可以实时监控整个物流流程状态，在其中出现任何意外情况的时候都可以得到及时处理。有关每个产品当前状态和位置的数据一直都可以随时获得，这样就可以实现从一开始便把产品相关信息存储起来。这种解决方案的优点是可以自动识别产品在物流流程中的位置变化、库存状态的实时更新、加工过程中的生产数据透明以及在产品出入库时可以在管理系统中自动进行销账操作。为此需要在生产的一开始就给每个产品都配置一个无线射频识别芯片。

通过对每个物品的实时数据的读取将使流程变得更加优化，生产过程也将变得更加柔性化和可控化，这对于企业的客户关系管理(Customer Relationship Management，CRM)也同样有益处，因为自始至终顾客都可以知道他们所订购的产品在生产过程中的状态。

在产品离开生产车间运往销售商的过程中，通过前面所述的货物跟踪系统可以获得运输车辆的实时位置，再通过产品上的无线射频识别芯片以及车厢里的其他传感器，就可以在任何时间远程获得该产品在运输过程中所处的地理位置及实时的外部状态(如通过车厢内的温度传感器可以了解到该产品所处的环境温度)，这些功能全部由系统自动完成。这对于冷链物流来讲尤为重要，因为冷链物流的整个流程不允许出现任何断点。通过这种方式可以很容易准确计算车辆到达时间。另外，由于可以实时地了解到产品所处的位置，就可以实现产品的防盗保护，提高物品在整个物流流程中的安全性。

在产品到达销售商的时候，通过无线射频识别技术可以自动实现产品收货流程并且可以通过短信息和通用分组无线业务给供应商自动发送收货凭证，也可以使从供应商/运输商到销售商的产品责任转移精确到秒，这样也给产品质量问题的界定提供了方便。

这里提到的产品在货物接收和最终销售之间还存在一个临时仓储环节。通过无线射频识别的读取设备可以获得产品的相关数据，也可以实现自动入库操作以及随时了解产品在仓库中的库存数量与位置。仓库中的运输设备及其他仓储设备可以通过 M2M 技术与仓库管理系统自动联系到一起，通过仓库管理系统对仓库整体资源的有效集成，可以更加有效地管理仓库内部的运输操作和提高仓库管理的效率。

M2M 技术在物流流程中的应用可以带来如下一些好处。

(1) 生产：控制生产流程，监控工作流程，在生产过程中可以随时获得相关的状态信息。

(2) 销售：提高产品可获取性，通过全自动的信息基础可以实现更好的客户关系管理，降低成本和提高销售额。

(3) 运输：优化产品容器具管理，使货物的远程跟踪变得更加简单，可以实现贵重产品的防盗。

(4) 入库：入库自动化和接收确认自动化，产品责任权转移快速化。

(5) 库存：产品仓储位置和数量的自动识别，通过智能的仓库管理系统实现仓库内部货物运输的优化，提高仓库管理效率。

另外一个应用领域是自动售货机。人们在很多地方都可以看到自动售货机，很多产品可以通过自动售货机来实现无人销售，如零食、饮料、玩具、各种票证、护照照片或者停车凭证等。通过现金或者银行卡，每周 7 天，每天 24 小时人们都可以在自动售货机上购买他们需要的产品。对在自动售货机内货物的库存数据和自动售货机本身状态的监控是自动售货机运营商们面临的一种挑战，而通过 M2M 技术的应用可以实现自动售货机的远程监控和控制。自动售货机可以随时检查货物的库存状态，在需要进行补货的时候自动发出补货订单。运营商在及时了解到所有自动售货机的缺货品种和数量信息后，就可以更好地组织对它们的补货流程，如配送路线优化等。剩下的工作将主要由物流来完成。在自动售货机发生故障的时候，运营商可以及时获得相关信息并及时进行维护，从而可以显著降低自动售货机的故障时间。同时运营商可以根据销售季节的变化在远程及时调整所销售货物的价格或者在自动售货机的显示屏上发布广告。通过 M2M 技术在自动售货机中实现上述功能将会大大增加其赢利能力。

2. M2M 技术的发展现状

　　M2M 技术在物流中的应用具有越来越重要的意义，这种解决方案允许物流流程中的所有参与者能够及根据变化的顾客期望、外部条件和交通状况灵活地进行相应的调整，这样企业不仅能够实现操作流程的透明化，而且可以提高他们的灵活性和响应速度。相应的数据传输和处理技术保证了在制造商、供应商、运输服务商、销售商和顾客之间无缝流畅的信息流。但是并不是所有企业都期望这种不断提高的流程透明化。目前有一些企业通过"不透明"来获得好处，并且担心应用 M2M 技术所带来的透明化会带来不可预见的结果。企业的态度决定了市场的发展。

　　Berg Insight 公司认为，目前 M2M 技术在物流中的应用主要集中在运输方面。移动网络运营商提供了一个几乎覆盖所有范围的网络，并且该网络的价格还可以被人们接受。同时，移动计算提供了一个空前的处理能力以及优良的实用性。但是当前的经济危机减缓了 M2M 技术在物流中的发展应用，一些企业的计划都变成短期行为，并且对于企业来讲，有关 M2M 技术应用方面投资的负担也变得越来越重要，所以 M2M 的相关试验数量有所减少。

　　自动识别技术就是应用一定的识别装置，通过被识别物品和识别装置之间的接近活动，自动地获取被识别物品的相关信息，并提供给后台的计算机处理系统来完成相关后续处理的一种技术。

　　自动识别技术将计算机、光、电、通信和网络技术融为一体，与互联网、移动通信等技术相结合，实现了全球范围内物品的跟踪与信息的共享，从而给物体赋予智能，实现人与物体以及物体与物体之间的沟通和对话。

　　物联网中非常重要的技术就是自动识别技术，它融合了物理世界和信息世界，是物联网区别于其他网络(如电信网、互联网)最独特的部分。自动识别技术可以对每个物品进行标识和识别，并可以将数据实时更新，是构造全球物品信息实时共享的重要组成部分，是物联网的基石。通俗地讲，自动识别技术就是能够让物品"开口说话"的一种技术。

　　按照应用领域和具体特征的分类标准，自动识别技术可以分为十种：条码识别技术、生物识别技术、声音识别技术、人脸识别技术、指纹识别技术、图像识别技术、磁卡识别技术、IC 卡识别技术、光学字符识别技术、射频识别技术。

　　将来，更为重大的发展也许不再是现今互联网上的 PC 和移动网上的手机，而是具有通信性能的其他设备。能够上网的设备或器具将比现在广泛得多，包括从电视机到 MP3 播放机，再到电子报刊、智能大楼，甚至电冰箱等家电，它们如同互联网上的计算机一样工作，形成机对机(M2M)的通信方式。随着射频标识(RFID)和传感器的大量使用以及网格计算的应用，目前尚处于早期阶段的 M2M 应用将逐渐趋于成熟。在未来某一天，由机器产生的流量将超过人-机应用和人-人应用产生的流量,甚至可能占据全部流量的绝大部分(目前所占百分比很小)。

M2M 应用意味着在传统上不联网的设备或器具(如空调机、安全系统和电梯等)之间传送遥测、遥控信号。M2M 不仅仅是并行处理,而是分布式计算的使能器。它能使一个家庭变成一台超级计算机,在所有的家庭用具内都装有嵌入式的处理器。

在企业中 M2M 有两种初期应用:监视和控制。监视应用包括资产跟踪、库存管理和供应链自动化。一家制造商可以使用 RFID 标记来跟踪产品部件在厂内的流动情况,或者对仓库内箱子进行定位。在这种应用中的数据传送是严格单向的,不需要传送任何响应信号。控制应用比较复杂,需要基于多个来源的输入做出决定,再把决定回送出去。例如,一个分布式温度传感器网络可以控制一个取暖系统,节省开支。运动传感器可以检测到有人走向电梯,然后为此人调用电梯,可以节省时间。这种利用无线的大楼自动化将进一步降低成本。

为了促进 M2M 应用的发展,需要给所有移动物体赋予无线通信功能,给所有难以安装固定线路的地方赋予无线通信功能,给所有执行命令、验证和控制功能的器具(包括用户随身配件)赋予无线通信功能。显然,当单芯片无线电便宜得足以附着于几乎所有东西时,我们就需要考虑用相应的无线技术来形成新的网络,这些网络把人完全排斥在外,而把各种电气用具,甚至把类似杂志这样的惰性物体连接在一起。只要在无线覆盖范围内,就可以形成 M2M 的连接。其中通过 RFID 无线技术就可以实现 M2M 的连接。

7.4 EPC 技术

7.4.1 EPC 基础

1. EPC 的定义

EPC(Electronic Product Code,产品电子代码)是基于射频识别、无线数据通信,以及 Internet 的一项物流信息管理新技术。EPC 的载体是 RFID 电子标签,并借助互联网来实现信息的传递。EPC 旨在为每一件单品建立全球的、开放的标识标准,实现全球范围内对单件产品的跟踪与追溯,从而有效提高供应链管理水平、降低物流成本。EPC 是一个完整的、复杂的、综合的系统。

EPC 是由标头、厂商识别代码、对象分类代码、序列号等数据字段组成的一组数字。它是下一代产品标识代码,可以对供应链中的对象(包括物品、货箱、货盘、位置等)进行全球唯一的标识。EPC 存储在 RFID 标签上,这个标签包含一块硅芯片和一根天线。读取 EPC 标签时,它可以与一些动态数据连接,例如该贸易项目的原产地或生产日期等。这与全球贸易项目代码(GTIN)和车辆鉴定码(VIN)十分相似,EPC 就像是一把"钥匙",用以解开 EPC 网络上相关产品信息这把"锁"。

与目前商务活动中使用的许多编码方案类似,EPC 包含用来标识制造厂商的代码以及用来标识产品类型的代码。但 EPC 使用额外的一组数字——序列号来识别单个贸易项目。

EPC 所标识产品的信息保存在 EPCglobal 网络中，而 EPC 则是获取有关这些信息的一把钥匙。

2. EPC 的产生

1) 条码

20 世纪 70 年代开始大规模应用的商品条码 2(Bar Code for Commodity)现在已经深入到日常生活的每个角落，以商品条码为核心的 EAN·UCC 全球统一标识系统，已成为全球通用的商务语言。目前已有 100 多个国家和地区的 120 多万家企业和公司加入了 EAN·UCC 系统，上千万种商品应用了条码标识。EAN·UCC 系统在全球的推广加快了全球流通领域信息化、现代物流及电子商务的发展进程，提升了整个供应链的效率，为全球经济及信息化的发展起到了举足轻重的推动作用。

商品条码的编码体系是对每一种商品项目的唯一编码，信息编码的载体是条码，随着市场的发展，传统的商品条码逐渐显示出一些不足之处。

首先，从 EAN·UCC 系统编码体系的角度来讲，主要以全球贸易项目代码(GTIN)体系为主。而 GTIN 体系是对一族产品和服务，即所谓的"贸易项目"，在买卖、运输、仓储、零售与贸易运输结算过程中提供唯一标识。虽然 GTIN 标准在产品识别领域得到了广泛应用，却无法做到对单个商品的全球唯一标识。而新一代的 EPC 编码则因为编码容量的极度扩展，能够从根本上革命性地解决了这一问题。

其次，虽然条码技术是 EAN·UCC 系统的主要数据载体技术，并已成为识别产品的主要手段，但条码技术存在如下缺点。

(1) 条码是可视的数据载体。识读器必须"看见"条码才能读取它，必须将识读器对准条码才有效。相反，无线电频率识别并不需要可视传输技术，RFID 标签只要在识读器的读取范围内就能进行数据识读。

(2) 如果印有条码的横条被撕裂、污损或脱落，就无法扫描这些商品。而 RFID 标签只要与识读器保持在既定的识读距离之内，就能进行数据识读。

(3) 现实生活中对某些商品进行唯一的标识越来越重要，如食品、危险品和贵重物品的追溯。而条码只能识别制造商和产品类别，而不是具体的商品。牛奶纸盒上的条码到处都一样，辨别哪盒牛奶先超过有效期将是不可能的。

随着网络技术和信息技术的飞速发展以及射频技术的日趋成熟，EPC 系统的产生为供应链提供前所未有的、近乎完美的解决方案。

2) 射频识别

射频识别技术(RFID)是 20 世纪中叶进入实用阶段的一种非接触式自动识别技术，其基本原理是利用射频信号及其空间耦合和传输特性，实现对静止或移动物体的自动识别。射频识别的信息载体是射频标签，其形式有卡、纽扣、标签等多种类型。射频标签贴在产品或安装在产品或物品上，由射频识读器读取存储于标签中的数据。RFID 可以用来追踪和管理几乎所有的物理对象。因此，越来越多零售商和制造商都在关心和支持这项技术的发展与应用。

采用 RFID 最大的好处是可以对企业的供应链进行高效管理,以有效地降低成本。因此对于供应链管理应用而言,射频技术是一项非常适合的技术,但由于标准不统一等原因,该技术在市场中并未得到大规模的应用,因此,为了获得期望的效果,用户迫切要求开放标准。

3) EPC

针对 RFID 技术的优势及其可能给供应链管理带来的效益,国际物品编码协会(EAN)早在 1996 年就开始与国际标准组织 ISO 协同合作,陆续开发了无线接口通信等相关标准,自此,RFID 的开发、生产及产品销售乃至系统应用有了可遵循的标准,对于 RFID 制造者及系统方案提供商而言也是一个重要的技术标准。

1999 年麻省理工学院成立了 Auto-ID Center,致力于自动识别技术的开发和研究。Auto-ID Center 在美国统一代码委员会(UCC)的支持下,将 RFID 技术与 Internet 网结合,提出了产品电子代码(EPC)概念。国际物品编码协会与美国统一代码委员会将全球统一标识编码体系植入 EPC 概念当中,从而使 EPC 纳入全球统一标识系统。世界著名研究型大学——英国剑桥大学、澳大利亚的阿德雷德大学、日本 Keio 大学、瑞士的圣加仑大学、中国的上海复旦大学相继加入并参与 EPC 的研发工作。该项工作还得到了可口可乐、吉利、强生、辉瑞、宝洁、联合利华、UPS、沃尔玛等 100 多家国际大公司的支持,其研究成果已在一些公司中试用,如宝洁公司、TESCO 等。

2003 年 11 月 1 日,国际物品编码协会(EAN/UCC)正式接管了 EPC 在全球的推广应用工作,成立了 EPCglobal,负责管理和实施全球的 EPC 工作。EPCglobal 授权 EAN/UCC 在各国的编码组织成员负责本国的 EPC 工作,各国编码组织的主要职责是管理 EPC 注册和标准化工作,在当地推广 EPC 系统和提供技术支持以及培训 EPC 系统用户。在我国,EPCglobal 授权中国物品编码中心作为唯一代表负责我国 EPC 系统的注册管理、维护及推广应用工作。同时,EPCglobal 于 2003 年 11 月 1 日将 Auto-ID 中心更名为 Auto-ID Lab,为 EPCglobal 提供技术支持。

EPCglobal 的成立为 EPC 系统在全球的推广应用提供了有力的组织保障。EPCglobal 旨在改变整个世界,搭建一个可以自动识别任何地方、任何事物的开放性的全球网络,即 EPC 系统,可以形象地称为"物联网"。在物联网的构想中,RFID 标签中存储的 EPC 代码,通过无线数据通信网络把它们自动采集到中央信息系统,实现对物品的识别,进而通过开放的计算机网络实现信息交换和共享,实现对物品的透明化管理。

3. EPC 系统的构成

EPC 系统是一个非常先进的、综合性的和复杂的系统。其最终目标是为每一单品建立全球的、开放的标识标准。它由全球产品电子代码(EPC)编码体系、射频识别系统及信息网络系统三部分组成,主要包括六个方面,如图 7-6 和表 7-5 所示。

1) EPC 编码体系

EPC 编码体系是新一代的与 GTIN 兼容的编码标准,它是全球统一标识系统的延伸和拓展,是全球统一标识系统的重要组成部分,是 EPC 系统的核心与关键。

表 7-5　PEC 系统的构成

系统构成	名　称	注　释
全球产品电子代码编码体系	EPC 编码标准	识别目标的特定代码
射频识别系统	EPC 标签	贴在物品之上或者内嵌在物品中
	识读器	识读 EPC 标签
信息网络系统	EPC 中间件	EPC 系统的软件支持系统
	对象名称解析服务(ONS)	进行物品解析
	EPC 信息服务(EPC IS)	提供产品相关信息接口，采用 XML 进行信息描述

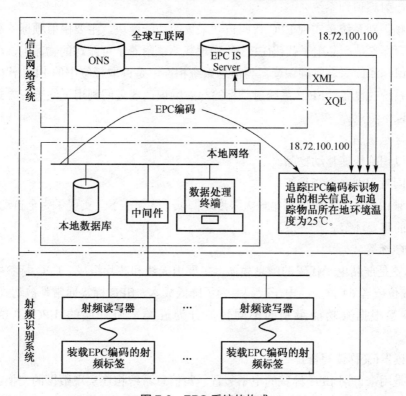

图 7-6　EPC 系统的构成

EPC 代码是由标头、厂商识别代码、对象分类代码、序列号等数据字段组成的一组数字。具体结构如表 7-6 所示，具有以下特性。

表 7-6　EPC 编码结构

EPC-96	标头	厂商识别代码	对象分类代码	序列号
	8	28	24	36

- 科学性：结构明确，易于使用、维护。
- 兼容性：EPC 编码标准与目前广泛应用的 EAN·UCC 编码标准是兼容的，GTIN 是

EPC 编码结构中的重要组成部分，目前广泛使用的 GTIN、SSCC、GLN 等都可以顺利转换到 EPC 中去。
- 全面性：可在生产、流通、存储、结算、跟踪、召回等供应链的各环节全面应用。
- 合理性：由 EPCglobal、各国 EPC 管理机构(中国的管理机构称为 EPCglobal China)、被标识物品的管理者分段管理、共同维护、统一应用，具有合理性。
- 国际性：不以具体国家、企业为核心，编码标准全球协商一致，具有国际性。
- 无歧视性：编码采用全数字形式，不受地方色彩、语言、经济水平、政治观点的限制，是无歧视性的编码。

当前，出于成本等因素的考虑，参与 EPC 测试所使用的编码标准采用的是 64 位数据结构，未来将采用 96 位的编码结构。

2) EPC 射频识别系统

EPC 射频识别系统是实现 EPC 代码自动采集的功能模块，主要由射频标签和射频识读器组成。射频标签是产品电子代码(EPC)的物理载体，附着于可跟踪的物品上，可全球流通并对其进行识别和读写。射频识读器与信息系统相连，是读取标签中的 EPC 代码并将其输入网络信息系统的设备。EPC 系统射频标签与射频识读器之间利用无线感应方式进行信息交换，具有以下特点。
- 非接触识别。
- 可以识别快速移动物品。
- 可同时识别多个物品等。

EPC 射频识别系统为数据采集最大限度地降低了人工干预，实现了完全自动化，是"物联网"形成的重要环节。

(1) EPC 标签。

EPC 标签是产品电子代码的信息载体，主要由天线和芯片组成。EPC 标签中存储的唯一信息是 96 位或者 64 位产品电子代码。为了降低成本，EPC 标签通常是被动式射频标签。

EPC 标签根据其功能级别的不同目前分为五类，所开展的 EPC 测试使用的是 Class1/Gen2。

(2) 识读器(又称读写器)。

识读器是用来识别 EPC 标签的电子装置，与信息系统相连实现数据的交换。识读器使用多种方式与 EPC 标签交换信息，近距离读取被动标签最常用的方法是电感耦合方式。只要靠近，盘绕识读器的天线与盘绕标签的天线之间就形成了一个磁场。标签就利用这个磁场发送电磁波给识读器，返回的电磁波被转换为数据信息，也就是标签中包含的 EPC 代码。

识读器的基本任务就是激活标签，与标签建立通信并且在应用软件和标签之间传送数据。EPC 识读器和网络之间不需要 PC 作为过渡，所有的识读器之间的数据交换直接可以通过一个对等的网络服务器进行。

识读器的软件提供了网络连接能力，包括 Web 设置、动态更新、TCP/IP 识读器界面、内建兼容 SQL 的数据库引擎。

当前 EPC 系统尚处于测试阶段，EPC 识读技术也还在发展完善之中。Auto-ID Labs 提出的 EPC 识读器工作频率为 860M～960MHz。

3) EPC 信息网络系统

信息网络系统由本地网络和全球互联网组成，是实现信息管理、信息流通的功能模块。EPC 系统的信息网络系统是在全球互联网的基础上，通过 EPC 中间件、对象命名称解析服务(ONS)和 EPC 信息服务(EPCIS)来实现全球"实物互联"。

(1) EPC 中间件。

EPC 中间件具有一系列特定属性的"程序模块"或"服务"，并被用户集成以满足他们的特定需求，EPC 中间件以前被称为 Savant。

EPC 中间件是加工和处理来自识读器的所有信息和事件流的软件，是连接识读器和企业应用程序的纽带，主要任务是在将数据送往企业应用程序之前进行标签数据校对、识读器协调、数据传送、数据存储和任务管理。

(2) 对象名称解析服务(ONS)。

对象名称解析服务(ONS)是一个自动的网络服务系统，类似于域名解析服务(DNS)，ONS 给 EPC 中间件指明了存储产品相关信息的服务器。

ONS 服务是联系 EPC 中间件和 EPC 信息服务的网络枢纽，并且 ONS 设计与架构都以因特网域名解析服务 DNS 为基础，因此，可以使整个 EPC 网络以因特网为依托，迅速架构并顺利延伸到世界各地。

(3) EPC 信息服务(EPC IS)。

EPC IS 提供了一个模块化、可扩展的数据和服务的接口，使得 EPC 的相关数据可以在企业内部或者企业之间共享。它处理与 EPC 相关的各种信息，例如：

- EPC 的观测值：What/When/Where/Why，通俗地说，就是观测对象、时间、地点以及原因，这里的原因是一个比较广义的说法，它应该是 EPC IS 步骤与商业流程步骤之间的一个关联，例如订单号、制造商编号等商业交易信息。
- 包装状态：例如，物品是在托盘上的包装箱内。
- 信息源：例如，位于 Z 仓库的 Y 通道的 X 识读器。

EPC IS 有两种运行模式，一种是 EPC IS 信息被已经激活的 EPC IS 应用程序直接应用；另一种是将 EPC IS 信息存储在资料档案库中，以备今后查询时进行检索。独立的 EPC IS 事件通常代表独立步骤，比如 EPC 标记对象 A 装入标记对象 B，并与一个交易码结合。对于 EPC IS 资料档案库的 EPC IS 查询，不仅可以返回独立事件，而且还有连续事件的累积效应，比如对象 C 包含对象 B，对象 B 本身包含对象 A。

4．EPC 系统的特点

EPC 系统的特点如下。

(1) 开放的结构体系。

EPC 系统采用全球最大的公用的 Internet 网络系统。这就避免了系统的复杂性，同时也大大降低了系统的成本，并且还有利于系统的增值。梅特卡夫(Metcalfe)定律表明，一个网络大的价值是用户本系统是应该开放的结构体系远比复杂的多重结构更有价值。

(2) 独立的平台与高度的互动性。

EPC 系统识别的对象是一个十分广泛的实体对象，因此，不可能有哪一种技术适用所有的识别对象。同时，不同地区、不同国家的射频识别技术标准也不相同。因此开放的结构体系必须具有独立的平台和高度的交互操作性。EPC 系统网络建立在 Internet 网络系统上可以与 Internet 网络所有可能的组成部分协同工作。

(3) 灵活的可持续发展的体系。

EPC 系统是一个灵活的开放的可持续发展的体系，可在不替换原有体系的情况下就可以做到系统升级。EPC 系统是一个全球的大系统，供应链各个环节、各个节点、各个方面都可受益，但对低价值的识别对象来说，如食品、消费品等，它们对 EPC 系统引起的附加价格十分敏感。EPC 系统正在考虑通过本身技术的进步进一步降低成本，同时通过系统的整体运作使供应链管理得到更好的运作，提高效益，以便抵消和降低附加价格。

5. EPC 系统的工作流程

在由 EPC 标签、识读器、EPC 中间件、Internet、ONS 服务器、EPC 信息服务(EPC IS)以及众多数据库组成的实物互联网中，识读器读出的 EPC 只是一个信息参考(指针)，由这个信息参考从 Internet 找到 IP 地址并获取该地址中存放的相关的物品信息，并采用分布式的 EPC 中间件处理由识读器读取的一连串 EPC 信息。由于在标签上只有一个 EPC 代码，计算机需要知道与该 EPC 匹配的其他信息，这就需要 ONS 来提供一种自动化的网络数据库服务，EPC 中间件将 EPC 代码传给 ONS，ONS 指示 EPC 中间件到一个保存着产品文件的服务器(EPC IS)查找，该文件可由 EPC 中间件复制，因而文件中的产品信息就能传到供应链上，EPC 系统的工作流程如图 7-7 所示。

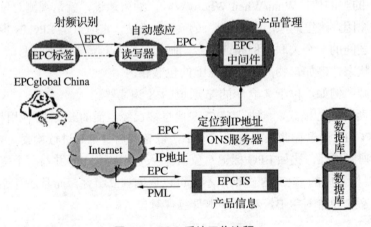

图 7-7　EPC 系统工作流程

6. EPC 在国内外发展状况

1) 国外的 EPC 发展状况

由于 EPC 系统广阔的应用前景，且符合市场需求，它的推广得到了国际性的标准化组织 GS1 及其各国分支机构的大力支持。2003 年 11 月 1 日，EAN 和 UCC 成立了 EPCglobal，正式接手了 EPC 在全球的推广应用工作。EPCglobal 不但发布了 EPC 标签和识读器方面的技术标准，还推广了RFID在物流管理领域的网络化管理和应用。截止到2007年10月4日，EPCglobal一共发展系统成员1264家，其中，终端用户834家，系统服务商412家，政府和学术机构18家。

2006年7月11日，EPCglobal宣布其UHF Gen2空中接口协议作为C类UHF RFID标准经ISO核准成为ISO/IEC 18000—6修订标准的第一部分。在标准发布以前，EPCglobal就推出了一项多阶段的认证项目，对硬件、软件产品进行一致性和通用性测试并颁发认证，以便为高质量Gen2产品项目的部署工作服务。

2007年4月16日，EPCglobal发布了一项开创性标准——产品电子代码信息服务(EPCIS)标准，为资产、产品和服务，在全球的移动、定位和部署带来前所未有的可见度，是EPC发展的又一里程碑。

美国和欧洲引领着EPC在国际上的发展，日本和韩国在亚洲RFID的研究处于相对领先的地位。

(1) 美国。

高科技领先的美国，不论在EPC标准的建立、相关软硬件技术的开发、各种独立应用，还是物流应用，均走在世界的前列。

在产业方面，TI、Intel等美国集成电路厂商都在RFID领域投入巨资进行芯片开发。Symbol等设备商已经研发出可以同时阅读条码和RFID的扫描器。IBM、Microsoft公司等也在积极开发支持RFID应用的软件和系统。

仅在RFID最具潜力的商品流通领域，据市场调查机构IDC估计，2003年美国零售供应链RFID市场规模接近9200万美元，至2008年RFID市场规模高达13亿美元。

在标准方面，目前RFID商用呼声最高，沃尔玛、IBM、HP等企业以及美国国防部物流系统，都推行并拥护EPCglobal标准。

在应用方面，交通、车辆管理、身份识别、生产线自动化控制、仓储管理及物资跟踪等领域，已经逐步开始应用RFID技术。在物流方面，美国已经有100多家企业承诺支持RFID应用。EPCglobal北美地区659家系统成员中，有系统服务商140家，终端用户多达519家，可见美国的EPC应用在全球处于领先地位。

(2) 欧洲。

作为世界工业革命的发源地，欧洲在EPC/RFID发展上不甘落后，尤其是英国和德国等工业发达国家。EPCglobal在欧洲的系统成员总数为233家，其中系统服务商和终端用户的数量相当，分别为114家和115家，政府和学术机构4家。

在产业方面，欧洲的Phillips、STMicro electronics在积极开发廉价RFID芯片，Checkpoint在开发支持多系统的RFID识别系统，Nokia开发了能够识别RFID的移动电话购物系统，SAP则在积极支持RFID的企业应用管理软件。

根据Juniper Research分析，2004年西欧RFID市场规模为4.6亿美元，2009年为18.6亿美元，主要应用集中在供应链方面。

在标准方面，欧洲在RFID标准积极追随EPCglobal标准。2005年6月，欧洲零售业四巨头阿霍德(Ahold)、家乐福(Carrifour)、麦德龙(Metro)、泰斯科(TeSCo)共同支持EPC标准。

在应用方面，欧洲在交通、车辆管理、身份识别、生产线自动化控制、物资跟踪等封闭系统与美国基本处在同一阶段。目前，很多大型企业(如泰斯科、麦德龙)都开展了 RFID 系统的试验。

(3) 日本。

日本的 RFID 研究和开发工作在亚洲领域处于领先地位。日本政府很重视推广物流领域的 RFID 应用，制订了 E-Japan 和 U-Japan 计划，鼓励企业尝试 RFID 在开放系统中的应用。日本企业还联合成立了泛在 ID 中心(Ubiquitous ID Center)。

在产业方面，日本由经济产业省牵头，内务省配合，协调相关部门，每年提供了 30 亿日元的经费，用于电子标签的研发和测试。日立、富士通和日本凸版印刷等厂商，已经开始生产和销售电子标签。

在标准方面，日本的经济产业省已成为 EPCglobal 的会员。日本有两名 EPC 全球管理委员会的理事成员，并在亚太地区 EPC 标准中积极参与各个相关标准工作组的工作，特别在 EPC 电子产品的工作组中特别活跃。

在应用方面，日本共有 47 家 EPCglobal 系统成员，其数量在亚太地区排名第一，其中系统服务商 14 家，终端用户多达 30 家，政府和学术机构 3 家。索尼公司在对沃尔玛(Wal&Mart)和百思买(Bestbuy)的产品出口中进行了 EPC 标签的测试，在物流流通领域将采用 EPCglobal 的标准。

为了适应 RFID 在全球物流体系的应用，日本政府也在 ISO 建议的 860M～960MHz 范围内确定了相应频段。日本在 2005 年 4 月 5 日，为无源电子标签超高频规定了 952M～954MHz，2006 年 1 月 25 日规定了 952M～955MHz(20mWe.i.r.P)。由于高功率产生干扰的可能性较大，因此对于高功率给了 2M 的带宽。在使用的时候，对于识读器和使用地点需要进行登记。

(4) 韩国。

韩国在 RFID 技术上起步较晚，但产业整体发展较快。韩国政府对 RFID 技术给予了极高的期望，在开放的物流领域韩国基本遵循 ISO/EPC 标准。特别是在 2004 年 3 月，韩国提出 IT839、RFID 和传感网络(Ubiquitous Sensor Network)重要性得到了进一步的提升，韩国关于 RFID 的技术开发和应用试验正在加速展开。

在产业方面，韩国设立了"IT839 计划"，RFID 是其中的重要内容，重点加强对 RFID/USN("泛在"识别网络)核心技术的研究，包括标签、识读器、中间件等，特别是 USN 传感器中的中间件技术研究。

在标准方面，韩国于 2005 年制定了 12 项 RFID 国家标准，2006 年制定了 14 项 RFID 国家标准。和日本一样，韩国也规定了 RFID 在超高频段(UHF)的应用频率，对于开展 RFID/EPC 应用起到了积极的推动作用。

在应用方面，韩国发展了 30 家 EPCglobal 系统成员，数量在亚太地区仅次于日本。系统集成商和终端用户的数量相当均衡，各为 15 家。韩国机场公社近期采购了 35 万 EPC Gen2 标签，将用在机场行李的追踪上。三星电子在服装、物流等领域也开展了大量的 RFID 应用试点工作。

韩国已经规定了 RFID 在超高频段(UHF)的应用频率，对于开展 RFID/EPC 应用起到了积极的推动作用。韩国于 2005 年分配了 RFID 超高频工作频率 908.5MHz～914MHz，可以同时采用侦听技术(LBT)和跳频技术(FHSS)。

此外，日本、韩国均是以国际贸易为主体的经济格局，两国都在全面推进第二代物品编码与自动识别技术，与 ISO、EPC 衔接并兼容现有的商品条码体系。

2) 国内的 EPC 发展状况

我国针对 EPC/RFID 的研究，基本处于跟踪发达国家研究阶段。中国物品编码中心(ANCC)、AIMChina 等营利性机构以及 Auto-ID 中国实验室等科研机构，目前在研究和推广方面已经取得了初步成果。2004 年 1 月，ANCC 取得了 EPCglobal 的唯一授权，2004 年 4 月 22 日，EPCglobal China 正式成立，负责我国 EPC 注册、管理和实施工作，从组织机构上保障了我国 EPC 事业的有效推进。

2006 年 7 月，EPCglobal UHF Gen2 空中接口协议作为 C 类 UHF RFID 标准经 ISO 核准并入 ISO/IEC 18000—6 修订标准的第一部分，这对推动我国 EPC 技术研发和应用推广起到了积极的作用。

另外，备受全球关注的中国 UHF 频段划分问题也终于在 2007 年取得突破。频率出台之后，越来越多的中小企业从对 EPC 的观望态度中走出，更加积极地投入到 EPC/RFID 技术的研发工作中。在这之后，先后有 4 家企业加入了 EPCglobal China，成为高级会员。截止目前，EPCglobal China 已经有 14 家系统成员，其中包括 12 家系统集成商、2 家终端用户，这些系统成员也为我国 EPC 注册管理工作的开展提供了基础。

在产业发展方面，我国和发达国家相比，还处于相对落后阶段。但我国政府已经充分肯定并高度重视 RFID/EPC 产业发展的重要性。2007 年 6 月 9 日科技部联合 15 部委出台了《中国射频识别(RFID)技术政策白皮书》，对我国 RFID 的发展现状与技术趋势、RFID 技术战略、应用领域、产业化战略和宏观环境建设进行了全面阐述。国家在 863 项目中设立了"射频识别(RFID)技术与应用"重大专项，给予了 1.28 亿元经费的支持。与此同时，国家发改委、科技部、商务部、国防科工委、信息产业部无线电管理局、国家邮政局、中国民航总局等都十分关注和支持这项新技术的研究和发展，分别在各个领域展开相应的研究和跟踪工作。

在研发方面，我国基础研发力量薄弱，尤其是硬件、软件、网络等方面和国际水平相比，仍然相对落后。然而，我国已经开始高度重视基于 EPC 的 RFID 技术，RFID 关键技术攻关与应用领域的创新是当前的要务之一，把创新的重点放在 RFID 技术上(包括标签研制、识读器研制、中间件开发等)。Auto-ID 中国实验室、清华大学、中国科学院自动化所等科研单位做了不少研究工作，而 EPCglobal 的 12 家高级会员在 EPC/RFID 技术研究和解决方案提供上，在国内处于领先地位。其中深圳市先施科技有限公司、上海坤锐电子有限公司、深圳市远望谷信息技术股份有限公司等，已经推出符合 EPCglobal Gen2 标准的识读器、标签等系列产品。

在标准方面，我国相关部门进行了积极跟踪研究，起草了相关标准草案，但企业参与程度不够。由于一些客观原因，我国企业参加相关国际活动也显得不够。在 RFID/EPC 有关国家标准的制定过程中,我国企业力求在维护国家利益的基础上,把我国的需求和自主创新内容反映到 ISO 标准和 EPC 标准中,并按照国际通行的原则,实现同国际接轨。2007 年 10 月,海尔集团副总裁喻子达先生加入了 EPCglobal 管理委员会,成为唯一的中国企业代表,将在今后 EPCglobal 高层会议上反映我国企业的心声。

7.4.2 编码体系

1. EPC 标准

1) EPCglobal 标准

EPCglobal 标准是全球中立、开放的标准,由各行各业、EPCglobal 研究工作组的服务对象用户共同制定。EPCglobal 标准由 EPCglobal 管理委员会批准和发布并推广实施。

(1) EPC 标签数据转换(TDT)标准。

提供了一个可以在 EPC 编码之间转换的文件,它可以使终端用户的基础设施部件自动地知道新的 EPC 格式。

(2) EPC 标签数据(TDS)标准。

这项由 EPCglobal 管理委员会通过的标准给出了系列编码方案,包括 EAN/UCC 全球贸易项目代码(Global Trade Item Number,GTIN)、EAN/UCC 系列货运包装箱代码(Serial Shipping Container Code,SSCC)、EAN/UCC 全球位置码(Global Location Number,GLN)、EAN/UCC 全球可回收资产标识(Global Returnable Asset Identifier,GRAI)、EAN/UCC 全球单个资产标识(Global Individual Asset Identifier,GIAI)、EAN/UCC 全球服务关系代码(Global Service Relation Number,GSRN)和通用标识符(General Identifier,GID)。通用标识符增加了美国国防部结构头和 URI(Uniform Resource Identifier,统一资源标识)的十六进制表示方法。它规定了 EPC 编码结构,包括所有编码方式的转换机制等。

(3) Class1 Generation2 UHF 空中接口协议标准——"Gen2"。

这项由 EPCglobal 管理委员会通过的标准定义了被动式反向散射、识读器先激励(Interrogator Talks First,ITF)、工作在 860M~960MHz 频段内的射频识别系统的物理与逻辑要求。该系统包含识读器与标签两大部分。

(4) 识读器协议(RP)标准。

提供识读器与主机(主机是指中间件或者应用程序)之间的数据与命令交互接口,与 ISO/IEC 15961、15962 类似。它的目标是主机能够独立于识读器、识读器与标签之间的接口协议,也即适用于不同智能程度的 RFID 识读器、条码识读器,适用于多种 RFID 空中接口协议,适用于条形码接口协议。该协议定义了一个通用功能集合,但是并不要求所有的识读器实现这些功能。它分为三层功能:识读器层规定了识读器与主计算机交换的消息格式和内容,它是识读器协议的核心,定义了识读器所执行的功能;消息层规定了消息如何组帧、转换以及在专用的传输层传送,规定安全服务(比如身份鉴别、授权、消息加密以及完整性检验),规定了网络连接的建立、初始化建立同步的消息、初始化安全服务等。传输层对应于网络设备的传输层。识读器数据协议位于数据平面。

(5) 低层识读器协议(LLRP)标准。

它为用户控制和协调识读器的空中接口协议参数提供通用接口规范，它与空中接口协议密切相关。可以配置和监视 ISO/IEC 18000－6 TypeC 中防碰撞算法的时隙帧数、Q 参数、发射功率、接收灵敏度、调制速率等，可以控制和监视选择命令、识读过程、会话过程等。在密集识读器环境下，通过调整发射功率、发射频率和调制速率等参数，可以大大消除识读器之间的干扰等。它是识读器协议的补充，负责识读器性能的管理和控制，使得识读器协议专注于数据交换。低层识读器协议位于控制平面。

(6) 识读器管理(RM)标准。

它位于识读器与识读器管理之间的交互接口。它规范了访问识读器配置的方式，比如天线数等；它规范了监视识读器运行状态的方式，比如读到的标签数、天线的连接状态等。另外还规范了 RFID 设备的简单网络管理协议 SNMP 和管理系统库 MIB。识读器管理协议位于管理平面。

(7) 识读器发现配置安装协议(DCI)标准。

它规定了 RFID 识读器及访问控制机和其工作网络间的接口，便于用户配置和优化识读器网络。

(8) 应用级事件(ALE)标准。

这项由 EPCglobal 管理委员会通过的标准定义了某种接口的参数与功能，通过该接口，用户可以获取过滤后的、整理过的电子产品代码数据。

(9) 产品电子代码信息服务(EPC IS)标准。

它为资产、产品和服务在全球的移动、定位和部署带来前所未有的可见度，标志着 EPC 发展的又一里程碑。EPC IS 为产品和服务生命周期的每个阶段提供可靠、安全的数据交换。

(10) 对象名称服务信息(ONS)标准。

该规范指明了域名服务系统如何用来定位与给定产品电子代码 GTIN 部分相关的权威数据和业务。其目标群体是对象名解析业务系统的开发者和应用者。

(11) 谱系标准。

谱系标准及其相关附件对供应链中制药参与方使用的电子谱系文档的维护和交流定义了架构。该架构的使用符合成文的谱系法律。

(12) EPCglobal 认证标准。

EPCglobal 规范最先由美国麻省理工学院自动识别中心提出，此后成为 EPCglobal 组织向全世界推广实施 EPC 和 RFID 技术的基础。主要有以下规范。

- 900MHz Class0 射频识别标签规范。本规范定义了 900MHz Class0 操作所采用的通信协议和通信接口，它指明了该频段的射频通信要求和标签要求，并给出了该频段通信所需的基本算法。
- 13.56MHz ISM 频段 Class1 射频识别标签接口规范。本规范定义了 13.56MHz ISM 频段 Class1 操作所采用的通信协议和通信接口，它指明了该频段的射频通信要求和标签要求，并给出了该频段通信所需的基本算法。
- 869M～930MHz Class1 射频识别标签射频与逻辑通信接口规范。本规范定义了

860M～930MHz Class1 操作所采用的通信协议和通信接口，它指明了该频段的射频通信要求和标签要求，并给出了该频段通信所需的基本算法。
- EPCglobal 体系框架。本文件定义和描述了 EPCglobal 体系框架。EPCglobal 体系框架是由硬件、软件和数据接口的交互标准以及 EPCglobal 核心业务组成的集合，它代表了所有通过使用 EPC 代码来提升供应链运行效率的业务。

2）EPCglobal Gen2 标准

(1) EPCglobal Gen2 标准简介。

EPCglobal Class1 Gen2 标准(以下简称 Gen2)无线射频识别(RFID)技术、互联网和产品电子代码(EPC)组成的 EPCglobal 网络的基础。EPCglobal 于 2004 年 12 月 16 日批准 Gen2 空中接口协议为硬件标准，仅过了 18 个月，该协议作为 C 类超高频 RFID 标准经 ISO 核准并入 ISO/IEC 18000—6 修订标准 1。

Gen2 标准是由全球 60 多家顶级公司开发的并达成一致用于满足终端用户需求的标准，是在现有四个标签标准的基础上整合并发展而来的。这四个标准是：英国大不列颠科技集团(BTG)的 ISO—180006A 标准，美国 Intermec 科技公司(Intermec Technologies)的 ISO—180006B 标准，美国 Matrics 公司(被美国 Symbol 科技公司收购)的 Class0 标准，Alien Technology 公司的 Class1 标准。

Gen2 的获批对于 RFID 技术的应用和推广具有非常重要的意义，它为在供应链应用中使用的 UHF RFID 提供了全球统一的标准，给物流行业带来了革命性的变革，推动了供应链管理和物流管理向智能化方向发展。

(2) Gen2 标准的优点。

Gen2 协议标准的制定单位及其标准基础决定了其与第一代标准相比具有无可比拟的优越性，这一新标准具有全面的框架结构和较强的功能，能够在高密度识读器的环境中工作，符合全球管制条例，标签读取正确率较高，读取速度较快，安全性和隐私功能都有所加强。它克服了 EPCglobal 以前 Class0 和 Class1 的很多限制。

详细来讲，UHF Gen2 协议标准的优点主要如下。
- 这是一个开放的标准。EPCglobal 批准的 UHF Gen2 标准对 EPCglobal 成员和签订了 EPCglobal IP 协议的单位免收专利费，允许这些厂商着手生产基于该标准的产品，如标签和识读器。这意味着更多的技术提供商可以据此标准在不交纳专利授权费的情况下生产符合供应商、制造商和终端用户需要的产品，也减少了终端用户部署 RFID 系统的费用，可以吸引更多的用户采用 RFID 技术。同时，人们也可以从多种渠道获得标签，进一步促进了标签价格的降低。
- 尺寸小存储量大、设置了专门的口令。芯片尺寸可以缩小到现有版本的一半到三分之一，从而进一步扩大了其使用范围，满足了多种应用场合的需要，例如芯片可以更容易地缝在衣服的接缝里、夹在纸板中间、成型在塑料或橡胶内、整合在顾客的包装设计中。日立欧洲公司已研制出尺寸仅有 0.3mm 见方的小标签，薄得就像人的头发丝一样，能很容易地嵌入钞票的内部。嵌入钞票内部的标签可以记录下钞票流通过程中的历史信息，这样就为政府和执法机构提供了一种逐一跟踪

"钱"的每笔交易的一种手段。标签的存储能力也增加了，Gen2 标签在芯片中有 96 字节的存储空间，为了更好地保护存储在标签和相应数据库中的数据，在 Unconceal(公开)、Unlock(解锁)和 Kill(灭活)指令中都设置了专门的口令，使得标签不能随意被公开、解锁和灭活。标签具有了更好的安全加密功能，保证了在识读器读取信息的过程中不会把数据扩散出去。

- 保证了各厂商产品的兼容性。目前 RFID 存在两个技术标准阵营，一个是总部设在美国麻省理工学院的 Auto-ID Center，另一个是日本的 Ubiquitous ID Center(UID)。日本 UID 标准和欧美的 EPC 标准在使用无线频段、信息位数和应用领域等都存在着诸多差异。例如日本的 RFID 采用的频段为 2.45GHz 和 13.56MHz，欧美的 EPC 标准采用的是 UHF 频段，如 902M～928MHz；日本的电子标签的信息位数为 128 位，EPC 标准的位数为 96 位；日本的电子标签标准可用于库存管理、信息发送与接收以及产品和零部件的跟踪管理等，EPC 标准侧重于物流管理、库存管理等。由于标准的不统一，导致了产品不能互相兼容，给 RFID 的大范围应用带来了困难。UHF Gen2 协议标准的推出，保证了不同生产商的设备之间将具有良好的兼容性，也保证了 EPCglobal 网络系统中的不同组件(包括硬件部分)之间的协调工作。
- 设置了"灭活"指令(Kill)。新标准使人们具有了控制标签的权力，即人们可以使用 Kill 指令使标签自行永久失效以保护隐私。如果不想使用某种产品或是发现安全隐私问题，就可以使用灭活指令(Kill)停止芯片的功能，有效地防止芯片被非法读取，提高了数据的安全性能，减轻了人们对隐私问题的担忧。被灭活的标签在任何情况下都会保持被灭活的状态，不会产生调制信号以激活射频场。
- 更广泛的频谱与射频分布。UHF Gen2 协议的频谱与射频分布比较广泛，这一优点提高了 UHF 的频率调制性能，减少了与其他无线电设备的干扰问题。这一标准还解决了 RFID 在不同国家不同频谱的问题。

除以上列举的五点外，基于 Gen2 标准的识读器还具有较高的读取率(在较远的距离测试具有将近 100%的读取率)和识读速度的优点。与第一代识读器相比，识读速率要快 5～10 倍。基于新标准的识读器每秒可读 1500 个标签，这使得通过应用 RFID 标签可以实现高速自动化作业。识读器还具有很好的标签识读性能，在批量标签扫描时避免重复识读，而且当标签延后进入识读区域，仍然能被识读，这是第一代标准所不能做到的。

另外，同 Gen0 和 Gen1 相比，Gen2 还提供了更多的功能。比如，它可以在配送中心高密度的识读器环境下工作。不仅如此，Gen2 还可以允许用户对同一个标签进行多次读写(Gen0 只允许进行识读操作，Gen1 允许多次识读，但只能写一次，即 WORM)；

由于 EPCglobal Gen2 协议标准具有以上这些优越性，再加上免收使用许可费的政策，这无疑会有利于 RFID 技术在全球的推广应用，有利于吸收更多的生产商研究利用这项技术提高其商业运作效率。同时，这一全球统一标准的采用还可以减少测试和发生错误的次数，这必将会为大型零售商和其供货商带来可观效益。

相信 EPCglobal Gen2 协议作为全球统一的新标准一定会加速 RFID 技术的开发和在全球的广泛应用，给全球带来巨大的经济效益和社会效益。

2. GS1 全球统一标识系统

1) GS1 概述

GS1 系统起源于美国,由美国统一代码委员会(UCC,于 2005 年更名为 GS1US)于 1973 年创建。UCC 创造性地采用 12 位的数字标识代码(UPC)。1974 年,标识代码和条码首次在开放的贸易中得以应用。继 UPC 系统成功之后,欧洲物品编码协会,即早期的国际物品编码协会(EAN International,2005 年更名为 GS1),于 1977 年成立并开发了与之兼容的系统并在北美以外的地区使用。EAN 系统设计意在兼容 UCC 系统,主要用 13 位数字编码。随着条码与数据结构的确定,GS1 系统得以快速发展。

GS1 系统为在全球范围内标识货物、服务、资产和位置提供了准确的编码。这些编码能够以条码符号来表示,以便进行商务流程所需的电子识读。该系统克服了厂商、组织使用自身的编码系统或部分特殊编码系统的局限性,提高了贸易的效率和对客户的反应能力。

这套标识代码也用于电子数据交换(EDI)、XML 电子报文、全球数据同步(GDSN)和 GS1 网络系统。本规范提供了 GS1 标识代码的语法、分配和自动数据采集(ADC)标准。

在提供唯一的标识代码的同时,GS1 系统也提供附加信息,例如保质期、系列号和批号,这些都可以用条码的形式来表示。目前数据载体是条码,但 EPCglobal 也正在开发射频标签以作为 GS1 数据的载体。只有经过广泛的磋商才能改变数据载体,而且这需要一个很长的过渡期。

按照 GS1 系统的设计原则,使用者可以设计应用程序来自动处理 GS1 系统数据。系统的逻辑保证从 GS1 认可的条码采集的数据能生成准确的电子信息,以及对它们的处理过程可完全进行预编程。

GS1 系统适用于任何行业和贸易部门。对于系统的任何变动都会予以及时通告,从而不会对当前的用户有负面的影响。

2005 年 2 月,EAN 和 UCC 正式合并更名为 GS1。本规范简明定义并解释了在自动识别和数据采集技术(AIDC)领域内如何使用 GS1 系统标准。它将替代以前以 GS1 或 EAN、UCC 名义提供和/或出版的任何 AIDC 技术文件。本规范作为被认可的 GS1 基础标准包括应用、标识、数据载体组成部分和原理,出版之日便立即生效。使用 GS1 系统标准的任何组织都要完全遵守 GS1 通用规范。

2) 条码技术

(1) 条码概述。

条码是将线条与空白按照一定的编码规则组合起来的符号,用以代表一定的字母、数字等资料。在进行辨识的时候,是用条码阅读机扫描,得到一组反射光信号,此信号经光电转换后变为一组与线条、空白相对应的电子讯号,经解码后还原为相应的文数字,再传入电脑。条码辨识技术已相当成熟,其读取的错误率约为百万分之一,首读率大于 98%,是一种可靠性高、输入快速、准确性高、成本低、应用面广的资料自动收集技术。

世界上约有 225 种以上的一维条码,每种一维条码都有自己的一套编码规格,规定每个字母(可能是文字或数字或文数字)是由几个线条(Bar)及几个空白(Space)组成,以及字母的排列。一般较流行的一维条码有 39 码、EAN 码、UPC 码、128 码,以及专门用于书刊管理的 ISBN、ISSN 等。

(2) 条码的历史。

条码最早出现在 20 世纪 40 年代，但得到实际应用和发展还是在 20 世纪 70 年代左右。现在世界上的各个国家和地区都已普遍使用条码技术，而且它正在快速地向世界各地推广，其应用领域越来越广泛，并逐步渗透到许多技术领域。早在 20 世纪 40 年代，美国的乔·伍德兰德(Joe WoodLand)和伯尼·西尔沃(Berny Silver)两位工程师就开始研究用代码表示食品项目及相应的自动识别设备，于 1949 年获得了美国专利。

如图 7-8 所示，该图案很像微型射箭靶，被叫作"公牛眼"代码。靶式的同心圆是由圆条和空绘成圆环形。在原理上，"公牛眼"代码与后来的条码很相近，遗憾的是当时的工艺和商品经济还没有能力印制出这种码。然而，10 年后乔·伍德兰德作为 IBM 的工程师成为北美统一代码 UPC 码的奠基人。以吉拉德·费伊塞尔(Girard Fessel)为代表的几名发明家，于 1959 年提请了一项专利，描述了数字 0~9 中每个数字可由七段平行条组成。但是这种码使机器难以识读，使人读起来也不方便。不过这一构想的确促进了后来条形码的产生与发展。不久，布宁克(E. F. Brinker)申请了另一项专利，该专利是将条码标识在有轨电车上。20 世纪 60 年代西尔沃尼亚(Sylvania)发明的一个系统，被北美铁路系统采纳。这两项可以说是条形码技术最早期的应用。

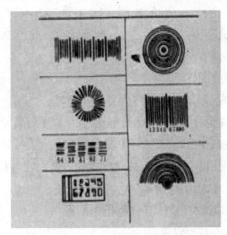

图 7-8　"公牛眼"代码

从 20 世纪 80 年代初，人们围绕提高条码符号的信息密度，开展了多项研究。128 码和 93 码就是其中的研究成果。128 码于 1981 年被推荐使用，而 93 码于 1982 年使用。这两种码的优点是条码符号密度比 39 码高出近 30%。随着条码技术的发展，条码码制种类不断增加，因而标准化问题显得很突出，为此先后制定了军用标准 1189、交叉 25 码、39 码和库德巴码 ANSI 标准 MH10.8M 等。同时一些行业也开始建立行业标准，以适应发展的需要。此后，戴维·阿利尔又研制出 49 码，这是一种非传统的条码符号，它比以往的条形码符号具有更高的密度(即二维条码的雏形)。接着特德·威廉斯(Ted Williams)推出 16K 码，这是一种适用于激光扫描的码制。到 1990 年年底为止，共有 40 多种条码码制，相应的自动识别设备和印刷技术也得到了长足的发展。

从20世纪80年代中期开始,我国一些高等院校、科研部门及一些出口企业,把条形码技术的研究和推广应用逐步提到议事日程。一些行业如图书、邮电、物资管理部门和外贸部门已开始使用条码技术。

在经济全球化、信息网络化、生活国际化、文化国土化的资讯社会到来之时,起源于20世纪40年代、研究于60年代、应用于70年代、普及于80年代的条码与条码技术,及各种应用系统,引起世界流通领域里的大变革正风靡世界。条码作为一种可印制的计算机语言、未来学家称之为"计算机文化"。20世纪90年代的国际流通领域将条码誉为商品进入国际计算机市场的"身份证",使全世界对它刮目相看。印刷在商品外包装上的条码,像一条条经济信息纽带将世界各地的生产制造商、出口商、批发商、零售商和顾客有机地联系在一起。这一条条纽带,一经与EDI系统相联,便形成多项、多元的信息网,各种商品的相关信息犹如投入了一个无形的永不停息的自动导向传送机构,流向世界各地,活跃在世界商品流通领域。

(3) 条码的种类。

条码种类很多,常见的有20多种码制,其中包括Code39码(标准39码)、Codabar码(库德巴码)、Code25码(标准25码)、ITF25码(交叉25码)、Matrix25码(矩阵25码)、UPC-A码、UPC-E码、EAN-13码(EAN-13国际商品条码)、EAN-8码(EAN-8国际商品条码)、中国邮政码(矩阵25码的一种变体)、Code-B码、MSI码、Code11码、Code93码、ISBN码、ISSN码、Code128码(Code128码,包括EAN128码)、Code39EMS(EMS专用的39码)等一维条码和PDF417等二维条码。

目前,国际广泛使用的条码种类如下。

EAN、UPC码——商品条码,用于在世界范围内唯一标识一种商品。我们在超市中最常见的就是EAN和UPC条码。其中,EAN码是当今世界上广为使用的商品条码,已成为电子数据交换(EDI)的基础;UPC码主要为美国和加拿大使用。

Code39码——因其可采用数字与字母共同组成的方式而在各行业内部管理上被广泛使用。

ITF25码——在物流管理中应用较多。

Codebar码——多用于血库、图书馆和照相馆的业务中。

另还有Code93码、Code128码等。

除以上列举的一维条码外,二维条码也在迅速发展,并在许多领域得到了应用。

(4) 二维条码。

二维条码/二维码(2-Dimensional Barcode)是用某种特定的几何图形按一定规律在平面(二维方向上)分布的黑白相间的图形记录数据符号信息的;在代码编制上巧妙地利用构成计算机内部逻辑基础的"0""1"比特流的概念,使用若干与二进制相对应的几何形体来表示文字数值信息,通过图像输入设备或光电扫描设备自动识读以实现信息自动处理。它具有条码技术的一些共性:每种码制有其特定的字符集;每个字符占有一定的宽度;具有一定的校验功能等;同时还具有对不同行的信息自动识别功能及处理图形旋转变化点。

国外对二维码技术的研究始于20世纪80年代末,在二维码符号表示技术研究方面已研制出多种码制,常见的有PDF417、QRCode、Code49、Code16K、CodeOne等。这些二维码的信息密度都比传统的一维码有了较大提高,如 PDF417 的信息密度是一维码 CodeC39 的 20 多倍。在二维码标准化研究方面,国际自动识别制造商协会(AIM)、美国标准化协会(ANSI)已完成了 PDF417、QRCode、Code49、Code16K、CodeOne 等码制的符号标准。国际标准技术委员会和国际电工委员会还成立了条码自动识别技术委员会(ISO/IEC/JTC1/SC31),已制定了 QRCode 的国际标准(ISO/IEC 18004:2000《自动识别与数据采集技术—条码符号技术规范—QR 码》),起草了 PDF417、Code16K、DataMatrix、MaxiCode 等二维码的 ISO/IEC 标准草案。在二维码设备开发研制、生产方面,美国、日本等国的设备制造商生产的识读设备、符号生成设备,已广泛应用于各类二维码应用系统。二维码作为一种全新的信息存储、传递和识别技术,自诞生之日起就得到了世界上许多国家的关注。美国、德国、日本等国家,不仅已将二维码技术应用于公安、外交、军事等部门对各类证件的管理,而且也将二维码应用于海关、税务等部门对各类报表和票据的管理,商业、交通运输等部门对商品及货物运输的管理、邮政部门对邮政包裹的管理、工业生产领域对工业生产线的自动化管理。

我国对二维码技术的研究始于 1993 年。中国物品编码中心对几种常用的二维码 PDF417、QRCCode、DataMatrix、MaxiCode、Code49、Code16K、CodeOne 的技术规范进行了翻译和跟踪研究。随着我国市场经济的不断完善和信息技术的迅速发展,国内对二维码这一新技术的需求与日俱增。

中国物品编码中心在原国家质量技术监督局和国家有关部门的大力支持下,对二维码技术的研究不断深入。在消化国外相关技术资料的基础上,制定了两个二维码的国家标准:二维码网格矩阵码(SJ/T 11349—2006)和二维码紧密矩阵码(SJ/T 11350—2006),从而大大促进了我国具有自主知识产权技术的二维码的研发。

二维条码/二维码可以分为堆叠式/行排式二维条码和矩阵式二维条码。堆叠式/行排式二维条码形态上是由多行短截的一维条码堆叠而成;矩阵式二维条码以矩阵的形式组成,在矩阵相应元素位置上用"点"表示二进制"1",用"空"表示二进制"0",由"点"和"空"的排列组成代码。

堆叠式/行排式二维条码(又称堆积式二维条码或层排式二维条码),其编码原理是建立在一维条码基础之上,按需要堆积成两行或多行。它在编码设计、校验原理、识读方式等方面继承了一维条码的一些特点,识读设备与条码印刷与一维条码技术兼容。但由于行数的增加,需要对行进行判定,其译码算法与软件也不完全相同于一维条码。有代表性的行排式二维条码有:Code 16K、Code 49、PDF 417 等。

短阵式二维条码(又称棋盘式二维条码)它是在一个矩形空间通过黑、白像素在矩阵中的不同分布进行编码。在矩阵相应元素位置上,用点(方点、圆点或其他形状)的出现表示二进制"1",点的不出现表示二进制的"0",点的排列组合确定了矩阵式二维条码所代表的意义。矩阵式二维条码是建立在计算机图像处理技术、组合编码原理等基础上的一种新型图形符号自动识读处理码制。具有代表性的矩阵式二维条码有 Code One、Maxi Code、QR Code、 Data Matrix 等。

在目前几十种二维条码中,常用的码制有 PDF 417、Data Matrix、Maxi Code、QR Code、

Code 49、Code 16K、Code One 等。除了这些常见的二维条码之外，还有 Vericode 条码、CP 条码、Codablock F 条码、田字码、Ultracode 条码、Aztec 条码。

3) 射频技术

(1) 射频技术概述。

RFID 是射频识别技术的英文 Radio Frequency Identification 缩写。射频识别技术是20世纪90年代开始兴起的一种自动识别技术。该技术在世界范围内正被广泛应用，而我国起步较晚，与欧美等发达国家或地区相比，我国 RFID 产业发展相当落后。目前，我国 RFID 产业缺乏关键核心技术，尤其是在超高频 RFID 核心技术方面基本处于空白状态。由于超高频 RFID 技术准入门槛较高，其研究与应用在国内还处于起步阶段，因此与先进国家的技术水平相比有很大的差距。低高频的 RFID 技术领域门槛较低，我国企业进入较早，其应用技术已经趋于成熟，应用范围也比较广泛。

我国射频识别技术拥有广阔的发展前景和巨大的市场潜力。相对于条形码技术而言，射频识别技术的发展和应用的推广将是我国自主识别行业的一场技术革命。

射频识别技术是一项利用射频信号通过空间耦合(交变磁场或电磁场)实现无接触信息传递并通过所传递的信息达到识别目的的技术。

RFID 系统由电子标签(Tag，即射频卡)、阅读器、天线三部分组成。其中电子标签具有智能读写和加密通信的功能，它是通过无线电波与读写设备进行数据交换，工作的能量是由阅读器发出的射频脉冲提供。阅读器，有时也被称为查询器、识读器或读出装置，主要由无线收发模块、天线、控制模块及接口电路等组成。阅读器可将主机的读写命令传送到电子标签，再把从主机发往电子标签的数据加密，将电子标签返回的数据解密后送到主机。天线在电子标签和读取器间传递射频信号。

实际应用中，电子标签具有数据存储量、数据传输效率、工作频率、多标签识读特征等电学参数。根据其内部是否需要加装电池及电池供电的作用可将电子标签分为有源标签、半无源标签和无源标签。有源电子标签使用卡内电流的能量、识别距离较长，可达十几米，但是它的寿命有限(3～10 年)，且价格较高；半无源标签内装有电池，但电池仅对标签内要求供电维持数据的电路或标签晶片工作所需的电压作辅助支援，标签电路本身耗电很少。标签未进入工作状态前，一直处于休眠状态，相当于无源标签。标签进入阅读器的阅读范围时，受到阅读器发出的射频能量的激励，进入工作状态时，用于传输通信的射频能量与无源标签一样源自阅读器。无源电子标签不含电池，它接收到阅读器(读出装置)发出的微波信号后，利用阅读器发射的电磁波提供能量，一般可做到免维护、重量轻、体积小、寿命长、价格便宜，但它的发射距离受限制，一般是几十厘米，且需要阅读器的发射功率大。

(2) 射频技术主要应用领域。

射频技术以其独特的优势，逐渐被广泛应用于工业自动化、商业自动化和交通运输控制管理等领域。随着大型集成电路技术的进步以及生产规模的不断扩大，射频识别产品的成本将不断降低，其应用将越来越广泛。以下为射频识别技术的几个应用。

① 生产流水线管理：电子标签在生产流水线上可以方便准确地记录工序信息和工艺操作信息，满足柔性化生产需求。对工人工号、时间、操作、质检结果的记录，可以完全

实现生产的可追溯性。还可避免生产环境中手写、眼看信息造成的失误。

② 仓储管理：将 RFID 系统用于智能仓库货物管理，有效地解决了仓储货物信息管理。对于大型仓储基地来说，管理中心可以实时了解货物位置、货物存储的情况，对于提高仓储效率、反馈产品信息、指导生产都有很重要的意义。它不但增加了一天内处理货物的件数，还可以监看货物的一切信息。其中应用的形式多种多样，可以将标签贴在货物上，由叉车上的识读器和仓库相应位置上的识读器读写；也可以将条码和电子标签配合使用。

③ 销售渠道管理：建立严格而有序的渠道，高效地管理好进销存是许多企业的强烈需要。产品在生产过程中嵌入电子标签，其中包含唯一的产品号，厂家可以用识别器监控产品的流向，批发商、零售商可以用厂家提供的识读器来识别产品的合法性。

④ 贵重物品管理：还可用于照相机、摄像机、便携电脑、CD 随身听、珠宝等贵重物品的防盗、结算、售后保证。其防盗功能属于电子物品监视系统(EAS)的一种。标签可以附着或内置于物品包装内。专门的货架扫描器会对货品实时扫描，得到实时存货记录。如果货品从货架上拿走，系统将验证此行为是否合法，如为非法取走货品，系统将报警。买单出库时，不同类别的全部物品可通过扫描器，一次性完成扫描，在收银台生成销售单的同时解除防盗功能。这样，顾客带着所购物品离开时，警报就不会响了。在顾客付账时，收银台会将售出日期写入标签，这样顾客所购的物品也得到了相应的保证和承诺。

⑤ 图书管理、租赁产品管理：在图书中贴入电子标签，可方便地接收图书信息，整理图书时不用移动图书，可提高工作效率，避免工作误差。

⑥ 其他如物流、汽车防盗、航空包裹管理等。

射频识别技术还应用在以下行业中。

- 在零售业中，条形码技术的运用使得数以万计的商品可轻松按种类、价格、产地、批次、货架、库存等类别区分。
- 采用车辆自动识别技术，使得路桥、停车场等收费场所避免了车辆排队通关现象，减少了时间浪费，从而极大地提高了交通运输效率及交通运输设施的通行能力。
- 在自动化的生产流水线上，整个产品生产流程的各个环节均被置于严密的监控和管理之下。
- 在粉尘、污染、寒冷、炎热等恶劣环境中，远距离射频识别技术的运用改善了卡车司机必须下车办理手续的不便。
- 在公交车的运行管理中，自动识别系统准确地记录着车辆在沿线各站点的到发站时刻，为车辆调度及全程运行管理提供实时可靠的信息。

4) EDI 与 ebXML

(1) EDI 概述。

EDI 是英文 Electronic Data Interchange 的缩写，中文可译为"电子数据交换"。EDI 商务是指将商业或行政事务按一个公认的标准，形成结构化的事务处理或文档数据格式，从计算机到计算机的电子传输方法。简单地说，EDI 就是按照商定的协议，将商业文件标准化和格式化，并通过计算机网络，在贸易伙伴的计算机网络系统之间进行数据交换和自动处理，俗称"无纸化贸易"。EDI 的定义至今没有一个统一的标准，但是有三个方面是相同的：

资料用统一的标准；利用电信号传递信息；计算机系统之间的连接。联合国标准化组织将 EDI 描述成"将商业或行政事务处理按照一个公认的标准，形成结构化的事务处理或报文数据格式，从计算机到计算机的电子传输方法"。

EDI 一产生，其标准的国际化就成为人们日益关注的焦点之一。早期的 EDI 使用的大都是各处的行业标准，不能进行跨行业 EDI 互联，严重地影响了 EDI 的效益，阻碍了全球 EDI 的发展。例如美国就存在汽车工业的 AIAG 标准、零售业的 UCS 标准、货栈和冷冻食品贮存业的 WINS 标准等。日本有连锁店协会的 JCQ 行业标准、全国银行协会的 Aengin 标准和电子工业协会的 EIAT 标准等。

为促进 EDI 的发展，世界各国都在不遗余力地促进 EDI 标准的国际化，以求最大限度地发挥 EDI 的作用。目前，在 EDI 标准上，国际上最有名的是联合国经济委员会下属第四工作组(WP4)于 1986 年制定的《用于行政管理、商业和运输的电子数据互换》标准——EDIFACT 标准。EDIFACT 已被国际标准化组织 ISO 接收为国际标准，编号为 ISO9735。美国家标准化协会(ANSI)X.12 鉴定委员会(AXCS.12)于 1985 年制定 NSIX.12 标准。

(2) ebXML 概述。

电子商务诞生初期的想法是通过链接在一起的计算机系统，数据能从一个系统传送到其他系统，从而不再使用纸介质文件来交换商业数据。这个概念就是 EDI(Electronic Data Interchange，电子数据交换)的原型。EDI 的出现大大提高了商业运作效率，但虽然全世界的前 10000 家公司中 98%以上都在使用 EDI,但全世界其他公司中却仅有 5%是 EDI 的用户。这是为什么呢？这是因为 EDI 虽然很有效，但启动费用很高。

近年来，人们一直在寻找 EDI 的替代方案，希望能够找到一种使全球不同规模的公司都能受益的简单、便宜的交换标准商务文档的方法。在这样的背景下 ebXML 应运而生了。

ebXML 规范的最初版本于 2001 年 5 月发布。它的目标是使任何规模的商家能够和任何人开展电子商务。在现阶段，ebXML 是一套文档，包含若干完善的原型，但是有许多企业现在正在开发支持它的系统。

ebXML 是联合国贸易简化和电子商务促进中心(UN/CEFACT)及推进结构化信息标准组织(OASIS)于 1999 年 11 月成立的工作组。多年来，全球 100 多个国家、2000 多个组织的 EDI、XML 专家、企业、行业组织、软件服务商等约 5000 人参与了 ebXML 标准的制定工作。ebXML 的愿景是提供"一套国际上一致认可的、由通用的 XML 语法和结构化文件组成的技术规范，使电子商务简单易操作并且无所不在，最大限度地使用 XML，便于跨行业的 B2B、B2C 商务交易，促进全球贸易"。

ebXML 与其他电子商务标准的最大不同之处在于，它不针对某一具体的行业。ebXML 是一个跨行业的电子商务架构。该架构提供了各行业建立电子商务交易的方法学，直接整合商务流程。ebXML 电子商务的关键是商务，而不是电子。

ebXML 标准技术规范为电子商务定义了一个基础架构，通过这个架构，可以建立协调一致的、有极强互操作能力的电子商务的服务和组件，在全球电子商务市场中无缝集成。同时标准技术规范提供了实现这一架构的七项机制。

- 商务流程信息模型标准机制。

- 注册与存储商务流程信息模型机制，用来实现共享和重用。
- 发现交易伙伴相关信息机制，包括商务流程、商务服务接口、商务信息、消息交换传输及安全。
- 注册和存储上述相关信息，供交易伙伴彼此发现、检索相关信息的机制。
- 合作协议协定配置(CPA)机制。
- 消息服务协定机制。
- 把商务流程与约定描述于消息服务的机制。

ebXML 技术规范完全同 W3C XML 技术规范保持一致，为 ebXML 贸易伙伴应用内部及相互之间提供互操作性，为已认可的电子数据交换标准和正制定的 XML 商务标准提供转换的方法使互操作性和效益最大化，未来提交至一个国际认可的标准组织作为国际标准发布。

(3) ebXML 的任务。

由于 XML 本身不具备使其适应商务世界需求的所有工具，所以希望通过 ebXML 实现以下任务。

- 使电子商务简单、容易，并且无所不在。
- 最大限度地使用 XML。
- 为 B2B 和 B2C 提供一个同样的开放标准以进行跨行业的商务交易。
- 将各种 XML 商务词汇的结构和内容一起放进一个单一的规范。
- 提供一条从当前 EDI 标准和 XML 词汇表移植的途径。
- 鼓励行业在一个共同的长期目标下致力于直接的或短期的目标。
- 用 ebXML 进行电子商务活动，避免要求最终用户投资于专有软件或强制使用专业系统。
- 保持最低成本。
- 支持多种书面语言并容纳国内、国际贸易的通用规则。

3. EPC 编码体系

1) EPC 编码原则

(1) 唯一性。

EPC 提供对实体对象的全球唯一标识，一个 EPC 代码只标识一个实体对象。为了确保实体对象的唯一标识的实现，EPCglobal 采取了以下措施。

① 足够的编码容量。从世界人口总数(大约 60 亿)到大米总粒数(粗略估计 1 亿亿粒)，EPC 有足够大的地址空间来标识所有这些对象，如表 7-7 所示。

② 组织保证。必须保证EPC编码分配的唯一性并寻求解决编码冲突的方法，EPCglobal 通过全球各国编码组织来负责分配各国的 EPC 代码，建立相应的管理制度。

③ 使用周期。对一般实体对象，使用周期和实体对象的生命周期一致；对特殊的产品，EPC 代码的使用周期是永久的。

表 7-7 EPC 编码冗余度

比特数	唯一编码数	对　象
23	$6.0×10^6$/年	汽车
29	$5.6×10^8$ 使用中	计算机
33	$6.0×10^9$	人口
34	$2.0×10^{10}$/年	剃须刀刀片
54	$1.3×10^{16}$/年	大米粒数

(2) 简单性。

EPC 的编码既简单又能同时提供实体对象的唯一标识。以往的编码方案，很少能被全球各国各行业广泛采用，原因之一是编码的复杂导致不适用。

(3) 可扩展性。

EPC 编码留有备用空间，具有可扩展性。EPC 地址空间的是可发展的，具有足够的冗余，确保了 EPC 系统的升级和可持续发展。

(4) 保密性与安全性。

EPC 编码与安全和加密技术相结合，具有高度的保密性和安全性。保密性和安全性是配置高效网络的首要问题之一。安全的传输、存储和实现是 EPC 能否被广泛采用的基础。

2) EPC 编码结构

EPC 代码是新一代的与 EAN/UPC 码兼容的新的编码标准，在 EPC 系统中 EPC 编码与现行 GTIN 相结合，因而 EPC 并不是取代现行的条码标准，而是由现行的条码标准逐渐过渡到 EPC 标准或者是在未来的供应链中 EPC 和 EAN·UCC 系统共存。EPC 中码段的分配是由 EAN·UCC 来管理的。在我国，EAN·UCC 系统中 GTIN 编码是由中国物品编码中心负责分配和管理。同样，ANCC 也已启动 EPC 服务来满足国内企业使用 EPC 的需求。

EPC 代码是由一个版本号加上另外三段数据(依次为域名管理者、对象分类、序列号)组成的一组数字。其中版本号标识 EPC 的版本号，它使得 EPC 随后的码段可以有不同的长度；域名管理是描述与此 EPC 相关的生产厂商的信息，例如"可口可乐公司"；对象分类记录产品精确类型的信息，例如："美国生产的 330ml 罐装减肥可乐(可口可乐的一种新产品)"；序列号唯一标识货品，它会精确地告诉我们所说的究竟是哪一罐 330ml 罐装减肥可乐。

3) EPC 编码类型

目前，EPC 代码有 64 位、96 位和 256 位三种。为了保证所有物品都有一个 EPC 代码并使其载体——标签成本尽可能降低，建议采用 96 位，这样其数目可以为 2.68 亿个公司提供唯一标识，每个生产厂商可以有 1600 万个对象种类并且每个对象种类可以有 680 亿个序列号，这对未来世界所有产品已经非常够用了。鉴于当前不用那么多序列号，所以只采用 64 位 EPC，这样会进一步降低标签成本。但是随着 EPC-64 和 EPC-96 版本的不断发展，使得 EPC 代码作为一种世界通用的标识方案已经不足以长期使用，所以出现了 256 位编码。至今已经推出 EPC-96 Ⅰ型，EPC-64 Ⅰ型、Ⅱ型、Ⅲ型，EPC-256 Ⅰ型、Ⅱ型、Ⅲ型等编码方案。

4. EPC 编码策略

EPC 编码是新一代的与 EAN·UCC 编码兼容的新的编码标准,在 EPC 系统中 EPC 编码与现行 GTIN 相结合,因而 EPC 并不是取代现行的条码标准,而是由现行的条码标准逐渐过渡到 EPC 标准或者是在未来的供应链中 EPC 和 EAN·UCC 系统共存。EPC 是存储在射频标签中的唯一信息且已经得到 UCC 和国际 EAN 的支持。目前,还与其他国家、国际的贸易集团和标准机构进行合作。

EPC 的目标是提供对物理世界对象的唯一标识,通过计算机网络来标识和访问单个物体,就如同在互联网中使用 IP 地址来标识、组织和通信一样。下面将介绍 EPC 码的几个重要的设计策略并具体分析这种编码的分类和结构以及与 GTIN 关系的整合。

1) 生产商和产品

目前世界上的公司估计超过 2500 万家,而接下来的 10 年这个数目有望达到 3900 万家,显然需要建立一套标准的与这些预见一致的编码体系。

产品数量的范围变化很大,如表 7-8 所示。值得注意的一点是,任何一个组织的产品类型均不超过 10 万种(参考 EAN 成员组织)。此外,需要考虑很多更小的公司,它们不是任何标准组织的成员,这个数目就更小了。

表 7-8 摘自 MIT-AUTO-ID Center EPC 白皮书

领　域	中　值	范　围
新兴市场经济领域	37	0～8500
新兴工业经济领域	217	1～83400
先进的工业国家	1018	0～100000

2) 嵌入信息

是否在 EPC 中嵌入信息,一直颇有争议。当前的编码标准,如 UCC/EAN-128 应用标识符(AI)的结构中就包含数据。这些信息可以包括如货品重量、尺寸、有效期、目的地等。

AUTO-ID 中心建议消除或最小化 EPC 编码中嵌入的信息量。其基本思想是利用现有的计算机网络和当前的信息资源来存储数据,这样 EPC 便成了一个信息引用者,拥有最小的信息量,当然也需要和国际要求相平衡,如易于使用、与系统兼容等。

无论 EPC 中是否存储信息,AUTO-ID 中心的目标是用它来标识物理对象。根据这一原则,定义 EPC 是唯一标识贸易项的编码方案的一部分。因此在设计中,将着重介绍标识物理对象所需的数据。

3) 分类

将具有相同特征的对象进行分类或分组是智能系统最基本的功能之一,也是减少数据复杂性的主要方法。发展一门有效的分类学是件艰巨的任务,因为它紧密地依赖于观察者的观点。例如:一罐颜料在制造里可能被当成库存资产,在运输商那里可能是"可堆叠的容器",而回收商则可能认为它是有毒废品。在各个领域,分类是具有相同特点物品的集合,而不是物品的特有属性。

因此，AUTO-ID 中心主张在产品电子代码中取消或者最小化分类信息。因为分类仍然是重要的行为，主张将这种功能移植到网络上。进一步说就是，采用能够进行基本数据采集和将物品"过滤"为传统产品的高水平软件。

4) 简单性

过去曾经设计了很多标准和命名方案，但是很少能被广泛采用。导致这个问题的原因之一是其复杂性，越难的方案就需要越长的研究时间，而且必须与用户的利益平衡。因此 EPC 要尽可能简单并且能够同时提供对象的唯一标识。

5) 可扩展性

发展一种全球性标准的难点之一是预计现在及将来的所有可能的应用。对于将来，没有完美的版本，AUTO-ID 中心提供了一种简单的扩展方法。即与其提供完整的规范，不如只做初步的设计，而将 EPC 地址空间的主体留备将来使用。EPC 后来版本各部分位数总大于上一版本，这样保证其向下的兼容性。

6) 媒介

EPC 要存储到某些类型的物理媒介上，例如条码、电子存储器或打印的字符。数据通过编码的电磁波进行传输。

对所有的媒介来讲，存储和传输成本与数据量成正比。因为 AUTO-ID 中心希望 EPC 能被广泛采用——在数万亿的贸易项标签中使用，所以媒介必须尽最大可能降低成本。为此 EPC 必须尽可能减小尺寸以降低成本和复杂性。

7) 保密性与安全性

通过同样的方法可以将数据内容从传输方法中分离出来，即根据安全和加密技术对 EPC 定义进行耦合。保密性和安全性是配置高效网络的首要问题之一。安全的传输、存储和实现是 EPC 能否被广泛采用的基础。AUTO-ID 中心认为与其使用专门的加密技术，不如将 EPC 仅仅看作是一种简单的命名和标识对象的方法。

8) 批量产品编码

许多工农业产品可以大批量生产，很多时候，我们从经济的角度来看，没必要给批内的每一样产品分配唯一的 EPC 编码，这时，一批产品分配一个 EPC 码就可以了，那么该批产品的 EPC 编码对应着该批内的所有对象，也就是说，该批内的所有产品的 EPC 编码完全一致。

5. EPC 编码实现

1) 编码设计思想

为了更好地理解 EPC 标签数据标准的整体框架，首先要充分理解 EPC 标识符的三个层次，如图 7-9 所示，即纯标识层、编码层和物理实现层。

图 7-9　EPC 标签编码的通用结构

(1) 纯标识层——标识一个特定的物理或逻辑实体而不依赖于任何具体的编码载体，

比如射频标签、条码或数据库等。一个给定的纯标识可能包括许多编码,比如条码、各种标签编码和各种 URI 编码。因此,一个纯标识是标识一个实体的一个抽象的名字或号码。一个纯标识只包括特定实体的唯一标识信息,而不包含其他内容。

(2) 编码层——纯标识和附加信息(例如滤值)一起组成的特定序列。编码结构可能除了统一编码之中的附加数据(比如滤值)外,还可能包含其他信息,那么,该编码方案就要指明其包含的附加数据的内容。

(3) 物理实现层——具体的编码,可以通过某些机器读出。例如,一个特定的射频标签或特定的数据库字段。一个给定的编码可能有多种物理实现。

例如,EAN·UCC 系统定义的 SSCC 就是个纯标识的例子。一个 SSCC 编码成 EPC SSCC 96 格式就是一个编码的例子。而这个 96 位编码写到一个 UHF Class1 射频标签里,则是一个物理实现的例子。

一个特定的编码方案可能暗含该编码方案所标识的范围。例如,在 64 位 SSCC 编码方案中仅可以编码 16384 个厂商。每一个编码方案都指明了其标识范围的约束。

2) EPC 编码实现

EPC 标签编码的通用结构是一个比特串(如一个二进制表示),由一个分层次、可变长度的头字段以及一系列数字字段组成(见图 7-9),码的总长、结构和功能完全由字段头的值决定。

(1) 标头。

如前所述,标头定义了总长、识别功能和 EPC 标签编码结构。

标头是八位二进制值,值的分配规则已经出台,可能有 63 个可能的值(11111111 保留,以允许使用长度大于 8 位的标头)。EPC 标签数据标准定义的编码方案头字段如表 7-9 所示。

表 7-9 产品电子编码头字段

头字段值(二进制)	标签长度(比特)	EPC 编码方案
01	64	[64-位保留方案]1064
10	64	SGTIN-64
11	64	[64-位保留方案]
0000 0001	na	[1 个保留方案]
0000 001x	na	[2 个保留方案]
0000 01xx	na	[4 个保留方案]
0000 1000	64	SSCC-64
0000 1001	64	GLN-64
0000 1010	64	GRAI-64
0000 1011	64	GIAI-64
0000 1100 ... 0000 1111	64	[4 个 64-比特保留方案]

续表

头字段值(二进制)	标签长度(比特)	EPC 编码方案
0001 0000 … 0010 1111	na	[32 个保留方案]
0011 0000	96	SGTIN-96
0011 0001	96	SSCC-96
0011 0010	96	GLN-96
0011 0011	96	GRAI-96
0011 0100	96	GIAI-96
0011 0101	96	GID-96
0011 0110 … 0011 1111	96	[10 个 96-位保留方案]
0000 0000…		[为未来头字段长度大于 8 比特保留]

(2) 通用标识符 GID-96。

EPC 标签数据标准定义了 96 位的 PC 代码(GID-96)，它与任何已知的、现有的规范或标识方案没有关系。此通用标识符由三个字段组成——通用管理者编码、对象分类和序列号。GID 的编码包含第四个字段——头字段，以保证 EPC 命名空间的唯一性，如表 7-10 所示。

通用管理者编码标识一个组织实体(特别是一个公司、管理者或组织)，负责维持后续字段的编码——对象分类和序列号。EPCglobal 分配通用管理者编码给实体，确保每一个通用管理者编码是唯一的。

对象分类被 EPC 管理实体使用来识别一个物品的种类或"类型"。这些对象分类编码在每一个通用管理者编码之下必须是唯一的。

序列号，在每一个对象分类之内是唯一的。换句话说，管理实体负责为每一个对象分类分配唯一的、不重复的序列号。

表 7-10 通用标识符(GID-96)

	标 头	通用管理者代码	对象分类代码	序列代码
GID-96	8	28	24	36
	00110101 (二进制值)	268435456(十进制容量)	16777216 (十进制容量)	68719476736(十进制容量)

(3) ENA·UCC 系统标识类型。

EPC 标签数据标准定义了 EAN·UCC 体系的五种 EPC 标识类型，即序列化全球贸易标识代码(SGTIN)、系列货运包装箱代码(SSCC)、序列化全球位置码(SGLN)、全球可回收资产标识符(GRAI)、全球私有资产标识符(GIAI)。

3) EPC 编码转换

(1) SGTIN 向 EPC 的转换。

遍布 90 多个国家的 80 多万个成员公司使用 EAN·UCC 编码体系。几十亿货品使用 GTIN 体系的条码，至今已成为历史上最成功的标准之一。因此，将全球接受的 EAN·UCC 识别体系结构整合到新的 EPC 产品电子码中是众望所归的。虽然看起来难度可能比较大，然而事实上这两大体系的整合可能并非如此复杂。GTIN 体系与 EPC 体系的有效兼容性将使"智能化基础设施"更多更快地应用到使用传统条码的行业中来，比如零售业和分销业，同时能够扩展全球标准新的领域，包括健康护理业和制造业。

AUTO-ID Center 希望将大多数 EAN·UCC 数据结构内容应用到新的网络数据库中。GTIN 体系结构里制造商编码与产品编码部分将以 EPC 管理编码和 EPC 对象分类编码的形式保留在 EPC 产品电子码里。但条码扫描必需的校验值属性将从数据结构中删除。其中，常规 UPC 编码(UCC-12)可以直接转换到 EPC 编码。比如，UCC-12 编码结构的企业编码和货品编码部分分别与 EPC 编码结构的管理编码和对象分类编码部分相吻合。常规的 UPC 编码有五位企业编码，这五位数没有特殊的意义。因此从 UPC 制造商编码到 EPC 管理识别码的转换是简单的——这两部分号码是完全相同的。

另外，EPC 产品电子码尝试缩减其编码结构内在信息和分类的数量。以国家编码来划分公司分类码的形式将被取消。因此与互联网 IP 地址编码中没有国家或地区区别类似，EPC 也将弱化国家间区别，并且是直接面向全球导向的。

(2) 其他 EPC 编码。

目前 EPC 标签数据标准定义了来自 EAN·UCC 系统的 EPC 标识结构，即由传统的 EAN·UCC 系统转向 EPC 的编码方法。目前 EPC 编码通用长度为 96 位，今后可扩展至更多位。在最新的 EPCglobal 标签数据标准中新增了 SGTIN-198、SGLN-195、GRAI-170、GIAI-202。需要注意的是：EPC 编码不包括校验位。传统 EAN·UCC 系列代码的校验位在代码转化 EPC 过程中失去了作用。

7.4.3　EPC 系统网络技术

1. EPCglobal 网络与全球数据同步网络(GDSN)

1) EPCglobal 网络

EPCglobal 网络是实现自动即时识别和供应链信息共享的网络平台。通过 EPCglobal 网络，提高供应链上贸易单元信息的透明度与可视性，以此各机构组织将会更有效运行。通过整合现有信息系统和技术，EPCglobal 网络将提供对全球供应链上贸易单元即时准确自动的识别和跟踪。

(1) 产品电子代码(EPC)。

产品电子代码(EPC)是由标头、厂商识别代码、对象分类代码、序列号等数据字段组成的一组数字。EPCglobal 网络为 EPC 数据结构提供了一个灵活的框架，支持多种编码方案。这种框架有助于各个垂直部门使用 EPCglobal 网络，因为它可以是各个部门将自己基于标准的编码整合到 EPC 中。例如，EAN·UCC 组织将围绕 EAN·UCC 系统编码方案建立自己的 EPC，其他行业也围绕自己的标准编码方案建立自己的 EPC。对单个物品分配唯一的 EPC，使在 EPCglobal 网络中采集和交流动态信息成为可能。

(2) EPC 网络的运作。

EPCglobal 通过采用价格便宜的 RFID 标签和识读器识别 EPC，在全球供应链中推行 RFID 技术，然后借助互联网获取授权用户可以共享大量的相关信息。为了采集数据，将带有唯一 EPC 代码的 EPC 标签粘贴在集装箱、托盘、箱子或物体上，然后，从战略角度考虑，分布在整个供应链各处的 EPC 识读器是读取各个标签所承载的信息，将 EPC 和读取时间、日期和地点传输给网络。EPC 中间件在各点对 EPC 标签、识读器和当地基础设施进行控制和集成。

上述信息一旦被采集，EPCglobal 网络利用互联网技术创建的网络，让全球供应链中的授权贸易伙伴分享这些信息。对象名称解析服务(ONS)技术与互联网技术类似，将 EPC 转换成 URL，然后通过 URL 找到与该 EPC 有关的信息在哪里。此后，由产品电子代码信息服务(EPCIS)对 EPCglobal 网络中实际数据的存取进行管理，企业在 EPCIS 中指定哪些贸易伙伴有权访问这些信息。通过以上步骤，包含并能实时显示各个产品移动情况的信息网络就此形成。

2) 全球数据同步网络(GDSN)

全球数据同步网络是数据池系统和全球注册中心基于互联网组成的信息系统网络。

通过部署在全球不同地区的数据池系统，分布在世界各地的公司能和供应链上的贸易伙伴使用统一的标准交换贸易数据，实现商品信息的同步。这些系统中有相同数据项目的属性，以保证这些属性的值一致，比如某种饮料的规格、颜色、包装等属性。GDSN 保证全球零售商、供货商、物流商等的系统中的数据都是和制造商公布的完全一致，并可以即时更新。

(1) 全球贸易项目代码(GTIN)和全球位置编码(GLN)。

全球贸易项目代码(GTIN)和全球位置编码(GLN)都是 GDSN 中的全球标识代码。GLN 是适用于法人实体、贸易伙伴和位置信息的 EAN·UCC 系统标识符。GTIN 是适用于交易物品的 EAN·UCC 系统标识符，包括产品和服务。各企业根据自己的公司前缀和 EAN·UCC 系统标准，分配和维护自己的 GTIN 和 GLN。许多垂直部门利用 GTIN 和 GLN 对自己及其产品进行唯一性识别。指定 GTIN 和 GLN 使它们可以在 GDSN 中交换有关法人实体、贸易伙伴、位置和产品的静态信息。

(2) 全球数据同步网络(GDSN)的运作。

GDSN 采用基于 GS1 系统标准的信息，为贸易伙伴提供唯一的入库口，通过可相互操作的数据库和 GS1 全球登记库使静态信息同步化。可相互操作数据库即 GTIN 和 GLN 静态信息仓库，企业在数据库中注册自己的产品信息，授权贸易伙伴接收这些信息。因此，当信息发生改变时，企业可以在数据库里修改产品信息，然后 GDSN 数据库检查所有静态信息是否符合 GS1 系统标准，使信息在供需双方的合作伙伴之间同步化，以确保所有贸易伙伴使用的数据库都是相同的、符合 EAN·UCC 系统标准的最新数据。最后，GS1 全球登记作为中心数据池，提供来自 GDSN 各个数据的产品和参与方数据的位置信息(即 GTIN 和 GLN)。同时，它还提供对 GTIN 和 GLN 基本信息的全球搜索，通过确定信息所在的数据库找出相关数据，促进静态信息在贸易伙伴间的传递。

3) EPCglobal 网络和 GDSN

(1) EPCglobal 网络和 GDSN 的关联。

① EPCglobal 网络和 GDSN 的协同作用。

目前，EPCglobal 网络和 GDSN 不维护重复的信息。EPCglobal 不提供 GTIN 信息，而 GTIN 则不提供某一产品的各实例信息。全球贸易项目代码(GTIN)是针对 EAN·UCC 系统产品、基于标准标识码，旨在获取 GTIN 的静态产品信息的全球识别代码。EPC 数据结构是各部门能采用自己的编码标准对 EPC 编码。在 EAN·UCC 系统中，GTIN 被合并到基于标准代码的 EPC 中。

但是，由于 GTIN 已被纳入 EPC 中，因此在 EPCglobal 网络中，人们对这两大网络的全球识别代码进行了调整。整合到 EPC 中的 GTIN 提供了一个从 EPCglobal 网络到 GDSN 的信息链。因此，EPC 提供的全球标识代码，不仅可以用来访问 EPCglobal 网络中的各个物品的动态信息，也能使 GS1 系统用户能偶尔访问物品在 GDSN 中产品分组的静态信息。

② EPCglobal 网络和 GDSN 的组成部分。

EPCglobal 网络和 GDSN 利用一种机制将全球识别代码与相关信息联系起来，并利用该机制对网络内部的信息访问进行管理。在 EPCglobal 网络中，用 EPC 为索引查询对象名称解析服务(ONS)，然后 ONS 返回与该 EPC 有关的位置信息。此后，由 EPC IS 根据位置信息对 EPCglobal 网络的实际数据存取进行管理。在 EPC IS 中，各个公司指定谁有权访问自己的动态信息。在 GDSN 中，用户利用 GLN 和/或 GLN 查询 GS1 全球登记库，然后指定存放该 GTIN 或 GLN 信息的数据库。此后，该数据库对信息访问进行管理，数据所有者对静态信息的访问作出授权。

(2) EPCglobal 网络和 GDSN 的区别。

尽管 EPCglobal 网络与 GDSN 时间存在相似之处，但二者之间也有重大区别。这两大网络提供的信息不仅在种类上有着明显的不同，而且有着各自不同的目标和操作环境。

① 目标和信息。

EPCglobal 网络主要用于采集和共享各个物品的流动信息，其目标是为相互协作的各参与方提供动态信息。相反，GDSN 则主要用于贸易伙伴共享静态信息，以促进交易，其目标是确保贸易伙伴间静态信息的质量，以促进协作和交易。

② 操作环境。

EPCglobal 网络和 GDSN 的目的和功能大不相同。因此，两大网络有着各自不同的操作环境，EPCglobal 网络提供大量频繁变化的动态信息。每次标有 EPC 的标签经过 EPC 识读器时，识读器都会将所读取的日期、时间和地点发送给 EPCglobal 网络。由于各个物品都有特定的 EPC，每个物品都将在其生命周期内被大量 EPC 识读器读取，因此 EPCglobal 网络的操作环境是为访问供应链内移动的信息而设计的。相反，GDSN 则提供广为传播的静态信息。此外，GLN 和 GTIN 提供有关商业实体和产品/服务团体的核心数据。因此，GDSN 的操作环境必须要能够保证相对稳定信息的质量。

2. EPC 中间件

1) 什么是中间件

中间件(Middleware)是基础软件的一大类，属于可复用软件的范畴。顾名思义，中间件处于操作系统软件与用户的应用软件的中间。中间件在操作系统、网络和数据库之上，应用软件的下层，总的作用是为处于自己上层的应用软件提供运行与开发的环境，帮助用户灵活、高效地开发和集成复杂的应用软件。

最早具有中间件技术思想及功能的软件是 IBM 的 CICS，但由于 CICS 不是分布式环境的产物，因此人们一般把 Tuxedo 作为第一个严格意义上的中间件产品。Tuxedo 是 1984 年在当时属于 AT&T 的贝尔实验室开发完成的，但由于分布式处理当时并没有在商业应用上获得像今天一样的成功，Tuxedo 在很长一段时间里只是实验室产品，后来被 Novell 收购，在经过 Novell 并不成功的商业推广之后，1995 年被 BEA 公司收购。尽管中间件的概念很早就已经产生了，但中间件技术的广泛运用却是 BEA 公司 1995 年成立后收购 Tuxedo 才成为一个真正的中间件厂商，IBM 的中间件 MQSeries 也是 20 世纪 90 年代的产品，其他许多中间件产品也都是最近几年才成熟起来的。国内在中间件领域的起步阶段正是整个世界范围内中间件的初创时期，东方通科技早在 1992 年就开始中间件的研究与开发，1993 年推出第一个产品 Tong LINK/Q。可以说，在中间件领域国内的起步时间并不比国外晚多少。

2) EPC 中间件概述

EPC 中间件是加工和处理来自识读器的所有信息和事件流的软件，是连接识读器和企业应用程序的纽带。它对标签数据进行过滤、分组合计数，以减少发往信息网络系统的数据量，并防止错误识读、漏读和多读信息。

EPC 中间件是程序模块的集成器，程序模块通过两个接口与外界交互——识读器接口和应用程序接口。其中识读器接口提供与标签识读器尤其是 RFID 识读器的连接方法。应用程序接口使 EPC 中间件与外部应用程序连接，这些应用程序通常是现有的企业采用的应用程序，也可能有新的具体 EPC 应用程序甚至其他 EPC 中间件。除了 EPC 中间件定义的两个外部接口(识读器接口和应用程序接口)外，程序模块之间用它们自己定义的 API 函数交互。也许会通过某些特定接口与外部服务进行交互，一种典型就是 EPC 中间件到 EPC 中间件的通信。

程序模块可以由 Auto-ID 标准委员会定义，或者用户和第三方生产商来定义。Auto-ID 标准委员会定义的模块叫作标准程序模块。其中一些标准模块需要应用在 EPC 中间件的所有应用实例中，这种模块叫作必备标准程序模块；其他一些可以根据用户定义包含或者排除于一些具体实例中，这些就叫作可选标准程序模块。其中事件管理系统(EMS)、实时内存数据结构(RIED)和任务管理系统(TMS)，都是必需的标准程序模块。

其中 EMS 用于读取识读器或传感器中的数据，对数据进行平滑、协同和转发，将处理后的数据写入 RIED 或数据库。RIED 是 EPC 中间件特有的一种存储容器，是一个优化的数据库，为了满足 EPC 中间件在逻辑网络中的数据传输速度而设立，它提供与数据库相同的数据接口，但访问速度比数据库快得多。TMS 的功能类似于操作系统的任务管理器，它把由外部应用程序定制的任务转为 EPC 中间件可执行的程序，写入任务进度表，使 EPC 中间件具有多任务执行功能。EPC 中间件支持的任务包括三种类型：一次性任务、循环任务、永久任务。

3. EPC 信息服务(EPC IS)

1) EPC IS 简介

EPC IS 服务是最终用户与 EPCglobal 网络进行数据交换的主要桥梁，EPC IS 服务器上的数据由供应链上下游的企业共享获得的。通过这种共享，企业可了解商品在整个供应链环节中的信息，而不仅局限于本企业内部。

EPC IS(EPC Information Service)的目的在于应用 EPC 相关数据的共享来平衡企业内外不同的应用。EPC 相关数据包括 EPC 标签和识读器获取的相关信息，以及商业上一些必需的附加数据。

2) EPC IS 与其他 EPC 标准的关系

EPC IS 层的数据目的在于驱动不同的企业应用。EPC IS 位于整个 EPC 网络架构的最高层，它不仅是原始 EPC 观测资料的上层数据，而且也是过滤和整理后的观测资料的上层数据。

EPC IS 在整个 EPC 网络架构中的位置如图 7-10 所示。

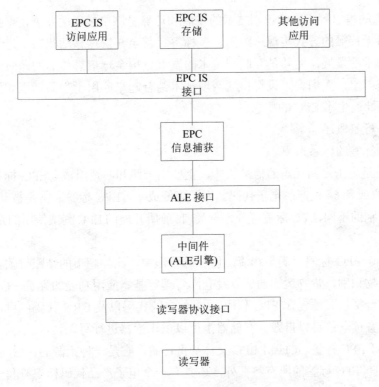

图 7-10 EPC IS 在整个 EPC 网络架构中的位置

3) EPC IS 框架简介

(1) EPC IS 框架中层次的分类。

EPC IS 中框架分为三层，即信息模型层、服务层和绑定层。信息模型层指定了 EPC IS

中包含什么样的数据，这些数据的抽象结构是什么，以及这些数据代表着什么含义。服务层指定了 EPC 网络组件与 EPC IS 数据进行交互的实际接口。绑定层定义了信息的传输协议，比如 SOAP 或 HTTP 等。

(2) EPC IS 框架的可扩展性。

EPC IS 框架的一个重要特征就是它的可扩展性。由于 EPC 技术被越来越多的行业采纳，不断地有新的数据种类出现，所以 EPC IS 必须具有很好的可扩展性才能充分发挥 EPC 技术的优势。同时，为了避免数据的重复与不匹配，EPC IS 规范还针对不同工业和不同数据类型提供了通用的规范。EPC IS 框架规范没有定义服务层和绑定层的扩展机制，但是实际应用中的服务层和绑定层也具有很好的扩展性。

(3) EPC IS 框架规范中整个框架是遵循模块化的思想设计的。

它不是一个单一的规范，而是一些相关的规范个体所组成的集合。EPCIS 的分层机制和良好的可扩展性为实现框架的模块化奠定了基础。

7.4.4　EPC 标签简介

1. EPC 标签

EPC 概念的提出源于射频识别技术的发展和计算机网络技术的发展，射频识别技术的优点在于可以无接触的方式实现远距离、多标签、甚至在快速移动状态下进行自动识别。计算机网络技术的发展，尤其是互联网技术的发展使得全球信息传递的即时性得到了基本保证。在此基础上，人们大胆设想将这两项技术结合起来应用于物品标识和供应链的自动追踪管理，由此诞生了 EPC 的概念。

1) EPC 标签概述

(1) EPC 标签的体系构想。

EPC 标签是电子产品代码的信息载体，主要由天线和芯片组成。EPC 标签中存储的唯一信息是 96 位或者 64 位产品电子代码。为了降低成本，EPC 标签通常是被动式射频标签。根据其功能级别的不同，EPC 标签可分为五类，目前所开展的 EPC 测试使用的是 Class1 Gen2 标签。

① Class0 EPC 标签。满足物流、供应链管理中，比如超市的结账付款、超市货架扫描、集装箱货物识别、货物运输通道以及仓库管理等基本应用功能的标签。Class0 EPC 标签的主要功能包括：必须包含 EPC 代码、24 位自毁代码以及 CRC 代码；可以被识读器读取；可以被重叠读取；可以自毁；存储器不可以由识读器进行写入。

② Class1 EPC 标签。Class1 EPC 又称身份标签，它是一种无源的、后向散射式标签，除了具备 Class0 EPC 标签的所有特征外，还具有一个电子产品代码标识符和一个标签标识符，Class1 EPC 标签具有自毁功能，能够使得标签永久失效，此外，还有可选的密码保护访问控制和可选的用户内存等特性。

③ Class2 EPC 标签。这也是一种无源的、后向散射式标签，它除了具备 Class1 EPC 标签的所有特征外，还包括扩展的 TID(Tag Identifier, 标签标识符)、扩展的用户内存、选

择性识读功能。Class2 EPC 标签在访问控制中加入了身份认证机制，并将定义其他附加功能。

④ Class3 EPC 标签。它是一种半有源的、后向散射式标签，除了具备 Class2 EPC 标签的所有特征外，还具有完整的电源系统和综合的传感电路，其中，片上电源用来为标签芯片提供部分逻辑功能。

⑤ Class4 EPC 标签。它是一种有源的、主动式标签，除了具备 Class3 EPC 标签的所有特征外，还具有标签到标签的通信功能、主动式通信功能和特别组网功能。

(2) 当前 EPC 标签的种类。

EPC 标签的工作频率是 EPC 标签的一项重要参数，也是 EPC 标签在全球所面临的众多问题中的最为重要的一个问题。各国各地区频率使用规划的不一致是产生频率使用问题的基本根源。基于多方协调，目前基本共识情况如下：在低频段采用 HF 频段的 13.56MHz；在高频段采用 UHF 频段的 860M～960MHz。

根据对 EPC 标签读写距离的基本要求，UHF 频段的 EPC 标签可以预计会具有更大的应用空间。

EPC 标签的分类可以有很多种方法，主要取决于分类的依据：有根据 EPC 标签遵循标准分类的，有根据 EPC 标签制造商分类的，有根据 EPC 标签的应用分类的(如图书标签)，有根据 EPC 标签封装及使用情况分类的(如贴纸、卡等)。分类顺序依次如下。

① 按频率分类。频率不同，标签与识读器之间的耦合方式不同。基于这一原因，当前的国际标注码在不同的频率段上制定标准。

② 按标准分类。由于标准不同，一般情况下标签不能相互替换，直接决定着对应的 RFID 系统的兼容性。

③ 按封装的多样性分类。标签外形的封装形式会越来越多地决定标签的应用，同时也在很大程度上界定标签的价格。

④ 按应用分类。标签的应用是标签的最终目标。从应用分类，也是用户最容易接受的一种方式，但不一定恰当，原因是用户只对其所采用标签最为熟悉，但不一定了解技术的全貌。

2) EPC 标签的组成

EPC 标签本身包含一个硅芯片和一个天线，拥有授权的浏览设备可以接受芯片中的数据，芯片中存储的数据可以包括物品的物理性描述，如数量、款式、大小、颜色以及货物来源地、生产日期等相关信息资料。

EPC 标签的阅读器不需要物理性接触就可以完成识别。EPC 标签本质是一组编码，被分成四段，是由一个版本号和另外三段数据(依次为域名管理者、对象分类、序列号)组成的一组数字。其中域名管理者描述的是与此编码相关的生产厂商的信息，例如"青岛啤酒有限公司"；对象分类记录了产品精确类型的信息，如"青岛生产的 350ml 罐装啤酒"；唯一序列号标识货品，它会精确地告诉我们哪一罐是 350ml 的罐装啤酒。

3) EPC 标签的标准

有关 EPC 标签技术标准的讨论至今仍是 EPC 技术中最热门的话题。EPC 标签技术标准所要解决的主要问题如下。

(1) EPC 标签存储信息的定义。

(2) EPC 标签内部状态转换及多标签读取的碰撞算法。

(3) EPC 标签与 EPC 标签识读器之间的空中通信接口协议。

(4) 标签灭活命令 Kill。

(5) EPC 标签与 EPC 标签识读器半双工识读器数据通信中采用的校验方法。

目前，EPC 标签的技术标准有 HFClass0、UHFClass0 和 UHFClass1。为此，人们将更多的期待放在了 UHF 频段的技术标准之上，这也是由 UHF 频段的 RFID 技术的特点所决定的。现有的 EPC 标签有以美国 Matrics 公司为代表的 UHFClass0 和以美国 ALIEN 公司为代表的 UHFClass1，并已开展了一些应用及应用试验。UHFClass1Gen2 的出台，大大提高和完善了 RFID 技术。

2. EPC 标签识读器

1) EPC 标签识读器简介

ECP 标签是指遵循 EPC 规则的射频标签，射频标签也称为电子标签或 RFID 标签，电子标签是射频识别系统的重要组成部分。同样，EPC 标签识读器是指遵循 EPC 规则的射频识别识读器。根据 EPC 概念的要求，EPC 标签识读器的作用可以归结为以下三点。

(1) 初始化 EPC 标签内存的信息。

EPC 标签包含的基本信息为一个 64 位或 96 位的二进制代码。EPC 标签的初始化即根据 EPC 编码的具体操作规定，向每一个 EPC 标签中写入 EPC 代码。未经初始化的 EPC 标签内存的信息可以认为全是 0，每个标签完全一样，没有区别。EPC 标签中信息存储的物理位置是在 EPC 标签的芯片存储区中，因而 EPC 标签的初始化工作也可以在 EPC 标签芯片生产的后期测试中直接注入 EPC 标签芯片中。

(2) 读取 EPC 标签内存的信息。

读取 EPC 标签内存的信息是现实应用中 EPC 标签识读器担当的主要任务。通过 EPC 标签识读器在不同的配置点读取各单件物品上贴附的 EPC 标签中的 EPC 代码信息，实现 EPC 物联网对单件物品表示信息的采集。在此基础上，可实现对物流、供应链以及物品信息查询服务的精确控制与管理。EPC 标签数据的收集是 EPC 物联网中最为关键的一个技术环节。

(3) 使 EPC 标签功能失效。

由于 EPC 概念定位于为任何一件商品通过 EPC 标签为其赋予一个全球唯一的代码。当商品出售之后，商品的所有权转移到了消费者的手中，消费者有权要求其所购商品不再保持被继续作为商品流向跟踪下去的权力。EPC 标签中特设的"灭活"(Kill)命令是针对这一需要而设定的，由于 EPC 标签无源设计的基本定位，只有通过识读器向其发出"灭活"(Kill)命令，才能使得 EPC 标签功能失效。功能失效的 EPC 标签将不再能够被识读器读出其内存的 EPC 代码。

2) 识读器的工作原理

EPC 标签识读器是指遵循 EPC 规则的射频识别识读器。从本质上说，EPC 标签识读器是一类射频识别识读器,其遵循的 EPC 规则主要体现在识读器与计算机或互联网的接口上。

(1) 识读器的基本原理。

识读器与电子标签之间通过空间信道实现识读器向标签发送命令,标签收到识读器的命令后做出必要的响应,由此实现射频识别。一般情况下,识读器主要负责与电子标签的双向通信,同时接收来自主机系统的控制指令。

(2) 识读器的基本组成模块。

从电路实现角度来说,识读器可划分为两大部分,即射频信号处理模块与基带信号处理模块。

射频信号处理模块主要由调制解调电路模块及天线组成,主要功能有两个,一是实现将识读器欲发往射频标签的命令调制到射频信号上,经由发射天线发送到射频标签上,而射频标签对照射的其上的射频信号做出响应;二是实现将射频标签返回到识读器的回波信号进行加工处理,并从中解调提取出射频标签回送的数据。

基带信号处理模块的主要功能也有两个,一是将识读器智能单元发出的命令加工(编码)实现为便于调制(装载)到射频信号上的编码调制信号;二是实现对经过射频模块调解处理的标签回送数据信号进行必要的处理(包含解码),并将处理后的结果送入识读器的智能单元。

3) 识读器的工作模型

(1) 识读器的天线。

根据射频识别系统的基本工作原理,发生在识读器和电子标签之间的射频信号的耦合类型有两种,即电感耦合方式(变压器模型)和反向散射耦合方式(雷达模型)。

① 电感耦合。

电感耦合方式通过空间高频交变磁场实现耦合,依据是电磁感应定律。电感耦合方式一般于适合于中、低频工作的近距离射频识别系统。

电感耦合方式的实质是识读器天线线圈的交变磁力线穿过电子标签天线的线圈,并在标签天线的线圈中产生感应电压。在耦合过程中,利用的是识读器天线线圈产生的未辐射出去的交变磁能,相当于天线的辐射近场情况。

识读器到电子标签的命令通过识读器天线线圈的电压变化,反馈送扫电子标签的天线线圈,并以标签天线线圈中的感应电压的变化反映出来。反过来,电子标签的发送信息通过加载调制反映到电子标签天线线圈的负载变化之中,体现在反作用的感应电压的变化上。

② 反向散射耦合

在反向散射耦合方式中,发射出去的电磁波,碰到目标后反射,同时携带回目标信息,依据的是电磁波的空间传播规律。反向散射耦合方式一般适合于高频、微波工作的远距离射频识别系统。

反向散射耦合方式的实质是识读器天线辐射出的电磁波照射到电子标签先后形成反射回波,反射回波再被识读器天线接收。耦合过程中,利用的是识读器天线辐射出的交变电磁能,相当于天线的辐射远场情况。

识读器到电子标签的命令通过调制识读器辐射出的电磁波的幅度、频率、相位方式来实现。反过来,电子标签信息通过加载调制反射回波的幅度频率、相位方式来实现电子标签信息到识读器的回送。从雷达原理角度来说,电子标签等效于一个雷达目标反射截面积的变化随标签数据调制而变化的复数量。当电子标签向识读器方向传送的标签数据采用幅度调制时，等效的雷达目标反射截面积可等效为一个随标签数据调制而变化的实数量。

(2) 识读器的工作模型。

识读器的工作模型没有一个确定的模式，随着技术的发展及应用的需求而不断变化。根据目前市场出现的射频识别识读器的基本情况，考虑到面向 EPC 应用的射频识别识读器的发展方向，将识读器的工作模型作以下简单归纳。

- 标准识读器的工作模型。
- 自带数据库的识读器工作模型。
- OEM 化的识读器工作模型。
- 多射频端口(天线)识读器工作模型。
- 便携式识读器工作模型。

4) 识读器的未来发展趋势

随着 RFID 技术的发展，尤其是在 EPC 概念的带动下，识读器的价格将会进一步走低，性能将会进一步提高。从技术角度来说，识读器设备的发展趋势将主要体现在以下几个方面。

- 识读器射频信号处理模块与基带信号处理模块的标准化设计及相关的集成模块设计日益完善、品种丰富。
- 随着集成模块(射频信号处理模块与基带信号处理模块)的推出，识读器的设计将更简单、更快捷。
- 低成本的多端口射频网络模块技术更趋完善与标准。
- 多标签读写更加有效、更快捷。
- 兼容性方面：不同厂家电子标签的兼容读写，不同工作频段标签的兼容读写。
- 不断降低成本。
- 新的识读器设计方案与设计思想。

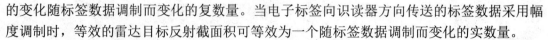

本 章 小 结

传感器是一种能把物理量或化学量转变成便于利用的电信号的器件。根据传感器工作原理，可分为物理传感器和化学传感器两大类。物理传感器应用的是物理效应，诸如压电效应，磁致伸缩现象，离化、极化、热电、光电、磁电等效应。被测信号量的微小变化都将转换成电信号。化学传感器包括那些以化学吸附、电化学反应等现象为因果关系的传感器，被测信号量的微小变化也将转换成电信号。目前传感器正在向高精度、高灵敏度、宽量程、微型化、数字化、微功耗、超大尺寸测量等方面发展。

无线射频识别技术(Radio Frequency Identification，RFID)是一种非接触的自动识别技术。当前，全球范围拥有五大 RFID 技术标准化势力，包括 ISO 体系、EPCglobal 体系、日本的 UID 体系、AIM Global 体系和 IP-X 体系。本章介绍了这些体系中的空中接口标准、数据格式管理标准、信息安全标准、测试标准、网络服务规范和应用标准等。尽管目前 RFID 技术还未形成统一的全球化标准，但市场必将由多标准走向统一，这已经得到了业界的广泛认同。

M2M 是机器对机器(Machine-To-Machine)通信的简称，是一种以机器智能交互为核心的、网络化的应用与服务，包括机器与机器之间自动的数据交换。M2M 技术正演变成为一种用来监控和控制全球行业用户资产、机器及其生产过程所带来的高性能、高效率、高利润的方法，同时具有可靠、节省成本等特点。M2M 技术中有五个重要的技术部分：智能机器、M2M 硬件、通信网络、中间件、应用。

EPC(Electronic Product Code，产品电子代码)是基于射频识别、无线数据通信，以及 Internet 的一项物流信息管理新技术。EPC 的载体是 RFID 电子标签，并借助互联网来实现信息的传递。EPC 系统是一个非常先进的、综合性的和复杂的系统，最终目标是为每一单品建立全球的、开放的标识标准。它由全球产品电子代码(EPC)体系、射频识别系统及信息网络系统三部分组成。EPC 技术包括编码体系、系统网络技术和 EPC 标签等。

习 题

1. 简述你对传感器技术的理解。
2. 传感器的有什么技术特点？
3. 如何分辨传感器？
4. 简述你对嵌入式系统的理解。
5. 简述 M2M 技术的概念。
6. 简述 M2M 技术成熟的因素。
7. 简述 M2M 技术成熟需要经历的各个阶段。
8. 简述 M2M 技术的高层框架。
9. 详细说明 RFID 的工作原理。
10. 什么是 RFID 技术？为什么说 RFID 是物联网的基石？
11. 简述射频识别的发展历史；简述射频识别的主要应用领域；简述物联网 RFID 应用的现状与未来。
12. 射频识别系统的基本组成是什么？简述射频识别系统的分类方法。
13. RFID 为什么需要系统高层？在物联网中，RFID 的系统高层是什么？
14. 简述 RFID 中间件的主要功能。
15. 简述 RFID 的国际五大标准化组织。
16. 简述 RFID 的中间件接口分类。
17. 简述 RFID 中间件的设计要点。
18. 简述 RFID 中间件的设计方法。
19. 简述 EPC 的组成要素及其含义。
20. 简述静态 ONS 与动态 ONS 的关系。
21. 简述 EPC IS 框架组成。

第 8 章

物联网体系结构的形成

学习目标

1. 了解物联网的应用场景。
2. 掌握物联网体系架构。
3. 掌握物联网技术的发展现状和未来趋势。

知识要点

物联网的应用场景、物联网体系架构和物联网技术的发展现状以及未来趋势。

物联网是继计算机、互联网与移动通信网之后的信息产业新方向，其价值在于让物体也拥有了"智慧"，从而实现人与物、物与物之间的沟通。要深入研究物联网的体系架构，必须首先了解物联网有哪些应用，为了实现丰富多彩的应用，物联网在技术上有哪些需求。

8.1 物联网应用场景

物联网是近年来的热点，人人都在提物联网，但物联网到底是什么？究竟能做什么？本节将对几种与普通用户关系紧密的物联网应用进行介绍，如图8-1所示。

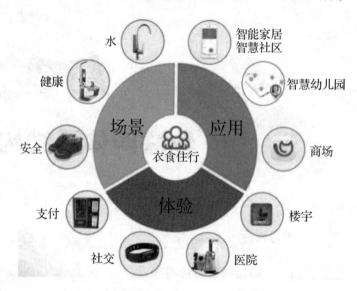

图 8-1 物联网的应用

应用场景一：当你早上拿车钥匙出门上班，在电脑旁待命的感应器检测到之后就会通过互联网络自动发起一系列事件，比如通过短信或者喇叭自动播报今天的天气，在电脑上显示快捷通畅的开车路径并估算路上所需时间，同时通过短信或者即时聊天工具告知你的同事你将马上到达等。

应用场景二：联网冰箱也将是最常见的物联网物品之一。想象一下，联网冰箱可以监视冰箱里的食物，在我们去超市的时候，家里的冰箱会告诉我们缺少些什么，也会告诉我们食物什么时候过期。它还可以跟踪常用的美食网站，为你收集食谱并在你的购物单里添加配料。这种冰箱知道你喜欢吃什么东西，依据的是你给每顿饭做出的评分。它可以照顾你的身体，因为它知道什么食物对你有好处。

应用场景三：用户开通了家庭安防业务，可以通过PC或手机等终端远程查看家里的各种环境参数、安全状态和视频监控图像。当网络接入速度较快时，用户可以看到一个以三维立体图像显示的家庭实景图，并且采用警示灯等方式显示危险；用户还可以通过拖动鼠标从不同的视角查看具体情况。在网络接入速度较慢时，用户可以通过一个文本和简单的图示观察家庭安全状态和危险信号。

目前已经有不少物联网范畴的应用，譬如已经投入试点运营的高速公路不停车收费系统(ETC)，基于 RFID 的手机钱包付费应用等。等各类感知节点遍布中国之后，即使坐在家中，你也能感知黄果树瀑布流速和水量的大小；通过物联网，能了解到你中意的楼盘的噪声情况、甲醛是否超标等，生活方式会有很多意想不到的改变。不仅是大家的日常生活，物联网的应用遍及智能交通、公共安全等多个领域，必将拥有巨大市场。

综上所述，从体系架构角度可以将物联网支持的业务应用分为三类。

(1) 具备物理世界认知能力的应用。根据物理世界的相关信息，如用户偏好、生理状态、周边环境等，改善用户的业务体验。

(2) 在网络融合基础上的泛在化应用。不以业务类型划分，而是从网络的业务提供方式划分，强调泛在网络区别于现有网络的业务提供方式。如异构网络环境的无缝接入、协同异构网络的宽带业务提供，面向应用的终端能力协同等。

(3) 基于应用目标的综合信息服务应用，包括基于应用目标的信息收集、分发、分析、网络和用户行为决策和执行。如以儿童安全为目标的定位、识别、监控、跟踪、预警，交互式的 GPS 导航等。

8.2 物联网体系架构

物联网的价值在于让物体也拥有了"智慧"，从而实现人与物、物与物之间的沟通，物联网的特征在于感知、互联和智能的叠加。因此，物联网由三个部分组成：感知部分，即以二维码、RFID、传感器为主，实现对"物"的识别；传输网络，即通过现有的互联网、广电网络、通信网络等实现数据的传输；智能处理，即利用云计算、数据挖掘、中间件等技术实现对物品的自动控制与智能管理等。目前在业界物联网体系架构也大致被公认为有这三个层次，底层是用来感知数据的感知层，第二层是数据传输的网络层，最上面一层则是内容应用层，如图 8-2 所示。

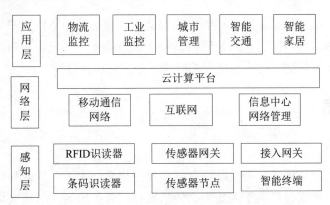

图 8-2 物联网的体系架构图

在物联网体系架构中，三层的关系可以这样理解：感知层相当于人体的皮肤和五官；网络层相当于人体的神经中枢和大脑；应用层相当于人的社会分工，具体描述如下。

(1) 感知层是物联网的皮肤和五官——识别物体,采集信息。感知层包括二维码标签和识读器、RFID 标签和读写器、摄像头、GPS 等,主要作用是识别物体、采集信息,与人体结构中皮肤和五官的作用相似。

(2) 网络层是物联网的神经中枢和大脑——信息传递和处理。网络层包括通信与互联网的融合网络、网络管理中心和信息处理中心等。网络层将感知层获取的信息进行传递和处理,类似于人体结构中的神经中枢和大脑。

(3) 应用层是物联网的"社会分工"——与行业需求结合,实现广泛智能化。应用层是物联网与行业专业技术的深度融合,与行业需求结合,实现行业智能化,这类似于人的社会分工,最终构成人类社会。如图 8-3 所示。

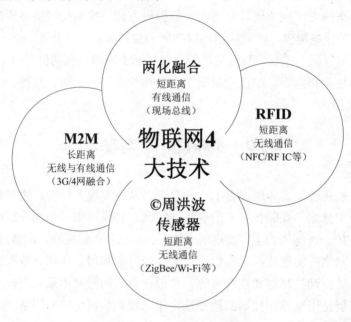

图 8-3 物联网的相关技术

在各层之间,信息不是单向传递的,也有交互、控制等,所传递的信息多种多样,这其中关键是物品的信息,包括在特定应用系统范围内能唯一标识物品的识别码和物品的静态与动态信息。下面对这三层的功能和关键技术分别进行介绍。

8.2.1 感知层

1. 感知层功能

物联网在传统网络的基础上,从原有网络用户终端向"下"延伸和扩展,扩大通信的对象范围,即通信不仅仅局限于人与人之间的通信,还扩展到人与现实世界的各种物体之间的通信。

这里的"物"并不是自然物品,而是要满足一定的条件才能够被纳入物联网的范围,例如有相应的信息接收器和发送器、数据传输通路、数据处理芯片、操作系统、存储空间等，遵循物联网的通信协议，在物联网中有可被识别的标识。可以看到现实世界的物品未必能满足这些要求，这就需要特定的物联网设备的帮助才能满足以上条件，并加入物联网。物联网设备具体来说就是嵌入式系统、传感器、RFID等。物联网感知层解决的就是人类世界和物理世界的数据获取问题，包括各类物理量、标识、音频、视频数据。感知层处于三层架构的最底层，是物联网发展和应用的基础，具有物联网全面感知的核心能力。作为物联网的最基本一层，感知层具有十分重要的作用。

感知层一般包括数据采集和数据短距离传输两部分，即首先通过传感器、摄像头等设备采集外部物理世界的数据，通过蓝牙、红外、ZigBee、工业现场总线等短距离有线或无线传输技术进行协同工作或者传递数据到网关设备。也可以只有数据的短距离传输这一部分，特别是在仅传递物品的识别码的情况下。实际上，感知层这两个部分有时难以明确区分开。

2. 感知层关键技术

感知层所需要的关键技术包括检测技术、中低速无线或有线短距离传输技术等。具体来说，感知层综合了传感器技术、嵌入式计算技术、智能组网技术、无线通信技术、分布式信息处理技术等，能够通过各类集成化的微型传感器的协作实时监测、感知和采集各种环境或监测对象的信息；通过嵌入式系统对信息进行处理，并通过随机自组织无线通信网络以多跳中继方式将所感知信息传送到接入层的基站节点和接入网关，最终到达用户终端，从而真正实现"无处不在"的物联网的理念。

1) 传感器技术

人是通过视觉、嗅觉、听觉及触觉等感觉来感知外界的信息，感知的信息输入大脑进行分析判断和处理，大脑再指挥人做出相应的动作，这是人类认识世界和改造世界具有的最基本的能力。但是通过人的五官感知外界的信息非常有限，例如，人无法利用触觉来感知超过几十甚至上千摄氏度的温度，而且也不可能辨别温度的微小变化，这就需要电子设备的帮助。同样，利用电子仪器特别像计算机控制的自动化装置来代替人的劳动时，计算机类似于人的大脑，而仅有大脑而没有感知外界信息的"五官"显然是不够的，计算机也还需要它们的"五官"——传感器。

传感器是一种检测装置，能感受到被测的信息，并能将检测感受到的信息，按一定规律变换成为电信号或其他所需形式的信息输出，以满足信息的传输、处理、存储、显示、记录和控制等要求，如图8-4所示。它是实现自动检测和自动控制的首要环节。在物联网系统中，对各种参量进行信息采集和简单加工处理的设备，被称为物联网传感器。传感器可以独立存在，也可以与其他设备以一体方式呈现，但无论哪种方式，它都是物联网中的感知和输入部分。在未来的物联网中，传感器及其组成的传感器网络将在数据采集前端发挥重要的作用。

传感器的分类方法多种多样，比较常用的有按传感器的物理量、工作原理、输出信号的性质这三种方式来分类。此外，按照是否具有信息处理功能来分类的意义越来越重要，特别是在未来的物联网时代。按照这种分类方式，传感器可分为一般传感器和智能传感器。

一般传感器采集的信息需要计算机进行处理；智能传感器带有微处理器，本身具有采集、处理、交换信息的能力，具备数据精度高、高可靠性与高稳定性、高信噪比与高分辨力、强自适应性、低价格性能比等特点。

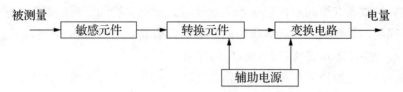

图 8-4 传感器的构成

传感器是摄取信息的关键器件，它是物联网中不可缺少的信息采集手段，也是采用微电子技术改造传统产业的重要方法，对提高经济效益、科学研究与生产技术的水平有着举足轻重的作用。传感器技术水平高低不但直接影响信息技术水平，而且还影响信息技术的发展与应用。目前，传感器技术已渗透到科学和国民经济的各个领域，在工农业生产、科学研究及改善人民生活等方面，起着越来越重要的作用。

2) RFID 技术

RFID 是射频识别(Radio Frequency Identification)的英文缩写，是 20 世纪 90 年代开始兴起的一种自动识别技术，它利用射频信号通过空间电磁耦合实现无接触信息传递并通过所传递的信息实现物体识别。RFID 既可以看作是一种设备标识技术，也可以归类为短距离传输技术。

RFID 是一种能够让物品"开口说话"的技术，也是物联网感知层的一个关键技术。在对物联网的构想中，RFID 标签中存储着规范而具有互用性的信息，通过有线或无线的方式把它们自动采集到中央信息系统，实现物品(商品)的识别，进而通过开放式的计算机网络实现信息交换和共享，实现对物品的"透明"管理。

RFID 系统主要由三部分组成：电子标签(Tag)、读写器(Reader)和天线(Antenna)。其中，电子标签芯片具有数据存储区，用于存储待识别物品的标识信息；读写器是将约定格式的待识别物品的标识信息写入电子标签的存储区中(写入功能)，或在读写器的阅读范围内以无接触的方式将电子标签内保存的信息读取出来(读出功能)；天线用于发射和接收射频信号，往往内置在电子标签和读写器中。

RFID 技术的工作原理是：电子标签进入读写器产生的磁场后，读写器发出的射频信号，凭借感应电流所获得的能量发送出存储在芯片中的产品信息(无源标签或被动标签)，或者主动发送某一频率的信号(有源标签或主动标签)；读写器读取信息并解码后，送至中央信息系统进行有关数据处理。

由于 RFID 具有无需接触、自动化程度高、耐用可靠、识别速度快、适应各种工作环境、可实现高速和多标签同时识别等优势，因此可应用的领域广泛，如物流和供应链管理、门禁安防系统、道路自动收费、航空行李处理、文档追踪/图书馆管理、电子支付、生产制造和装配、物品监视、汽车监控、动物身份标识等。以简单的 RFID 系统为基础，结合已有的网络技术、数据库技术、中间件技术等，构筑一个由大量联网的读写器和无数移动的标签组成的，比 Internet 更为庞大的物联网成为 RFID 技术发展的趋势。

3) 二维码技术

二维码(2-dimensional barcode)技术是物联网感知层实现过程中最基本和关键的技术之一。二维码也叫二维条码或二维条形码，是用某种特定的几何形体按一定规律在平面上分布(黑白相间)的图形来记录信息的应用技术，如图 8-5 所示。从技术原理来看，二维码在代码编制上巧妙地利用构成计算机内部逻辑基础的"0"和"1"比特流的概念，使用若干与二进制相对应的几何形体来表示数值信息，并通过图像输入设备或光电扫描设备自动识读来实现信息的自动处理。

图 8-5 常见的几种二维码

与一维条形码相比二维码有着明显的优势，归纳起来主要有以下几个方面：数据容量更大，二维码能够在横向和纵向两个方位同时表达信息，因此能在很小的面积内表达大量的信息；超越了字母数字的限制；条形码相对尺寸小；具有抗损毁能力。此外，二维码还可以引入保密措施，其保密性较一维码要强很多。

二维码可分为堆叠式/行排式二维码和矩阵式二维码。其中，堆叠式/行排式二维码形态上是由多行短截的一维码堆叠而成；矩阵式二维码以矩阵的形式组成，在矩阵相应元素位置上用"点"表示二进制"1"，用"空"表示二进制"0"，并由"点"和"空"的排列组成代码。二维码具有条码技术的一些共性：每种码制有其特定的字符集；每个字符占有一定的宽度；具有一定的校验功能等。二维码的特点归纳如下。

(1) 高密度编码，信息容量大：可容纳多达 1850 个大写字母或 2710 个数字或 1108 个字节或 500 多个汉字，比普通条码信息容量高几十倍。

(2) 编码范围广：二维码可以把图片、声音、文字、签字、指纹等可以数字化的信息进行编码，并用条码表示。

(3) 容错能力强，具有纠错功能：二维码因穿孔、污损等引起局部损坏时，甚至损坏面积达 50%时，仍可以得到正确识读。

(4) 译码可靠性高：比普通条码译码错误率百万分之二要低得多，误码率不超过千万分之一。

(5) 可引入加密措施：保密性、防伪性好。

(6) 成本低，易制作，持久耐用。

(7) 条码符号形状、尺寸大小比例可变。

(8) 二维码可以使用激光或 CCD 摄像设备识读，十分方便。

与 RFID 相比，二维码最大的优势在于成本较低，一条二维码的成本仅为几分钱，而 RFID 标签因其芯片成本较高，制造工艺复杂，价格较高。

4) ZigBee

ZigBee 是一种短距离、低功耗的无线传输技术，是一种介于无线标记技术和蓝牙之间的技术，它是 IEEE 802.15.4 协议的代名词。ZigBee 的名字来源于蜂群使用的赖以生存和发展的通信方式，即蜜蜂靠飞翔和"嗡嗡"(Zig)地抖动翅膀与同伴传递新发现的食物源的位置、距离和方向等信息，也就是说，蜜蜂依靠这样的方式构成了群体中的通信网络。

ZigBee 采用分组交换和跳频技术，并且可使用三个频段，分别是 2.4GHz 的公共通用频段、欧洲的 868MHz 频段和美国的 915MHz 频段。ZigBee 主要应用在短距离范围并且数据传输速率不高的各种电子设备之间。与蓝牙相比，ZigBee 更简单、速率更慢、功率及费用也更低。同时，由于 ZigBee 技术的低速率和通信范围较小的特点，也决定了 ZigBee 技术只适合于承载数据流量较小的业务。

ZigBee 技术主要包括以下特点。

(1) 数据传输速率低。其数据传输速率只有 10k～250kbit/s，专注于低传输应用。

(2) 低功耗。ZigBee 设备只有激活和睡眠两种状态，而且 ZigBee 网络中通信循环次数非常少，工作周期很短，所以一般来说两节普通 5 号干电池可使用 6 个月以上。

(3) 成本低。因为 ZigBee 数据传输速率低，协议简单，所以大大降低了成本。

(4) 网络容量大。ZigBee 支持星型、簇型和网状网络结构，每个 ZigBee 网络最多可支持 255 个设备，也就是说每个 ZigBee 设备可以与另外 254 台设备相连接。

(5) 有效传输范围小。有效传输距离为 10～75m，具体依据实际发射功率的大小和各种不同的应用模式而定，基本上能够覆盖普通的家庭或办公室环境。

(6) 工作频段灵活。使用的频段分别为 2.4GHz、868MHz(欧洲)及 915MHz(美国)，均为免执照频段。

(7) 可靠性高。采用了碰撞避免机制，同时为需要固定带宽的通信业务预留了专用时隙，避免了发送数据时的竞争和冲突；节点模块之间具有自动动态组网的功能，信息在整个 ZigBee 网络中通过自动路由的方式进行传输，从而保证了信息传输的可靠性。

(8) 时延短。ZigBee 针对时延敏感的应用作了优化，通信时延和从休眠状态激活的时延都非常短。

(9) 安全性高。ZigBee 提供了数据完整性检查和鉴定功能，采用 AES-128 加密算法，同时根据具体应用可以灵活确定其安全属性。

由于 ZigBee 技术具有成本低、组网灵活等特点，可以嵌入各种设备，在物联网中发挥重要作用。其目标市场主要有 PC 外设(鼠标、键盘、游戏操控杆)、消费类电子设备(电视机、CD、VCD、DVD 等设备上的遥控装置)、家庭内智能控制(照明、煤气计量控制及报警等)、玩具(电子宠物)、医护(监视器和传感器)、工控(监视器、传感器和自动控制设备)等非常广阔的领域。

5) 蓝牙

蓝牙(Bluetooth)是一种无线数据与话音通信的开放性全球规范，和 ZigBee 一样，也是一种短距离的无线传输技术。其实质内容是为固定设备或移动设备之间的通信环境建立通用的短距离无线接口，将通信技术与计算机技术进一步结合起来，是各种设备在无电线或电缆相互连接的情况下，能在短距离范围内实现相互通信或操作的一种技术。

蓝牙采用高速跳频(Frequency Hopping)和时分多址(Time Division Multiple Access，TDMA)等先进技术，支持点对点及点对多点通信。其传输频段为全球公共通用的 2.4GHz 频段，能提供 1Mbit/s 的传输速率和 10m 的传输距离，并采用时分双工传输方案实现全双工传输。

蓝牙除具有和 ZigBee 一样，可以全球范围适用、功耗低、成本低、抗干扰能力强等特点外，还有许多它自己的特点。

(1) 同时可传输话音和数据。蓝牙采用电路交换和分组交换技术，支持异步数据信道、三路话音信道以及异步数据与同步话音同时传输的信道。

(2) 可以建立临时性的对等连接(Ad Hoc Connection)。

(3) 开放的接口标准。为了推广蓝牙技术的使用，蓝牙技术联盟(Bluetooth SIG)将蓝牙的技术标准全部公开，全世界范围内的任何单位和个人都可以进行蓝牙产品的开发，只要最终通过 Bluetooth SIG 的蓝牙产品兼容性测试，就可以推向市场。

蓝牙作为一种电缆替代技术，主要有以下三类应用：话音/数据接入、外围设备互连和个人局域网(PAN)。在物联网的感知层，主要是用于数据接入。蓝牙技术有效地简化移动通信终端设备之间的通信，也能够成功地简化设备与因特网之间的通信，从而使数据传输变得更加迅速高效，为无线通信拓宽了道路。

8.2.2 网络层

1. 网络层功能

物联网网络层是在现有网络的基础上建立起来的，它与目前主流的移动通信网、国际互联网、企业内部网、各类专网等网络一样，主要承担着数据传输的功能，特别是当三网融合后，有线电视网也能承担数据传输的功能。

在物联网中，要求网络层能够把感知层感知到的数据无障碍、高可靠性、高安全性地进行传送，它解决的是感知层所获得的数据在一定范围内，尤其是远距离的传输问题。同时，物联网网络层将承担比现有网络更大的数据量和面临更高的服务质量要求，所以现有网络尚不能满足物联网的需求，这就意味着物联网需要对现有网络进行融合和扩展，利用新技术以实现更加广泛和高效的互联功能。

由于广域通信网络在早期物联网发展中的缺位，早期的物联网应用往往在部署范围、应用领域等诸多方面有所局限，终端之间以及终端与后台软件之间都难以开展协同。随着物联网的发展，建立端到端的全局网络将成为必然。

2. 网络层关键技术

由于物联网网络层是建立在 Internet 和移动通信网等现有网络基础上，除具有目前已经比较成熟的如远距离有线、无线通信技术和网络技术外，为实现"物物相连"的需求，物联网网络层将综合使用 IPv6、2G/3G、Wi-Fi 等通信技术，实现有线与无线的结合、宽带与窄带的结合、感知网与通信网的结合。同时，网络层中的感知数据管理与处理技术是实现以数据为中心的物联网的核心技术。感知数据管理与处理技术包括物联网数据的存储、查询、分析、挖掘、理解以及基于感知数据决策和行为的技术。

1) Internet

Internet，中文译为因特网，广义的因特网叫互联网，是以相互交流信息资源为目的，基于一些共同的协议，并通过许多路由器和公共互联网连接而成，它是一个信息资源和资源共享的集合。Internet 采用了客户机/服务器工作模式，凡是使用 TCP/IP 协议，并能与 Internet 中任意主机进行通信的计算机，无论是何种类型、采用何种操作系统，均可看成是 Internet 的一部分，可见 Internet 覆盖范围之广。物联网也被认为是 Internet 的进一步延伸。

Internet 将作为物联网主要的传输网络之一，然而为了让 Internet 适应物联网大数据量和多终端的要求，业界正在发展一系列新技术。其中，由于 Internet 中用 IP 地址对节点进行标识，而目前的 IPv4 受制于资源空间耗竭，已经无法提供更多的 IP 地址，所以 IPv6 以其近乎无限的地址空间将在物联网中发挥重大作用。引入 IPv6 技术，使网络不仅可以为人类服务，还将服务于众多硬件设备，如家用电器、传感器、远程照相机、汽车等，它将使物联网无所不在、无处不在地深入社会每个角落。

2) 移动通信网

要了解移动通信网，首先要知道什么是移动通信？移动通信就是移动体之间的通信，或移动体与固定体之间的通信。通过有线或无线介质将这些物体连接起来进行话音等服务的网络就是移动通信网。移动通信网由无线接入网、核心网和骨干网三部分组成。无线接入网主要为移动终端提供接入网络服务，核心网和骨干网主要为各种业务提供交换和传输服务。从通信技术层面看，移动通信网的基本技术可分为传输技术和交换技术两大类。

在物联网中，终端需要以有线或无线方式连接起来，发送或者接收各类数据；同时，考虑到终端连接方便性、信息基础设施的可用性(不是所有地方都有方便的固定接入能力)以及某些应用场景本身需要监控的目标就是在移动状态下，因此，移动通信网络以其覆盖广、建设成本低、部署方便、终端具备移动性等特点将成为物联网重要的接入手段和传输载体，为人与人之间通信、人与网络之间的通信、物与物之间的通信提供服务。

在移动通信网中，当前比较热门的接入技术有 3G、Wi-Fi 和 WiMAX。在移动通信网中，3G 是指第三代支持高速数据传输的蜂窝移动通信技术，3G 网络则综合了蜂窝、无绳、集群、移动数据、卫星等各种移动通信系统的功能，与固定电信网的业务兼容，能同时提供话音和数据业务。3G 的目标是实现所有地区(城区与野外)的无缝覆盖，从而使用户在任何地方均可以使用系统所提供的各种服务。3G 包括三种主要国际标准，即 CDMA 2000、WCDMA、TD-SCDMA，其中 TD-SCDMA 是第一个由中国提出的，以我国知识产权为主的、被国际上广泛接受和认可的无线通信国际标准。

Wi-Fi 全称 Wireless Fidelity(无线保真技术)，传输距离有几百米，可实现各种便携设备(手机、笔记本电脑、PDA 等)在局部区域内的高速无线连接或接入局域网。Wi-Fi 是由接入点AP(Access Point)和无线网卡组成的无线网络。主流的Wi-Fi技术无线标准有IEEE 802.11b及IEEE 802.11g两种，分别可以提供11Mbit/s和54Mbit/s两种传输速率。

WiMAX全称World Interoperability for Microwave Access(全球微波接入互操作性)，是一种城域网(MAN)无线接入技术，是针对微波和毫米波频段提出的一种空中接口标准，其信号传输半径可以达到50km，基本上能覆盖到城郊。正是由于这种远距离传输特性，WiMAX不仅能解决无线接入问题，还能作为有线网络接入(有线电视、DSL)的无线扩展，方便地实现边远地区的网络连接。

3) 无线传感器网络

无线传感器网络(WSN)的基本功能是将一系列空间分散的传感器单元通过自组织的无线网络进行连接，从而将各自采集的数据通过无线网络进行传输汇总，以实现对空间分散范围内的物理或环境状况的协作监控，并根据这些信息进行相应的分析和处理。很多文献将无线传感器网络归为感知层技术，实际上无线传感器网络技术贯穿物联网的三个层面，是结合了计算机、通信、传感器三项技术的一门新兴技术，具有较大范围、低成本、高密度、灵活布设、实时采集、全天候工作的优势，且对物联网其他产业具有显著带动作用。本书更侧重于无线传感器网络传输方面的功能，所以放在网络层介绍。

如果说Internet构成了逻辑上的虚拟数字世界，改变了人与人之间的沟通方式，那么无线传感器网络就是将逻辑上的数字世界与客观上的物理世界融合在一起，改变人类与自然界的交互方式。传感器网络是集成了监测、控制以及无线通信的网络系统，相比传统网络其特点如下。

(1) 节点数目更为庞大(上千甚至上万)，节点分布更为密集。
(2) 由于环境影响和存在能量耗尽问题，节点更容易出现故障。
(3) 环境干扰和节点故障易造成网络拓扑结构的变化。
(4) 通常情况下，大多数传感器节点是固定不动的。
(5) 传感器节点具有的能量、处理能力、存储能力和通信能力等都十分有限。

因此，传感器网络的首要设计目标是能源的高效利用，这也是传感器网络和传统网络最重要的区别之一，涉及节能技术、定位技术、时间同步等关键技术。

8.2.3 应用层

1. 应用层功能

应用是物联网发展的驱动力和目的。应用层的主要功能是把感知和传输来的信息进行分析和处理，做出正确的控制和决策，实现智能化的管理、应用和服务。这一层解决的是信息处理和人机界面的问题。

具体来讲，应用层将网络层传输来的数据通过各类信息系统进行处理，并通过各种设备与人进行交互。这一层也可按形态直观地划分为两个子层：一个是应用程序层；另一个是终端设备层。应用程序层进行数据处理，完成跨行业、跨应用、跨系统之间的信息协同、共享、互通的功能，包括电力、医疗、银行、交通、环保、物流、工业、农业、城市管理、家居生活等,可用于政府、企业、社会组织、家庭、个人等,这正是物联网作为深度信息化网络的重要体现。而终端设备层主要是提供人机界面,物联网虽然是"物物相连的网",但最终是要以人为本的,最终还是需要人的操作与控制,不过这里的人机界面已远远超出了现在人与计算机交互的概念,而是泛指与应用程序相连的各种设备与人的反馈。

物联网的应用可分为监控型(物流监控、污染监控)、查询型(智能检索、远程抄表)、控制型(智能交通、智能家居、路灯控制)、扫描型(手机钱包、高速公路不停车收费)等。目前,软件开发、智能控制技术发展迅速,应用层技术将会为用户提供丰富多彩的物联网应用。同时,各种行业和家庭应用的开发将会推动物联网的普及,也给整个物联网产业链带来利润。

2. 应用层关键技术

物联网应用层能够为用户提供丰富多彩的业务体验,然而,如何合理高效地处理从网络层传来的海量数据,并从中提取有效信息,是物联网应用层要解决的一个关键问题。

1) M2M

M2M 是 Machine-to-Machine(机器对机器)的缩写,根据不同应用场景,往往也被解释为 Man-to-Machine(人对机器)、Machine-to-Man(机器对人)、Mobile-to-Machine(移动网络对机器)、Machine-to-Mobile(机器对移动网络)。由于 Machine 一般特指人造的机器设备,而物联网(the Internet of Things)中的 Things 则是指更抽象的物体,范围也更广。例如,树木和动物属于 Things,可以被感知、被标记,属于物联网的研究范畴,但它们不是 Machine,不是人为事物。冰箱则属于 Machine,同时也是一种 Things。所以,M2M 可以看作是物联网的子集或应用。

M2M 是现阶段物联网普遍的应用形式,是实现物联网的第一步。M2M 业务现阶段通过结合通信技术、自动控制技术和软件智能处理技术,实现对机器设备信息的自动获取和自动控制。这个阶段通信的对象主要是机器设备,尚未扩展到任何物品,在通信过程中,也以使用离散的终端节点为主。并且,M2M 的平台也不等于物联网运营的平台,它只解决了物与物的通信,解决不了物联网智能化的应用。所以,随着软件的发展,特别是应用软件的发展和中间件软件的发展,M2M 平台可以逐渐过渡到物联网的应用平台上。

M2M 将多种不同类型的通信技术有机地结合在一起,将数据从一台终端传送到另一台终端,也就是机器与机器的对话。M2M 技术综合了数据采集、GPS、远程监控、电信、工业控制等技术,可以在安全监测、自动抄表、机械服务、维修业务、自动售货机、公共交通系统、车队管理、工业流程自动化、电动机械、城市信息化等环境中运行并提供广泛的应用和解决方案。

M2M 技术的目标就是使所有机器设备都具备联网和通信能力,其核心理念就是网络一切(Network Everything)。随着科学技术的发展,越来越多的设备具有了通信和联网能力,网络一切逐步变为现实。M2M 技术具有非常重要的意义,有着广阔的市场和应用,将会推动社会生产方式和生活方式的新一轮变革。

2) 云计算

云计算(Cloud Computing)是分布式计算(Distributed Computing)、并行计算(Parallel

Computing)和网格计算(Grid Computing)的发展,或者说是这些计算机科学概念的商业实现。云计算通过共享基础资源(硬件、平台、软件)的方法,将巨大的系统池连接在一起以提供各种 IT 服务,这样企业与个人用户无须再投入昂贵的硬件购置成本,只需要通过互联网来租赁计算力等资源。用户可以在多种场合,利用各类终端,通过互联网接入云计算平台来共享资源。

云计算涵盖的业务范围,一般有狭义和广义之分。狭义云计算是指 IT 基础设施的交付和使用模式,通过网络以按需、易扩展的方式获得所需的资源(硬件、平台、软件)。提供资源的网络被称为"云"。"云"中的资源在使用者看来是可以无限扩展的,并且可以随时获取、按需使用、随时扩展、按使用付费。这种特性经常被称为像水电一样使用的 IT 基础设施。广义云计算是指服务的交付和使用模式,通过网络以按需、易扩展的方式获得所需的服务。这种服务可以是 IT 和软件、互联网相关的,也可以使用任意其他服务。

云计算由于具有强大的处理能力、存储能力、带宽和极高的性价比,可以有效地用于物联网应用和业务,也是应用层能提供众多服务的基础。它可以为各种不同的物联网应用提供统一的服务交付平台,可以为物联网应用提供海量的计算和存储资源,还可以提供统一的数据存储格式和数据处理方法。利用云计算大大简化了应用的交付过程,降低了交付成本,并能提高处理效率。同时,物联网也将成为云计算最大的用户,促使云计算取得更大的商业成功。

3) 人工智能

人工智能(Artificial Intelligence)是探索研究使各种机器模拟人的某些思维过程和智能行为(如学习、推理、思考、规划等),使人类的智能得以物化与延伸的一门学科。目前对人工智能的定义大多可划分为四类,即机器"像人一样思考""像人一样行动""理性地思考"和"理性地行动"。人工智能企图了解智能的实质,并生产出一种新的能以与人类智能相似的方式做出反应的智能机器。该领域的研究包括机器人、语言识别、图像识别、自然语言处理和专家系统等。目前主要的方法有神经网络、进化计算和粒度计算三种。在物联网中,人工智能技术主要负责分析物品所承载的信息内容,从而实现计算机自动处理。

人工智能技术的优点在于:大大改善操作者作业环境,减轻工作强度;提高了作业质量和工作效率;一些危险场合或重点施工应用得到解决;环保、节能;提高了机器的自动化程度及智能化水平;提高了设备的可靠性,降低了维护成本;故障诊断实现了智能化等。

4) 数据挖掘

数据挖掘(Data Mining)是从大量的、不完全的、有噪声的、模糊的及随机的实际应用数据中,挖掘出隐含的、未知的、对决策有潜在价值的数据的过程。一个数据挖掘系统模型如图 8-6 所示。数据挖掘主要基于人工智能、机

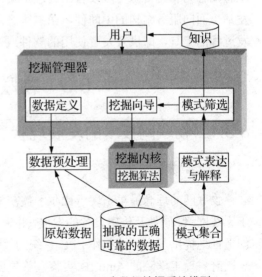

图 8-6 一个数据挖掘系统模型

器学习、模式识别、统计学、数据库、可视化技术等，高度自动化地分析数据，做出归纳性的推理。它一般分为描述型数据挖掘和预测型数据挖掘两种：描述型数据挖掘包括数据总结、聚类及关联分析等；预测型数据挖掘包括分类、回归及时间序列分析等。通过对数据的统计、分析、综合、归纳和推理，揭示事件间的相互关系，预测未来的发展趋势，为决策者提供决策依据。

在物联网中，数据挖掘只是一个代表性概念，它是一些能够实现物联网"智能化""智慧化"的分析技术和应用的统称。细分起来，包括数据挖掘和数据仓库(Data Warehousing)、决策支持(Decision Support)、商业智能(Business Intelligence)、报表(Reporting)、ETL(数据抽取、转换和清洗等)、在线数据分析、平衡计分卡(Balanced Scoreboard)等技术和应用。

5) 中间件

什么是中间件？中间件是为了实现每个小的应用环境或系统的标准化以及它们之间的通信，在后台应用软件和读写器之间设置的一个通用的平台和接口。在许多物联网体系架构中，经常把中间件单独划分一层，位于感知层与网络层或网络层与应用层之间。本书参照当前比较通用的物联网架构，将中间件划分到应用层。在物联网中，中间件作为其软件部分，有着举足轻重的地位。物联网中间件是在物联网中采用中间件技术，以实现多个系统或多种技术之间的资源共享，最终组成一个资源丰富、功能强大的服务系统，最大限度地发挥物联网系统的作用。具体来说，物联网中间件的主要作用在于将实体对象转换为信息环境下的虚拟对象，因此数据处理是中间件最重要的功能。同时，中间件具有数据的搜集、过滤、整合与传递等特性，以便将正确的对象信息传到后端的应用系统。

目前主流的中间件包括 ASPIRE 和 Hydra。ASPIRE 旨在将 RFID 应用渗透到中小型企业。为了达到这样的目的，ASPIRE 完全改变了现有的 RFID 应用开发模式，它引入并推进一种完全开放的中间件，同时完全有能力支持原有模式中核心部分的开发。ASPIRE 的解决办法是完全开源和免版权费用，这大大降低了总的开发成本。Hydra 中间件特别方便实现环境感知行为和在资源受限设备中处理数据的持久性问题。Hydra 项目第一个的产品是为了开发基于面向服务结构的中间件，第二个产品是为了能基于 Hydra 中间件生产出可以简化开发过程的工具，即供开发者使用的软件或者设备开发套装。

8.3 物联网技术的发展

8.3.1 物联网技术的发展现状

1. 物联网的起源

物联网的理念最早出现于比尔·盖茨 1995 年出版的《未来之路》一书，只是当时受限于无线网络、硬件及传感设备的发展，并未引起世人重视。1998 年，美国麻省理工学院(MIT)创造性地提出了当时被称作 EPC 系统的"物联网"的构想。1999 年，"物联网"的概念由美国麻省理工学院的 Auto-ID 实验室首先提出。其提出的物联网概念以 RFID 技术和无线传感网络作为支撑。2005 年，国际电信联盟(简称 ITU)发布了《ITU 互联网报告 2005：物联网》，正式提出物联网的概念。该报告指出，无所不在的"物联网"通信时代即将来临。世界上所有物体都可以通过互联网主动进行信息交换。射频识别技术、传感器技术、纳米技术、智能嵌入技术将得到更加广泛的应用。2008 年 11 月，IBM 提出"智慧地球"构想，从此作为经济振兴战略。

2. 国外物联网现状

当前，全球主要发达国家和地区均十分重视物联网的研究并纷纷抛出与物联网相关的信息化战略。世界各国的物联网基本都处在技术研发与试验阶段，美、日、韩、欧盟等都投入巨资深入研究探索物联网，并相继推出区域战略规划。

1) 美国

奥巴马总统就职后，很快回应了 IBM 所提出的"智慧地球"，将物联网发展计划上升为美国的国家级发展战略。该战略一经提出，在全球范围内得到极大的响应，物联网荣升 2009 年最热门话题之一。那么什么是"智慧地球"呢？就是把感应器嵌入和装备到电网、铁路、桥梁、隧道、公路、建筑、供水系统、大坝、油气管道等各种物体中，并且被普遍连接，形成所谓"物联网"，然后将"物联网"与现有的互联网整合起来，实现人类社会与物理系统的整合。智慧地球的核心是以一种更智慧的方法通过利用新一代信息技术来改变政府、公司和人们相互交互的方式，以便提高交互的明确性、效率、灵活性和响应速度。智慧方法具体来说是以以下三个方面为特征：更透彻的感知、更全面的互联互通、更深入的智能化。

2) 欧盟

欧盟围绕物联网技术和应用做了不少创新性工作。2006 年成立了专门进行 RFID 技术研究的工作组，该工作组于 2008 年发布了《2020 年的物联网——未来路线》，2009 年 6 月又发布《物联网——欧洲行动计划》，对物联网未来发展以及重点研究领域给出了明确的路线图。

3) 日韩

2009 年 8 月，日本将"u-Japan"升级为"i-Japan"战略，提出"智慧泛在"构想，将物联网列为国家重点战略之一，致力于构建个性化的物联网智能服务体系。2009 年 10 月，韩国颁布《物联网基础设施构建基本规划》，将物联网市场确定为新的增长动力，并提出到 2012 年实现"通过构建世界最先进的物联网基础设施，打造未来超一流信息通信技术强国的目标。法国、德国、澳大利亚、新加坡等国也在加紧部署物联网发展战略，加快推进下一代网络基础设施的建设步伐。

3. 国内物联网发展现状

我国在物联网领域的布局较早，中科院早在 20 世纪 90 年代就启动了传感网研究。在物联网这个全新的产业中，我国技术研发水平处于世界前列，中国与德国、美国、韩国一起，成为国际标准制定的四个发起国和主导国之一，其影响力举足轻重。

2009 年 8 月，温家宝总理在无锡视察时指出，要在激烈的国际竞争中，迅速建立中国的传感信息中心或"感知中国"中心。物联网被正式列为国家五大新兴战略性产业之一，并写入政府工作报告中。2009年11月，总投资超过2.76亿元的11个物联网项目在无锡成功签约。2010年工信部和发改委出台了系列政策支持物联网产业化发展，到2020年之前我国已经规划了3.86万亿元的资金用于物联网产业的发展。

中国"十二五"规划已经明确提出，发展宽带融合安全的下一代国家基础设施，推进物联网的应用。物联网将会在智能电网、智能交通、智能物流、智能家居、环境与安全检测、工业与自动化控制、医疗健康、精细农牧业、金融与服务业、国防军事十大领域重点部署。

4. 全球物联网应用情况

目前，全球物联网应用基本还处于起步阶段。全球物联网应用主要以RFID、传感器、M2M等应用项目体现，大部分是试验性或小规模部署的，处于探索和尝试阶段，覆盖国家或区域性大规模应用较少。

基于RFID的物联网应用相对成熟，RFID在金融(手机支付)、交通(不停车付费等)、物流(物品跟踪管理)等行业已经形成了一定的规模性应用，其市场应用包括标签、阅读器、基础设施、软件和服务等方方面面，但自动化、智能化、协同化程度仍然较低。无线传感器应用仍处于试验阶段，全球范围内基于无线传感器的物联网应用部署规模并不大，很多系统都在试验阶段。

发达国家物联网应用整体上较领先。美、欧及日、韩等信息技术能力和信息化程度较高的国家在应用深度、广度以及智能化水平等方面处于领先地位。美国是物联网应用最广泛的国家，物联网已在其军事、电力、工业、农业、环境监测、建筑、医疗、空间和海洋探索等领域投入应用，其RFID应用案例占全球的59%。欧盟物联网应用大多围绕RFID和M2M展开，在电力、交通以及物流领域已形成了一定规模的应用。

我国物联网应用已开展了一系列试点和示范项目，在电网、交通、物流、智能家居、节能环保、工业自动控制、医疗卫生、精细农牧业、金融服务业、公共安全等领域取得了初步进展。其中RFID技术目前主要应用在电子票证/门禁管理、仓库/运输/物流、车辆管理、工业生产线管理、动物识别等。相关部门投入大量资金实施了目前世界上最大的RFID项目(更换第二代居民身份证)。我们所熟知的交通一卡通、校园一卡通等也是应用了此项技术。但目前我国物联网还处在零散应用的产业启动期，距离大规模产业化推广还有一段距离。

8.3.2 物联网技术的发展前景

"物联网"概念的问世，打破了之前的传统思维。过去的思路一直是将物理基础设施和IT基础设施分开：一方面是机场、公路、建筑物，而另一方面是数据中心、个人电脑、宽带等。而在"物联网"时代，钢筋混凝土、电缆将与芯片、宽带整合为统一的基础设施，在此意义上，基础设施更像是一块新的地球工地，世界的运转就在它上面进行，其中包括经济管理、生产运行、社会管理乃至个人生活。

物联网可以提高经济，大大降低成本，物联网将广泛用于智能交通、地防入侵、环境保护、政府工作、公共安全、智能电网、智能家居、智能消防、工业监测、老人护理、个人健康等多个领域。预计物联网是继计算机、互联网与移动通信网之后的又一次信息产业浪潮。有专家预测 10 年内物联网就可能大规模普及，这一技术将会发展成为一个上万亿元规模的高科技市场。

北京着手规划物联网用于公共安全、食品安全等领域。政府将围绕公共安全、城市交通、生态环境，对物、事、资源、人等对象进行信息采集、传输、处理、分析，实现全时段、全方位覆盖的可控运行管理。同时，还会在医疗卫生、教育文化、水电气热等公共服务领域和社区农村基层服务领域，开展智能医疗、电子交费、智能校园、智能社区、智能家居等建设，实行个性化服务。

8.3.3 物联网技术趋势

趋势一：中国物联网产业的发展是以应用为先导，存在着从公共管理和服务市场，到企业、行业应用市场，再到个人家庭市场逐步发展成熟的细分市场递进趋势。目前，物联网产业在中国还是处于前期的概念导入期和产业链逐步形成阶段，没有成熟的技术标准和完善的技术体系，整体产业处于酝酿阶段。此前，RFID 市场一直期望在物流零售等领域取得突破，但是由于涉及的产业链过长，产业组织过于复杂，交易成本过高，产业规模有限，成本难于降低等问题使得整体市场成长较为缓慢。物联网概念提出以后，面向具有迫切需求的公共管理和服务领域，以政府应用示范项目带动物联网市场的启动将是必要之举。进而随着公共管理和服务市场应用解决方案的不断成熟、企业集聚、技术的不断整合和提升逐步形成比较完整的物联网产业链，从而将带动各行业大型企业的应用市场。待各个行业的应用逐渐成熟后，带动各项服务的完善、流程的改进，个人应用市场才会随之发展起来。

趋势二：物联网标准体系是一个渐进发展成熟的过程，将呈现从成熟应用方案提炼形成行业标准，以行业标准带动关键技术标准，逐步演进形成标准体系的趋势。物联网概念涵盖众多技术、众多行业、众多领域，试图制定一套普适性的统一标准几乎是不可能的。物联网产业的标准将是一个涵盖面很广的标准体系，将随着市场的逐渐发展而发展和成熟。在物联网产业发展过程中，单一技术的先进性并不一定保证其标准一定具有活力和生命力，标准的开放性和所面对的市场的大小是其持续下去的关键和核心问题。随着物联网应用的逐步扩展和市场的成熟，哪一个应用占有的市场份额更大，该应用所衍生出来的相关标准将更有可能成为被广泛接受的事实标准。

趋势三：随着行业应用的逐渐成熟，新的通用性强的物联网技术平台将出现。物联网的创新是应用集成性的创新，一个单独的企业是无法完全独立完成一个完整的解决方案的，一个技术成熟、服务完善、产品类型众多、应用界面友好的应用，将是由设备提供商、技术方案商、运营商、服务商协同合作的结果。随着产业的成熟，支持不同设备接口、不同互联协议、可集成多种服务的共性技术平台将是物联网产业发展成熟的结果。物联网时代，移动设备、嵌入式设备、互联网服务平台将成为主流。随着行业应用的逐渐成熟，将会有大的公共平台、共性技术平台出现。无论终端生产商、网络运营商、软件制造商、系统集成商，还是应用服务商，都需要在新的一轮竞争中重新寻找各自的定位。

趋势四：针对物联网领域的商业模式创新将是把技术与人的行为模式充分结合的结果。物联网将机器人社会的行动都互联在一起，新的商业模式出现将是把物联网相关技术与人的行为模式充分结合的结果。中国具有领先世界的制造能力和产业基础，具有五千年的悠久文化，中国人具有逻辑理性和艺术灵活性兼具的个性行为特质，物联网领域在中国一定可以产生领先于世界的新的商业模式。

本章小结

物联网是继计算机、互联网与移动通信网之后的信息产业新方向，从体系架构角度可以将物联网支持的业务应用可分为三类：具备物理世界认知能力的应用、在网络融合基础上的泛在化应用和基于应用目标的综合信息服务应用。物联网体系架构也大致被公认为有这三个层次，底层是用来感知数据的感知层，第二层是数据传输的网络层，最上面一层则是内容应用层。

当前，全球主要发达国家和地区均十分重视物联网的研究并纷纷抛出与物联网相关的信息化战略。世界各国的物联网基本都处在技术研发与试验阶段，美、日、韩、欧盟等都投入巨资深入研究探索物联网，并相继推出区域战略规划。

我国在物联网领域的布局较早，中国科学院早在十年前就启动了传感网研究。在物联网这个全新的产业中，我国技术研发水平处于世界前列，中国与德国、美国、韩国一起，成为国际标准制定的四个发起国和主导国之一，其影响力举足轻重。

习题

1. 简述你对物联网体系架构的理解。
2. 简述物联网体系架构的关键技术。
3. 简述生活中的一些物联网应用。
4. 简述物联网技术的发展前景。

第 9 章

物联网带来大数据

学习目标

1. 了解大数据的定义和产业链。
2. 掌握大数据的存储和管理。
3. 掌握大数据关键技术体系及其产业发展趋势。

知识要点

大数据技术、大数据的存储和管理、大数据关键技术和产业发展趋势。

9.1 大数据的定义

大数据(Big Data)，是指无法在可承受的时间范围内用常规软件工具进行捕捉、管理和处理的数据集合。

麦肯锡全球研究所给出的定义是：一种规模大到在获取、存储、管理、分析方面大大超出了传统数据库软件工具能力范围的数据集合，具有海量的数据规模、快速的数据流转、多样的数据类型和价值密度低四大特征。大数据技术的战略意义不在于掌握庞大的数据信息，而在于对这些含有意义的数据进行专业化处理。换而言之，如果把大数据比作一种产业，那么这种产业实现盈利的关键，在于提高对数据的"加工能力"，通过"加工"实现数据的"增值"。

1. 如何理解大数据

大数据概念分解成三个层面。

第一层面是理论，理论是认知的必经途径，也是被广泛认同和传播的基线。从大数据的特征定义理解行业对大数据的整体描绘和定性；从对大数据价值的探讨来深入解析大数据的珍贵所在；洞悉大数据的发展趋势；从大数据隐私这个特别而重要的视角审视人和数据之间的长久博弈。

第二层面是技术，技术是大数据价值体现的手段和前进的基石。分别从云计算、分布式处理技术、存储技术和感知技术的发展来说明大数据从采集、处理、存储到形成结果的整个过程。

第三层面是实践，实践是大数据的最终价值体现。分别从互联网的大数据、政府的大数据、企业的大数据和个人的大数据四个方面来描绘大数据已经展现的美好景象及即将实现的蓝图。

2. 大数据的特点

大数据的首要特点，是数据规模大，此外，大数据同以往的海量数据有所不同，具有4V特点，即Volume(大量)、Velocity(高速)、Variety(多样)、Value(价值)，如图9-1所示。

(1) Volume(大量)：大型数据集，指的是数据集的规模从TB级别，跃升到了PB级别。据IDC(互联网数据中心)的报告，早在2011年，全球的数据总量就达到1.8ZB，而到了2020年，全球数据总量将增长50倍。

(2) Velocity(高速)：是指大量实时数据流的快速收集、创建、分析、处理、传送的过程。通过高速的处理器和性能良好的服务器，企业能快速地将数据反馈给用户。

(3) Variety(多样)：是指数据类型的多样性。随着各种通信网络的发展，数据来源更加丰富，数据类型也不再局限于以前的结构化数据，还包括了半结构化和非结构化的数据。如电子商务、社交平台、智能终端、地理位置信息、网络日志、互联网搜索及传感器网络等都使得数据类型更为多样化。

(4) Value(价值)：基于前三个特点对数据进行管理，从庞大数据中提炼出有价值的数据和信息，通过对未来的趋势和模式做出预测等方式，形成巨大的商业价值。

3. 大数据的价值体现

大数据帮助政府实现市场经济调控、公共卫生安全防范、灾难预警、社会舆论监督；大数据帮助城市预防犯罪，实现智慧交通，提升紧急应急能力；大数据帮助医疗机构建立患者的疾病风险跟踪机制，帮助医药企业提升药品的临床使用效果，帮助艾滋病研究机构为患者提供定制的药物；大数据帮助航空公司节省运营成本，帮助电信企业实现售后服务质量提升，帮助保险企业识别欺诈骗保行为，帮助快递公司监测分析运输车辆的故障险情以提前预警维修，帮助电力公司有效识别预警即将发生故障的设备；大数据帮助电商公司向用户推荐商品和服务，帮助旅游网站为旅游者提供心仪的旅游路线，帮助二手市场的买卖双方找到最合适的交易目标，帮助用户找到最合适的商品购买时期、商家和最优惠价格；大数据帮助企业提升营销的针对性，降低物流和库存的成本，减少投资的风险，以及帮助企业提升广告投放精准度。

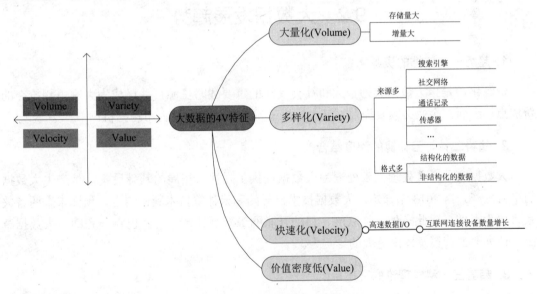

图 9-1 大数据的 4V 特征

4. 大数据与云计算的联系与区别

1) 联系

从技术上看，大数据与云计算的关系就像一枚硬币的正反面一样密不可分。

大数据必然无法用单台的计算机进行处理，必须采用分布式架构。它的特色在于对海量数据进行分布式数据挖掘，但它必须依托云计算的分布式处理、分布式数据库和云存储、虚拟化技术。

大数据(Big Data)通常用来形容一个公司创造的大量非结构化数据和半结构化数据，这些数据在下载到关系型数据库用于分析时会花费过多的时间和金钱。大数据分析常和云计算联系到一起,因为实时的大型数据集分析需要像 MapReduce 一样的框架来向数十、数百甚至数千的电脑分配工作。

大数据需要特殊的技术,以有效地处理大量的容忍经过时间内的数据。适用于大数据的技术,包括大规模并行处理(MPP)数据库、数据挖掘电网、分布式文件系统、分布式数据库、云计算平台、互联网和可扩展的存储系统。

云计算和大数据两者之间结合后会产生如下效应:可以提供更多基于海量业务数据的创新型服务;通过云计算技术的不断发展降低大数据业务的创新成本。

2) 区分

云计算与大数据区分在两个方面。

第一,在概念上两者有所不同,云计算改变了 IT,而大数据则改变了业务。然而大数据必须有云作为基础架构,才能得以顺畅运营。

第二,大数据和云计算的目标受众不同,云计算是 CIO 等关心的技术层,是一个进阶的 IT 解决方案。而大数据是 CEO 关注的、是业务层的产品,而大数据的决策者是业务层。

9.2 大数据发展趋势

1. 趋势一:数据的资源化

资源化,是指大数据成为企业和社会关注的重要战略资源,并已成为大家争相抢夺的新焦点。因而,企业必须要提前制订大数据营销战略计划,抢占市场先机。

2. 趋势二:与云计算的深度结合

大数据离不开云处理,云处理为大数据提供了弹性可拓展的基础设备,是产生大数据的平台之一。自 2013 年开始,大数据技术已开始和云计算技术紧密结合,预计未来两者关系将更为密切。除此之外,物联网、移动互联网等新兴计算形态,也将一齐助力大数据革命,让大数据营销发挥出更大的影响力。

3. 趋势三:科学理论的突破

随着大数据的快速发展,就像计算机和互联网一样,大数据很有可能是新一轮的技术革命。随之兴起的数据挖掘、机器学习和人工智能等相关技术,可能会改变数据世界里的很多算法和基础理论,实现科学技术上的突破。

4. 趋势四:数据科学和数据联盟的成立

未来,数据科学将成为一门专门的学科,被越来越多的人所认知。各大高校将设立专门的数据科学类专业,也会催生一批与之相关的新的就业岗位。与此同时,基于数据这个基础平台,也将建立起跨领域的数据共享平台,之后,数据共享将扩展到企业层面,并且成为未来产业的核心一环。

5. 趋势五：数据泄露泛滥

未来几年数据泄露事件的增长率也许会达到 100%，除非数据在其源头就能够得到安全保障。可以说，在未来，每个《财富》500 强的企业都会面临数据攻击，无论它们是否已经做好安全防范。而所有企业，无论规模大小，都需要重新审视今天的安全定义。在《财富》500 强的企业中，超过 50%将会设置首席信息安全官这一职位。企业需要从新的角度来确保自身以及客户数据，所有数据在创建之初便需要获得安全保障，而并非在数据保存的最后一个环节，仅仅加强后者的安全措施已被证明于事无补。

6. 趋势六：数据管理成为核心竞争力

数据管理成为核心竞争力，直接影响财务表现。当"数据资产是企业核心资产"的概念深入人心之后，企业对于数据管理便有了更清晰的界定，将数据管理作为企业核心竞争力持续发展，战略性规划与运用数据资产成为企业数据管理的核心。数据资产管理效率与主营业务收入增长率、销售收入增长率显著正相关；此外，对于具有互联网思维的企业而言，数据资产竞争力所占比重为 36.8%，数据资产的管理效果将直接影响企业的财务表现。

7. 趋势七：数据质量是 BI(商业智能)成功的关键

采用自助式商业智能工具进行大数据处理的企业将会脱颖而出。其中要面临的一个挑战是，很多数据源会带来大量低质量数据。想要成功，企业需要理解原始数据与数据分析之间的差距，从而消除低质量数据并通过 BI 获得更佳决策。

8. 趋势八：数据生态系统复合化程度加强

大数据的世界不只是一个单一的、巨大的计算机网络，而且是一个由大量活动构件与多元参与者元素所构成的生态系统，即由终端设备提供商、基础设施提供商、网络服务提供商、网络接入服务提供商、数据服务使能者、数据服务提供商、触点服务、数据服务零售商等一系列的参与者共同构建的生态系统。而今，这样一套数据生态系统的基本雏形已然形成，接下来的发展将趋向于系统内部角色的细分，也就是市场的细分；系统机制的调整，也就是商业模式的创新；系统结构的调整，也就是竞争环境的调整等，从而使得数据生态系统复合化程度逐渐增强。

9.3 大数据产业链

大数据产业链如图 9-2 所示。

1. 舆情早报网大数据的商业模式与架构

我们不得不承认，云计算及其分布式结构是处理大数据的重要途径，大数据处理技术正在改变目前计算机的运行模式，正在改变着这个世界：它能处理几乎各种类型的海量数据，无论是微博、文章、电子邮件、文档、音频、视频，还是其他形态的数据；它工作的速度非常快，实际上几乎实时；它具有普及性，因为它所用的都是最普通低成本的硬件；它将计算任务分布在大量计算机构成的资源池上，使用户能够按需获取计算力、存储空间和信息服务。云计算及其技术给了人们廉价获取巨量计算和存储的能力，云计算分布式架构能够很好地支持大数据存储和处理需求。这样的低成本硬件+低成本软件+低成本运维，更加经济和实用，使得大数据处理和利用成为可能。但这只是从投入来说我们可以有更多的弹性。

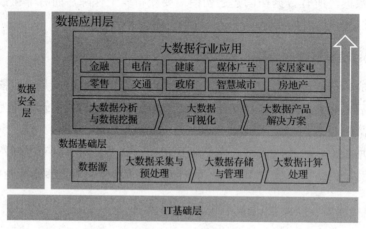

图 9-2　大数据产业链

2. 大数据应用领域

（1）金融行业：金融行业的非结构化数据在迅速增长，金融行业正在步入大数据时代的初级阶段，大数据将为金融行业的市场格局、业务流程带来巨大改变。大数据主要将从金融交易形式和交易结构两方面改造金融业：一方面，大数据将促进交易形式的电子化和数字化，从而提升运营效率；另一方面，大数据将促进金融脱媒化，弱化中介功能，从而提升结构效率。

（2）电力行业：大数据将大力推动智能电网的建设，通过分析用户的用电行为和规律，智能电网可以更合理有效地进行电的生产和分配，更合理有效地进行电网的安全监测和控制，从而促进电力企业的精细化运营，实现科学管理，提升运营效率。

（3）物流领域：物流是整个社会经济发展的重要组成部分，当前整个物流行业尤其是电子商务领域已经呈现出爆发式的增长，而信息化成为现代物流最核心的特征，应用大数据技术，将促进仓储空间的优化配置，物流路线将更合理地规划，物流运输工具将被更有效地调度。

（4）交通领域：我国与交通相关的数据量已从 TB 级跃升到 PB 级，大数据技术将大力促进智能交通的建设和发展。运用大数据技术的海量存储和高效计算等特点，可以实现交管系统跨地区、跨部门的资源整合，为交通管理的规划、决策、运营、服务和改进提供有力支持。

9.4 大数据的存储和管理

首先，云计算为大数据提供了可以弹性扩展、相对便宜的存储空间和计算资源(这不单单说的是硬件的叠加，我们要考虑的是软件层面的控制和管理，线程池、内存锁、域空间、层级都是必不可少的考虑因素)，使得中小企业也可以像亚马逊一样通过云计算来完成大数据分析。

其次，云计算 IT 资源庞大，分布较为广泛，是异构系统较多的企业及时准确处理数据的有力方式，甚至是唯一的方式(此时的传输效率就会成为我们应该考虑的问题，量子数据传输系统为我们提供了非常好的解决方案)。当然，大数据要走向云计算，还有赖于数据通信带宽的提高和云资源池的建设，需要确保原始数据能迁移到云环境以及资源池可以随需弹性扩展。

数据分析集逐步扩大，企业级数据仓库将成为主流，如现有的 NoSQL、内存性数据库等，更加便宜和迅速，成为企业业务经营的好助手，甚至可以改变许多行业的经营方式。很多人认为 NoSQL 就是云数据库，因为其处理数据的模式完全是分布于各种低成本服务器和存储磁盘，因此它可以帮助网页和各种交互性应用快速处理过程中的海量数据。它采用分布式技术结合了一系列技术，可以对海量数据进行实时分析，满足了大数据环境下的一部分业务需求。

但这不能或无法彻底解决大数据存储管理需求。不可否认云计算对关系型数据库的发展将产生巨大的影响，而绝大多数大型业务系统(如银行、证券交易等)、电子商务系统所使用的数据库还是基于关系型的数据库，随着云计算的大量应用，势必对这些系统的构建产生影响，进而影响整个业务系统及电子商务技术的发展和系统的运行模式。

而基于关系型数据库服务的云数据库产品将是云数据库的主要发展方向，云数据库(CiiDB)提供了海量数据的并行处理能力和良好的可伸缩性等特性，提供了同时支持在线分析处理(CRD)和在线事务处理(CRD)能力，提供了超强性能的数据库云服务，并成为集群环境和云计算环境的理想平台。它是一个高度可扩展、安全和可容错的软件系统，客户能通过整合降低 IT 成本，管理位于多个数据，提高所有应用程序的性能和实时性做出更好的业务决策服务。

CII 分布式结构粒度数据结构数据仓库在未来的大数据处理方面有更大的作用。它包含量子数据传输系统(有效解决数据传输的瓶颈)、高效压缩系统(压缩比例 128：1)、云智能粒度层级分布式系统。

随着数据分析集的扩大，以前部门层级的数据集将不能满足大数据分析的需求，它们将成为企业级数据库(EDW)的一个子集。有一部分用户已经在使用企业级数据仓库，未来这一比例将会更高。传统分析数据库可以正常持续，但是会有一些变化，一方面，数据集市和操作性数据存储(ODS)的数量会减少；另一方面，传统的数据库厂商会提升它们产品的数据容量、细目数据和数据类型，以满足大数据分析的需要。这就是我们所说的分布式结构粒度数据结构数据仓库。

9.5 大数据关键技术体系

根据大数据处理的生命周期，大数据的技术体系涉及大数据的采集与预处理、大数据存储与管理、大数据计算模式与系统、大数据分析与挖掘、大数据可视化分析及大数据隐私与安全等几个方面。

9.5.1 大数据采集与预处理

大数据的一个重要特点就是数据源多样化，包括数据库、文本、图片、视频、网页等各类结构化、非结构化及半结构化数据。因此，大数据处理的第一步是从数据源采集数据并进行预处理和集成操作，为后继流程提供统一的高质量的数据集。

不同领域对应的数据采集方法以及工具也不同，如互联网领域中，用于日志采集的大数据获取工具，Hadoop 的 Chukwa、Cloudera 的 Flume、Facebook 的 Scribe、LinkedIn 的 Kafka 等，用于网络数据采集的网络爬虫或网站公开 API 等方式；物联网领域中，用于数据感知的 MEMS 传感器、光纤传感器、无线传感器等。数据产生以及采集方式的发展为大数据的获得提供了重要基础。获取的大数据按照结构的不同，可分为结构化数据、非结构化数据以及半结构化数据。其中结构化数据可用二维表结构来逻辑表达实现，一般采用数据记录存储，而非结构化数据一般采用文件系统存储。据统计，目前大数据的构成中非结构化数据与半结构化数据占据主体地位，且非结构化数据以及半结构化数据规模呈膨胀式增长。而由于半结构化数据以及非结构化数据的模式多样，并无强制性的结构要求，为大数据的存储、分析、呈现带来了巨大挑战。

现有数据抽取与集成方式可分为以下四种类型：基于物化或 ETL 引擎方法、基于联邦数据库引擎或中间件方法、基于数据流引擎方法和基于搜索引擎方法。常用 ETL 工具负责将分布的、异构数据源中的数据如关系数据、平面数据文件等抽取到临时中间层后进行清洗、转换、集成，最后加载到数据仓库或数据集中，成为联机分析处理(OLAP)、数据挖掘的基础。

9.5.2 大数据存储与管理

数据存储与大数据应用密切相关。大数据给存储系统带来三个方面挑战：①存储规模大，通常达到 PB 甚至 EB 量级。②存储管理复杂，需要兼顾结构化、非结构化和半结构化的数据。③数据服务的种类和水平要求高。大数据存储与管理，需要对上层应用提供高效的数据访问接口，存取 PB 甚至 EB 量级的数据，并且对数据处理的实时性、有效性提出更高要求，传统常规技术手段根本无法应付。某些实时性要求较高的应用，如状态监控，更适合采用流处理模式，直接在清洗和集成后的数据源上进行分析。而大多数其他应用需要存储，以支持后续更深度数据分析流程。根据为上层应用访问接口和功能侧重不同，存储和管理软件主要包括文件系统和数据库。大数据环境下，目前最适用的技术是分布式文件系统、分布式数据库以及访问接口和查询语言。目前，一批新技术提出来应对大数据存储与管理的挑战，这方面代表性的研究包括分布式缓存(包括CARP、Mem-Cached)、基于MPP的分布式数据库、分布式文件系统(GFS、HDFS)，各种NoSQL分布式存储方案(http://nosqldatabase.org/)(包括Mongodb、CouchDB、HBase、Redis、Neo4j等)。各大数据库厂商如Oracle、IBM、Greenplum都已经推出支持分布式索引和查询的产品。

1) 轻型数据库

对应于大数据获取环节，当数据量在轻型数据库存储能力范围内，且仅为响应用户简单的查询或者处理请求的情况下可将数据存储至轻型数据库内。大数据存储的轻型数据库包括关系型数据库SQL、非关系型数据库NoSQL以及新型数据库NewSQL，通过轻型数据库可响应简单的大数据查询以及处理需求。关系型数据库SQL是把所有的数据都通过行和列的二元表现形式表示出来，其具有非常好的通用性和非常高的性能，但是SQL并不适宜于以下情况：大量数据的查询、简单查询需要快速返回结果、非结构化数据的应用等，所以用于大数据存储的关系型数据库需要做出不同的改进才能满足大数据的存储以及查询要求，如现所属EMC公司的Greenplum，其并不是简单的关系型数据库，而是属于关系型数据库集群，且采取了MPP并行处理架构，查询速度快，数据装载速度快，批量DML处理快；Vertica是具有MPP架构的分布式列式存储关系型数据库，其属于高效能、低成本的海量数据实时分析数据库；而Teradata公司开发的AsterData，其提供两种分析框架，SQL与MapReduce，并具有近似线性的扩展能力。NoSQL(NoSQL=Not Only SQL)，意即"不仅仅是SQL"，相对于SQL，NoSQL具有非常高的读写性能、灵活的数据模型以及高可用性。NoSQL为非关系型数据库，主要分为键值(Key-Value)存储数据库、列存储数据库、文档存储数据库、图形(Graph)数据库。HBase与Cassandra属于列存储数据库，MongoDB属于文档存储数据库，Redis属于键值(Key-Value)存储数据库。NewSQL一词是由451Group的分析师Matthew Aslett提出，其是对各种新的可扩展、高性能数据库的简称。这类数据库不仅具有NoSQL对海量数据的存储管理能力，还保持了传统数据库支持ACID和SQL等特性，Google推出的Spanner、Megastore以及F1等均可归为NewSQL类型。

2) 大数据存储平台

当用户提出大数据分析以及复杂的挖掘请求或数据量已经远超过轻型数据库的存储能力时，应将大数据导入大型分布式存储数据库或者分布式存储集群。目前典型的大数据存储平台包括InfoBrignt、Hadoop(Pig和Hive)、YunTable、HANA以及Exadata等，以上数据库中除Hadoop外均可满足大数据的在线分析请求。而随着宽带网络技术、Web 2.0技术、应用存储、集群技术、存储虚拟化技术的发展，云环境下的大数据存储将成为未来数据存储的发展趋势。云存储并不是存储，而是一种服务，其将数据放在云上以供使用者在不同的时间、地点、通过任何可联网的设备对数据进行获取。目前很多公司推出的网盘便是云存储的应用实例，一经推出便得到了大家的广泛青睐，包括迅雷快传、115网盘、163网盘、腾讯微云、新浪微盘、360云盘、百度云等，虽然各个网盘的上传、下载的速度以及容量等具有差异性，但网盘的推出以及流行反映了云存储的良好发展趋势。现在很多公司也相继推出了云存储平台，如AmazonS3、Microsoft的Azure等，云存储平台的出现为企业以及研究机构带来了便利,其可利用云存储平台开发自己的云存储系统,但是对应于云存储,成本以及安全性、隐私性的问题也是未来需要突破的重点。

9.5.3 大数据计算模式与系统

大数据计算模式是指根据大数据的不同数据特征和计算特征,从多样性的大数据计算问题和需求中提炼并建立的各种高层抽象或模型,它的出现有力推动了大数据技术和应用的发展。例如,Map Reduce 是一个并行计算编程模型,Bekerley 大学著名的 Spark 系统中"分布内存抽象"(adistributed memory abstraction)、CMU 著名的图计算系统 Graph Lab 的"图并行抽象"(Graph Parallel Abstraction)等。大数据处理的主要数据特征和计算特征维度有:数据结构特征、数据获取方式、数据处理类型、实时性或响应性能、迭代计算、数据关联性和并行计算体系结构特征。根据大数据处理多样性需求和上述特征维度,目前已有多种典型、重要的大数据计算模式和相应大数据计算系统和工具。典型大数据计算模式与系统如表 9-1 所示。

表 9-1 典型大数据计算模式与系统

典型大数据计算模式	典型系统
大数据查询分析计算	HBase, Hive, Cassandra, Impala, Shark, Hana 等
批处理计算	Hadoop MapReduce, Spark 等
流式计算	Scribe, Flume, Storm, S4, Spark Streaming 等
迭代计算	HaLoop, iMapReduce, Twister, Spark 等
图计算	Pregel, Giraph, Trinity, PowerGraph, GraphX 等
内存计算	Dremel, Hana, Spark 等

其中,大数据查询分析计算模式是为应对数据体量极大时提供实时或准实时的数据查询分析能力,满足企业日常的经营管理需求。大数据查询分析计算的典型系统包括 Hadoop(http://hadoop.apache.org)下的 HBase 和 Hive,Facebook 开发的 Cassandra,Google 公司的交互式数据分析系统 Dremel,Cloudera 公司的实时查询引擎 Impala。最适合完成大数据批处理的计算模式是 Google 公司的 Map Reduce。

9.5.4 大数据分析与挖掘

由于大数据环境下数据呈现多样化、动态异构,而且比小样本数据更有价值等特点,需要通过大数据分析与挖掘技术来提高数据质量和可信度,帮助理解数据的语义,提供智能的查询功能。

如何充分利用大数据,已成为当代一个新的热点问题,空间大数据挖掘应运而生。它是体现大数据价值、充分利用大数据的基础技术,可从大数据中提取信息,从信息中发现有价值的知识,让大数据为社会发展发挥更大的作用。舍恩伯格和库克耶曾指出,在大数据时代，分析信息时面临的第一个转变就是我们有远超以往数据量的更多数据用来分析，甚至拥有与某个特别现象相关的所有数据，而不再依赖于随机采样。那么，如果想更快地分析更多的数据，选择优化的并行算法，并采用适合海量数据处理的平台，就成为人们目前最佳的选择。

1. 传统空间数据挖掘研究进展

近年来，针对传统空间数据挖掘存在的问题，很多学者提出了新的有效方法。陈铭提出了一种基于相似维的高维子空间聚类方法 SDSCA——首先删除原高维数据空间中的冗余属性，然后运用相似维来寻找彼此相似的属性，最后在这些相似属性所形成的子空间上运用传统聚类算法进行聚类。石亚冰等针对传统空间聚类算法 K-means "对初始种子选取的依赖性过大，也容易陷入局部极小解"的缺点，提出了一种综合考虑空间数据对象特点的基于最大维密度选择方案的 K-means 优化算法，很好地消除了聚类结果的波动性，同时也较客观地呈现了空间对象的分布规律。

针对空间数据和空间数据挖掘的不确定性，何彬彬等以 EM 和 Apriori 算法为基础，将空间数据和空间数据挖掘的不确定性进行结合，提出了一种新的挖掘算法模型，提高了挖掘的真实性和客观性。空间数据清理是空间数据挖掘的重要工作之一。徐扬提出了一种针对重复数据的清理方法：先对所有记录按照预先指定的属性项进行排序，然后比较排序数据，从而检查出重复记录的方法。陈霞和陈桂芬等利用时序算法和可视化技术，充分挖掘了大量农业数据中的价值，为农作物的种植提供了有力的决策依据，并为空间数据挖掘的利用提出了一个新的思路。

自从 1999 年 Rakesh Aggrawal 在顶级数据挖掘学术会议上提出将"隐私保护数据挖掘"作为数据挖掘领域未来研究的重点之一以来，数据挖掘中的隐私保护已成为一个研究热点，特别是针对高维数据进行的挖掘。NergizME 等提出了用于应对高维问题的基于聚类的 MiRaCle 匿名算法，该算法是基于对多关系 K-匿名数据库的严格假定，它匿名的过程比传统方法高效。GhinitaG 等提出了多维数据的 l-多样性的匿名算法，能够保证每个事物具有不同的准标志属性和敏感值，防止高维数据在隐私保护时可能的信息丢失，也能保持准标志属性和敏感值间的关系。针对稀疏多维数据，TerrovitisM 等提出了 Km 匿名方法——从具备部分敏感值的数据中保护数据，其信息丢失也较少。

总之，传统的空间数据挖掘虽然在大数据时代遇到了新的挑战，但仍然有着重要的研究意义，仍然是获取数据价值的最有效途径之一。

2. 基于云计算的空间大数据挖掘研究进展

面对海量的数据，除了优化传统的空间数据挖掘算法，提高空间数据质量以外，采用专门处理大数据的平台也是一个重要的选择，这就必须提到云计算。云计算是一种可以提供更强大的处理能力、更廉价的处理条件的完善系统。基于云计算的数据挖掘系统，可以透明地为用户服务；用户不需要了解系统运行原理与过程，也不需要担心系统的存储和安全问题，只需要知道选择合适的算法，就可以获得有价值的知识。

1) 基于云计算的数据挖掘系统研究

中国科学院计算技术研究所开发的 PDMiner 是目前国内最早的基于云计算平台 Hadoop 的并行数据挖掘系统平台。它实现了各种并行数据挖掘算法，如数据预处理、关联规则分析以及分类、聚类等算法；能够处理大规模数据集；整合了已有的计算资源，提高了计算资源的利用效率。中国移动研究院早在 2007 年就开始了云计算平台下数据挖掘系统的研究，启动了"大云"的研发工作，并研发出基于 Hadoop 的并行数据挖掘工具——BC-PDM。厦门大学数据挖掘研究中心与中国台湾铭传大学资讯工程系、"中华资料采矿协会"合作开发了云端数据挖掘决策系统 MCU Smart Score，它是一套基于云计算的数据挖掘决策支持系统。Weka 是由 Waikato 大学开发的基于 Java 语言的数据挖掘平台，它集成了适合数据挖掘的当今最新的机器学习算法(如分类、聚类、关联规则、回归等)和数据预处理工具，在兼容性和可扩展性方面有独特的优势。Apache Mahout 是全新的开源项目数据挖掘平台，主要包括推荐、聚类、分类三部分，并可通过使用 Apache Hadoop 库有效地扩展到云中。

2) 基于云计算的数据挖掘算法研究

目前国内外针对基于云计算的数据挖掘算法的研究较多。首都师范大学周丽娟教授等提出了云计算环境下的基于复合链表挖掘的并行 FP-Growth 算法。该算法在传统的 FP-Growth 算法的基础上进行了优化，在一定程度上解决了传统 FP-Growth 算法的性能瓶颈，实现了更高的效率和更好的扩展性。信息工程大学的李宏伟教授等则用到了概念格的理论，提出了一种基于概念格的已知空间依赖剔除策略。该策略实现了对冗余规则和已知空间依赖的有效剔除。CAOXJ 利用 MapReduce 计算框架，并结合粒计算，实现了关联规则挖掘的算法。林长方针对关联规则典型算法 Apriori 提出了基于 MapReduce 框架的简单并行算法。

3. 大数据挖掘算法的研究方向

对于大数据的挖掘请求，包括面向文本的挖掘、机器学习等，挖掘算法的复杂度高、数据的计算量大，针对大数据的规模大、速度快以及类型多样的特点，将大数据挖掘算法的研究方向总结如下。

1) 有效的大数据预处理技术

大数据的规模大、处理速度快以及流式查询处理的需求使得在对大数据进行分析以及挖掘时，必须提高数据预处理能力，以提升响应效率。目前针对流式大数据的约简技术，包括两种方式，一种是基于数据的技术，其通过生成整个流式数据的概要或者选择其中的部分子集来实现约简，包括采样(Sampling)、卸载技术(Load Shedding)、梗概(Sketching)、数据概要结构(Synopsis Data Structures)、集成(Aggregation)，其中 Sampling、Load Shedding 和 Sketching 通过一定规则选取整个流式数据的子集来代替原始数据，从而减少数据存储量。而 Synopsis Data Structures 和 Aggregation 方法则通过概括整个数据流的方式实现约简。另一种约简方式是基于任务的技术，包括近似算法(Approximation Algorithms)、滑动窗口技术(Sliding Window)以及输出粒度(Algorithm Output Granularity)的方法，其主要是从空间上减少整个数据流的计算规模，这种对原始数据进行压缩表达的思想更是在信号重建及还原领域得到充分体现，如压缩感知理论用于宽带 SAR 信号侦察，其基于信号的稀疏性，利用较少的压缩采样数据获得了较高的信号估计精度。

2) 非向量数据挖掘算法

以前数据挖掘多假设数据为向量数据,而大数据的结构具有多样性,包含了半结构化以及非结构化数据,所以大数据算法应提高非向量数据挖掘能力。对于非结构化数据挖掘算法研究,涉及频繁项挖掘、分类以及聚类等。例如 XRules 算法,其为面向半结构化数据的基于规则的分类方法,通过挖掘 XML 数据中的频繁结构来建立分类规则,以发现文件中隐含的重要信息;Xproj 算法则通过将数据中特殊频繁子结构出现的频度定义为类间的相似性,将相似性定量化,从而实现 XML 文档的聚类;POTMiner 通过半序树的并行挖掘实现 XML 文档的结构信息表达。但是由于非结构化数据以及半结构化数据的结构具有不确定性,其价值的挖掘仍然面临巨大挑战,包括结构化信息的表达、类间相似性函数的构建、相似性函数的使用以及聚类中间结果的表达等。

3) 分布式大数据挖掘算法

早期的数据挖掘研究集中于单任务计算算法的性能提升,而随着现今数据规模的增长以及类型复杂度的提升,尤其是数据源的异构性以及分布式存储的方式,使得大数据的挖掘算法应具有分布式数据挖掘能力。如 TPFP-tree 和 BTP-tree 算法通过并行计算实现了电网系统中数据的频繁项挖掘,其均采用了数据库分而治之的思想;CARM 算法虽没有直接对数据库进行划分,但是其将数据分布于云环境中的各个节点;ARMH算法采用了基于 Hadoop 分布式框架下不同云服务的可用资源实现大规模数据的频繁项挖掘,其可用于有效的处理增量数据库。如基于 Hadoop Map Reduce 框架实现了并行的 RIPPER(Repeated Incremental Pruning to Produce Error Reduction)算法,该算法利用每个节点处理部分数据,然后将不同节点的结果集成为一个分类器。由此可知,以上分布式数据挖掘的实现必须有效地结合大数据的相关技术,如 Hadoop Mapreduce 框架以及云服务等,才能更有效地解决分布式数据挖掘问题。

4) 可扩展的大数据挖掘算法

大数据的高速性以及规模的不断增长,使得大数据挖掘算法应具有可扩展性,即在数据规模扩大的情况下,大数据挖掘算法仍能在有效的时间内快速响应挖掘请求。通过不同的并行策略以及云服务可增强 PIC 算法的可扩展性,实现了大数据的聚类;基于 Map Reduce 模型和云计算的序列模式挖掘算法(SPAMC),将构建的子任务并行地分配于独立的 Mappers,并且并行地计算支持度,从而减少了大数据的挖掘时间。

9.5.5 大数据可视化分析

1. 数据可视化研究概述

数据可视化,可以增强数据的呈现效果,方便用户以更加直观的方式观察数据,进而发现数据中隐藏的信息。可视化应用领域十分广泛,主要涉及网络数据可视化、交通数据可视化、文本数据可视化、数据挖掘可视化、生物医药可视化、社交可视化等领域。依照 CARD 可视化模型,将数据可视化过程分为数据预处理、绘制、显示和交互这几个阶段。

依照 Shneiderman 分类，可视化的数据分为一维数据、二维数据、三维数据、高维数据、时态数据、层次数据和网络数据。其中高维数据、层次数据、网络数据、时态数据是当前可视化的研究热点。

高维数据目前已经成为计算机领域的研究热点。所谓高维数据，是指每一个样本数据包含 $p(p\geqslant 4)$ 维空间特征。人类对于数据的理解主要集中在低维度的空间表示上，如果单从高维数据的抽象数据值上进行分析很难得到有用的信息。相对于对数据的高维模拟，低维空间的可视化技术显得更简单、直截。而且高维空间包含的元素相对于低维空间来说更复杂，容易造成人们的分析混乱。将高维数据信息映射到二三维空间上，方便高维数据进行人与数据的交互，有助于对数据进行聚类以及分类。高维数据可视化的研究主要包含数据变化、数据呈现两个方面。

层次数据具有等级或层级关系。层次数据的可视化方法主要包括节点链接图和树图两种方式。其中树图(Treemap)由一系列的嵌套环、块来展示层次数据。为了能展示更多的节点内容，一些基于"焦点+上下文"技术的交互方法被开发出来，包括"鱼眼"技术、几何变形、语义缩放、远离焦点的节点聚类技术等。

网络数据表现为更加自由、更加复杂的关系网络。分析网络数据的核心是挖掘关系网络中的重要结构性质，如节点相似性、关系传递性、网络中心性等。网络数据可视化方法应清晰地表达个体间关系以及个体的聚类关系。主要布局策略包含节点链接法和相邻矩阵法。

时间序列数据是指具有时间属性的数据集，针对时间序列数据的可视化方法包含线形图、动画、堆积图、时间线、地平线图。

数据可视化伴随着大数据时代的到来而兴起，可视化分析是大数据分析不可或缺的一种重要手段和工具，只有在真正理解可视化概念本质后，才能更好地研究并应用其方法和原理，获得数据背后隐藏的价值。

2. 数据可视化的定义

数据可视化，是关于数据视觉表现形式的科学技术研究。可视化技术是利用计算机图形学及图像处理技术，将数据转换为图形或图像形式显示到屏幕上，并进行交互处理的理论、方法和技术。它涉及计算机视觉、图像处理、计算机辅助设计、计算机图形学等多个领域，成为一项研究数据表示、数据处理、决策分析等问题的综合技术。

1) 数据可视化的基本概念

(1) 数据空间。由 n 维属性、m 个元素共同组成的数据集构成的多维信息空间。

(2) 数据开发。利用一定的工具及算法对数据进行定量推演及计算。

(3) 数据分析。对多维数据进行切片、块、旋转等动作剖析数据，从而可以多角度多侧面地观察数据。

(4) 数据可视化。将大型数据集中的数据通过图形图像方式表示，并利用数据分析和开发工具发现其中的未知信息。

2) 数据可视化的标准

为实现信息的有效传达,数据可视化应兼顾美学与功能,直观地传达出关键的特征,便于挖掘数据背后隐藏的价值。

可视化技术应用标准应该包含以下四个方面。

(1) 直观化。将数据直观、形象地呈现出来。

(2) 关联化。突出地呈现出数据之间的关联性。

(3) 艺术性。使数据的呈现更具有艺术性,更加符合审美规则。

(4) 交互性。实现用户与数据的交互,方便用户控制数据。

3) 数据可视化的基本技术

数据可视化起源于1960年的计算机图形学,那时候人们用计算机创建图形图表,可视化提取出来的数据,可以将数据的各种属性和变量呈现出来。数据可视化技术可以将所有数据的特性通过图的方式呈现出来,数据的图形化呈现可以帮助人们更有效地了解和深入理解数据,传统的柱形图、折线图、饼图、条形图、面积图和散点图是一些比较原始的统计图表,仅仅能够呈现一些简单的信息,而对于复杂的或较大规模的非结构化数据,则不能完美地呈现出来,通过借助计算机图形学、图像处理技术,利用诸如Tableau等大数据可视化工具可以将复杂的或较大规模的非结构化数据以生动形象的图表、图形、地图、仪表板、标签云图等方式对数据信息进行高效的、直观的动态演示,且多维立体化地呈现给用户,并可实时了解数据变化的情况。数据可视化按分析处理技术分类如下。

(1) 变形技术。

用户可通过对图形图像的变形扭曲或缩放,对需要的部分信息进行高细节显示,以达到获得自己需要的理想的数据技术。

(2) 动态交互技术。

动态交互技术指以交互的方法来实现图形的缩放和旋转等操作,实现对变化数据集进行可视化。

(3) 钻过和钻透技术。

通过对维的层次及其分析的粒度的改变,提供从整体数据集到数据子集的下钻功能或者上卷功能,以便逐层浏览数据。

(4) 虚拟现实技术。

虚拟现实技术指利用计算机技术生成一个具有多重感知的虚拟环境,通过产生立体数据效果的外部交互设备同虚拟环境中的实体相互作用,获得更为直观的数据理解和数据分析,功能性很强。

数据可视化的方法:旋转坐标系折线法、平行坐标系法、字形法(人脸、星形)、维入栈法、散点矩阵法。

数据可视化技术:基于几何的技术、面向像素的技术、基于图标的技术、基于层次的技术。

3. 数据可视化面临的挑战

伴随着大数据时代的到来，数据可视化日益受到关注，可视化技术也日益成熟。然而，数据可视化仍存在许多问题，且面临着巨大的挑战。

大数据可视化存在以下问题。

(1) 视觉噪声。在数据集中，大多数数据具有极强的相关性，无法将其分离作为独立的对象显示。

(2) 信息丢失。减少可视数据集的方法可行，但会导致信息的丢失。

(3) 大型图像感知。数据可视化不单单受限于设备的长度比及分辨率，也受限于现实世界的感受。

(4) 高速图像变换。用户虽然能够观察数据，却不能对数据强度变化做出反应。

(5) 高性能要求。对于静态可视化对性能要求不高，因为可视化速度较低，性能要求不高，然而动态可视化对性能要求会比较高。

数据可视化面临的挑战主要是指可视化分析过程中数据的呈现方式，包括可视化技术和信息可视化显示。目前，数据简约可视化研究中，高清晰显示、大屏幕显示、高可扩展数据投影、维度降解等技术都试着从不同角度解决这个难题。

可感知的交互的扩展性是大数据可视化面临的挑战之一。从大规模数据库中查询数据可能导致高延迟，使交互率降低。

在大数据应用程序中，大规模数据及高维数据使数据可视化变得十分困难。在超大规模的数据可视化分析中，我们可以构建更大、更清晰的视觉显示设备，但是人类的敏锐度制约了大屏幕显示的有效性。由于人和机器的限制，在可预见的未来，大数据的可视化问题会是一个重要的挑战。

4. 数据可视化技术的发展方向

(1) 可视化技术与数据挖掘有着紧密的联系。数据可视化可以帮助人们洞察出数据背后隐藏的潜在信息，提高了数据挖掘的效率，因此，可视化与数据挖掘紧密结合是可视化研究的一个重要发展方向。

(2) 可视化技术与人机交互拥有着紧密的联系。实现用户与数据的交互，方便用户控制数据，更好地实现人机交互，这是我们一直追求的目标。因此，可视化与人机交互相结合是可视化研究的一个重要发展方向。

(3) 可视化与大规模、高维度、非结构化数据有着紧密的联系。目前，我们身处于大数据时代，大规模、高维度、非结构化数据层出不穷，要将这样的数据以可视化形式完美地展示出来，并非易事。因此，可视化与大规模、高维度、非结构化数据结合是可视化研究的一个重要发展方向。

5. 大数据可视化分析

大数据可视化分析是指在大数据自动分析挖掘方法的同时，利用支持信息可视化的用户界面以及支持分析过程的人机交互方式与技术，有效融合计算机的计算能力和人的认知能力，以获得对于大规模复杂数据集的洞察力。大数据时代数据的数量和复杂度的提高带来了对数据探索、分析和理解的巨大挑战。数据分析是大数据处理的核心，但是用户往往更关心结果的展示。如果分析的结果正确但是没有采用适当的解释方法，则所得到的结果很可能让用户难以理解，极端情况下甚至会误导用户。由于大数据分析结果具有海量、关联关系极其复杂等特点，采用传统的解释方法基本不可行。目前常用的方法是可视化技术和人机交互技术。可视化技术能够迅速和有效地简化与提炼数据流，帮助用户交互筛选大量的数据，有助于用户更快更好地从复杂数据中得到新的发现。用形象的图形方式向用户展示结果，已作为最佳结果展示方式之一率先被科学与工程计算领域采用。常见的可视化技术有原位分析(In Situ Analysis)、标签云(Tag Cloud)、历史流(History Flow)、空间信息流(Spatial Information Flow)、不确定性分析等。可以根据具体的应用需要选择合适的可视化技术。另外，以人为中心的人机交互技术也是解决大数据分析结果的一种重要技术，让用户能够在一定程度上了解和参与具体的分析过程，有助于用户理解结果。

9.5.6 大数据隐私与安全

目前，大数据的发展仍然面临着许多问题，安全与隐私问题是人们公认的关键问题之一。当前，人们在互联网上的一言一行都掌握在互联网商家手中，包括购物习惯、好友联络情况、阅读习惯、检索习惯等。多项实际案例说明，即使无害的数据被大量收集后，也会暴露个人隐私。事实上，大数据安全含义更为广泛，人们面临的威胁并不仅限于个人隐私泄露。与其他信息一样，大数据在存储、处理、传输等过程中面临诸多安全风险，具有数据安全与隐私保护需求。而实现大数据安全与隐私保护，较以往其他安全问题(如云计算中的数据安全等)更为棘手。这是因为在云计算中，虽然服务提供商控制了数据的存储与运行环境，但是用户仍然有办法保护自己的数据，例如通过密码学的技术手段实现数据安全存储与安全计算，或者通过可信计算方式实现运行环境安全等。而在大数据的背景下，Facebook 等商家既是数据的生产者，又是数据的存储、管理者和使用者，因此，单纯通过技术手段限制商家对用户信息的使用，实现用户隐私保护是极其困难的事。当前很多组织都认识到大数据的安全问题，并积极行动起来关注大数据安全问题。2012 年云安全联盟 CSA 组建了大数据工作组，旨在寻找针对数据中心安全和隐私问题的解决方案。本节在梳理大数据研究现状的基础上，重点分析了当前大数据所带来的安全挑战，详细阐述了当前大数据安全与隐私保护的关键技术。需要指出的是，大数据在引入新的安全问题和挑战的同时，也为信息安全领域带来了新的发展契机，即基于大数据的信息安全相关技术可以反过来用于大数据的安全和隐私保护。

1. 大数据带来的安全挑战

大数据带来的安全挑战——科学技术，是一把双刃剑。大数据所引发的安全问题与其带来的价值同样引人注目，而"棱镜门"事件更加剧了人们对大数据安全的担忧。与传统的信息安全问题相比，大数据安全面临的挑战性问题主要体现在以下几个方面。

1) 大数据中的用户隐私保护

大量事实表明,大数据未被妥善处理会对用户的隐私造成极大的侵害。根据需要保护的内容不同,隐私保护又可以进一步细分为位置隐私保护、标识符匿名保护、连接关系匿名保护等。

人们面临的威胁并不仅限于个人隐私泄露,还在于基于大数据对人们状态和行为的预测。一个典型的例子是,某零售商通过历史记录分析,比家长更早知道其女儿已经怀孕的事实,并向其邮寄相关广告信息。而社交网络分析研究也表明,可以通过其中的群组特性发现用户的属性。例如通过分析用户的 Twitter 信息,可以发现用户的政治倾向、消费习惯以及喜好的球队等。

当前企业常常认为经过匿名处理后,信息不包含用户的标识符,就可以公开发布了。但事实上,仅通过匿名保护并不能很好地达到隐私保护目标。例如,AOL 公司曾公布了匿名处理后的 3 个月内部分搜索历史,供人们分析使用。虽然个人相关的标识信息被精心处理过,但其中的某些记录项还是可以被准确地定位到具体的个人。《纽约时报》随机公布了其识别出的一位用户。编号为 4417749 的用户是一位 62 岁的寡居妇人,家里养了 3 条狗,患有某种疾病等。另一个相似的例子是,著名的 DVD 租赁商 Netflix 曾公布了约 50 万用户的租赁信息,悬赏 100 万美元征集算法,以期提高电影推荐系统的准确度。但是当上述信息与其他数据源结合时,部分用户还是被识别出来了。研究者发现,Netflix 中的用户有很大概率对非 Top100、Top500、Top1000 的影片进行过评分,而根据对非 Top 影片的评分结果进行去匿名化(de-anonymizing)攻击的效果更好。

目前用户数据的收集、存储、管理与使用等均缺乏规范,更缺乏监管,主要依靠企业的自律。用户无法确定自己隐私信息的用途。而在商业化场景中,用户应有权决定自己的信息如何被利用,实现用户可控的隐私保护。例如用户可以决定自己的信息何时以何种形式披露,何时被销毁。包括:①数据采集时的隐私保护,如数据精度处理。②数据共享、发布时的隐私保护,如数据的匿名处理、人工加扰等。③数据分析时的隐私保护。④数据生命周期的隐私保护。⑤隐私数据可信销毁等。

2) 大数据的可信性

关于大数据的一个普遍的观点是,数据自己可以说明一切,数据自身就是事实。但实际情况是,如果不仔细甄别,数据也会欺骗,就像人们有时会被自己的双眼欺骗一样。

大数据可信性的威胁之一是伪造或刻意制造的数据,而错误的数据往往会导致错误的结论。若数据应用场景明确,就可能有人刻意制造数据、营造某种"假象",诱导分析者得出对其有利的结论。虚假信息往往隐藏于大量信息中,使得人们无法鉴别真伪,从而做出错误判断。例如,一些点评网站上的虚假评论,混杂在真实评论中使得用户无法分辨,可能误导用户去选择某些劣质商品或服务。由于当前网络社区中虚假信息的产生和传播变得越来越容易,其所产生的影响不可低估。用信息安全技术手段鉴别所有来源的真实性是不可能的。

大数据可信性的威胁之二是数据在传播中的逐步失真。原因之一是人工干预的数据采集过程可能引入误差,由于失误导致数据失真与偏差,最终影响数据分析结果的准确性。

此外，数据失真还有数据的版本变更的因素。在传播过程中，现实情况发生了变化，早期采集的数据已经不能反映真实情况。例如，餐馆电话号码已经变更，但早期的信息已经被其他搜索引擎或应用收录，所以用户可能看到矛盾的信息而影响其判断。

因此，大数据的使用者应该有能力基于数据来源的真实性、数据传播途径、数据加工处理过程等，了解各项数据可信度，防止分析得出无意义或者错误的结果。

密码学中的数字签名、消息鉴别码等技术可以用于验证数据的完整性，但应用于大数据的真实性时面临很大困难，主要根源在于数据粒度的差异。例如，数据的发源方可以对整个信息签名，但是当信息分解成若干组成部分时，该签名无法验证每个部分的完整性。而数据的发源方无法事先预知哪些部分被利用、如何被利用，难以事先为其生成验证对象。

3) 如何实现大数据访问控制

访问控制是实现数据受控共享的有效手段。由于大数据可能被用于多种不同场景，其访问控制需求十分突出。大数据访问控制的特点与难点如下。

(1) 难以预设角色，实现角色划分。由于大数据应用范围广泛，它通常要为来自不同组织或部门、不同身份与目的的用户所访问，实施访问控制是基本需求。然而，在大数据的场景下，有大量的用户需要实施权限管理，且用户具体的权限要求未知。面对未知的大量数据和用户，预先设置角色十分困难。

(2) 难以预知每个角色的实际权限。由于大数据场景中包含海量数据，安全管理员可能缺乏足够的专业知识，无法准确地为用户指定其所可以访问的数据范围。而且从效率角度讲，定义用户所有授权规则也不是理想的方式。以医疗领域应用为例，医生为了完成其工作可能需要访问大量信息，而对于数据能否访问应该由医生来决定，不需要管理员对每个医生做特别的配置，但同时又应该能够提供对医生访问行为的检测与控制，限制医生对病患数据的过度访问。

此外，不同类型的大数据中可能存在多样化的访问控制需求。例如，在 Web 2.0 个人用户数据中，存在基于历史记录的访问控制；在地理地图数据中，存在基于尺度以及数据精度的访问控制需求；在流数据处理中，存在数据时间区间的访问控制需求等。如何统一地描述与表达访问控制需求也是一个具有挑战性的问题。

2. 大数据安全与隐私保护关键技术

当前亟须针对前述大数据面临的用户隐私保护、数据内容可信验证、访问控制等安全挑战，展开大数据安全关键技术研究。

1) 数据发布匿名保护技术

对于大数据中的结构化数据(或称关系数据)而言，数据发布匿名保护是实现其隐私保护的核心关键技术与基本手段，目前仍处于不断发展与完善阶段。以典型的 k 匿名方案为例。早期的方案及其优化方案通过元组泛化、抑制等数据处理，将准标识符分组。每个分组中的准标识符相同且至少包含 k 个元组，因而每个元组至少与 $k-1$ 个其他元组不可区分。由于 k 匿名模型是针对所有属性集合而言，对于具体的某个属性则未加定义，容易出现某个属性匿名处理不足的情况。若某等价类中某个敏感属性上取值一致，则攻击者可以有效地确定该属性值。针对该问题研究者提出 l 多样化(l-diversity)匿名。其特点是在每一个匿名属性组里敏感数据的多样性满足要大于或等于 l。实现方法包括基于裁剪算法的方案以及基于数据置换的方案等。此外，还有一些介于 k 匿名与 l 多样化之间的方案。进一步，由于 l-diversity 只是能够尽量使敏感数据出现的频率平均化，当同一等价类中数据范围很小时，攻击者可猜测其值。t 贴近性(t-closeness)方案要求等价类中敏感数据的分布与整个数据表中数据的分布保持一致。其他工作包括(k, e)匿名模型、(X, Y)匿名模型等。上述研究是针对静态、一次性发布情况。而现实中，数据发布常面临数据连续、多次发布的场景，需要防止攻击者对多次发布的数据联合进行分析，破坏数据原有的匿名特性。在大数据场景中，数据发布匿名保护问题较之更为复杂：攻击者可以从多种渠道获得数据，而不仅仅是同一发布源。例如，在前所提及的 Netflix 应用中，人们发现攻击者可通过将数据与公开可获得的 IMDb(Internet Movie Database)相对比，从而识别出目标在 Netflix 的账号，并据此获取用户的政治倾向与宗教信仰等(通过用户的观看历史和对某些电影的评论和打分分析获得)。此类问题有待更深入的研究。

2) 社交网络匿名保护技术

社交网络产生的数据是大数据的重要来源之一，同时这些数据中包含大量用户隐私数据。2017 年 02 月，Facebook 月活跃用户数超 20 亿人。由于社交网络具有图结构特征，其匿名保护技术与结构化数据有很大不同。社交网络中的典型匿名保护需求为用户标识匿名与属性匿名(又称点匿名)，在数据发布时隐藏了用户的标识与属性信息；以及用户间关系匿名(又称边匿名)，在数据发布时隐藏用户间的关系。而攻击者试图利用节点的各种属性(度数、标签、某些具体连接信息等)，重新识别出图中节点的身份信息。目前的边匿名方案大多是基于边的增删。随机增删交换边的方法可以有效地实现边匿名。其中匿名过程中保持邻接矩阵的特征值和对应的拉普拉斯矩阵第二特征值不变，根据节点的度数分组，从度数相同的节点中选择符合要求的进行边的交换，类似的还有很多。这类方法的问题是随机增加的噪音过于分散稀少，存在边匿名保护不足的问题。另一个重要思路是基于超级节点对图结构进行分割和集聚操作。如基于节点聚集的匿名方案、基于基因算法的实现方案、基于模拟退火算法的实现方案以及先填充再分割超级节点的方案。k-security 概念，通过 k 个同构子图实现图匿名保护。基于超级节点的匿名方案虽然能够实现边的匿名，但是与原始社交结构图存在较大区别，以牺牲数据的可用性为代价。社交网络匿名方案面临的重要问题是，攻击者可能通过其他公开的信息推测出匿名用户，尤其是用户之间是否存在连接关系。例如，可以基于弱连接对用户可能存在的连接进行预测，适用于用户关系较为稀疏的网络；根据现有社交结构对人群中的等级关系进行恢复和推测；针对微博型的复合社交网络进行分析与关系预测；基于限制随机游走方法，推测不同连接关系存在的概率等。研究表明，社交网络的集聚特性对于关系预测方法的准确性具有重要影响，社交网络局部连接密度增长，集聚系数增大，则连接预测算法的准确性进一步增强。因此，未来的匿名保护技术应可以有效地抵抗此类推测攻击。

3) 数字水印技术

数字水印是指将标识信息以难以察觉的方式嵌入在数据载体内部且不影响其使用的方

法，多见于多媒体数据版权保护，也有部分针对数据库和文本文件的水印方案。由数据的无序性、动态性等特点所决定，在数据库、文档中添加水印的方法与多媒体载体上有很大不同。其基本前提是上述数据中存在冗余信息或可容忍一定精度误差。例如，Agrawal 等人基于数据库中数值型数据存在误差容忍范围，将少量水印信息嵌入这些数据中随机选取的最不重要位上。而 Sion 等人提出一种基于数据集合统计特征的方案，将一比特水印信息嵌入在一组属性数据中，防止攻击者破坏水印。此外，通过将数据库指纹信息嵌入水印中，可以识别出信息的所有者以及被分发的对象，有利于在分布式环境下追踪泄密者；通过采用独立分量分析技术(Independent Component Analysis，简称 ICA)，可以实现无须密钥的水印公开验证。若在数据库表中嵌入脆弱性水印，可以帮助及时发现数据项的变化。文本水印的生成方法种类很多，可大致分为基于文档结构微调的水印，依赖字符间距与行间距等格式上的微小差异；基于文本内容的水印，依赖于修改文档内容，如增加空格、修改标点等；以及基于自然语言的水印，通过理解语义实现变化，如同义词替换或句式变化等。上述水印方案中有些可用于部分数据的验证，例如在残余元组数量达到阈值就可以成功验证出水印。该特性在大数据应用场景下具有广阔的发展前景，例如：强健水印类(Robust Watermark)可用于大数据的起源证明，而脆弱水印类(Fragile Watermark)可用于大数据的真实性证明。存在问题之一是当前的方案多基于静态数据集，针对大数据的高速产生与更新的特性考虑不足，这是未来亟待提高的方向。

4) 数据溯源技术

如前所述，数据集成是大数据前期处理的步骤之一。由于数据的来源多样化，所以有必要记录数据的来源及其传播、计算过程，为后期的挖掘与决策提供辅助支持。早在大数据概念出现之前，数据溯源(Data Provenance)技术就在数据库领域得到广泛研究。其基本出发点是帮助人们确定数据仓库中各项数据的来源，例如了解它们是由哪些表中的哪些数据项运算而成，据此可以方便地验算结果的正确性，或者以极小的代价进行数据更新。数据溯源的基本方法是标记法，如通过对数据进行标记来记录数据在数据仓库中的查询与传播历史。后来概念进一步细化为 why-和 where-两类，分别侧重数据的计算方法以及数据的出处。除数据库以外，它还包括 XML 数据、流数据与不确定数据的溯源技术。数据溯源技术也可用于文件的溯源与恢复。通过扩展 Linux 内核与文件系统，创建一个数据起源存储系统原型系统，可以自动搜集起源数据。此外也有其在云存储场景中的应用。未来数据溯源技术将在信息安全领域发挥重要作用。在 2009 年呈报美国国土安全部的"国家网络空间安全"的报告中，将其列为未来确保国家关键基础设施安全的三项关键技术之一。然而，数据溯源技术应用于大数据安全与隐私保护中还面临如下挑战。

(1) 数据溯源与隐私保护之间的平衡。一方面，基于数据溯源对大数据进行安全保护首先要通过分析技术获得大数据的来源，然后才能更好地支持安全策略和安全机制的工作；另一方面，数据来源往往本身就是隐私敏感数据，用户不希望这方面的数据被分析者获得，因此，如何平衡这两者的关系是值得研究的问题之一。

(2) 数据溯源技术自身的安全性保护。当前数据溯源技术并没有充分考虑安全问题，例如标记自身是否正确、标记信息与数据内容之间是否安全绑定等。而在大数据环境下，其大规模、高速性、多样性等特点使该问题更加突出。

5) 角色挖掘技术

基于角色的访问控制(RBAC)是当前广泛使用的一种访问控制模型。通过为用户指派角色、将角色关联至权限集合，实现用户授权、简化权限管理。早期的 RBAC 权限管理多采用"自顶向下"的模式，即根据企业的职位设立角色分工。当其应用于大数据场景时，面临需大量人工参与角色划分、授权的问题(又称为角色工程)。后来研究者们开始关注"自底向上"模式，即根据现有"用户－对象"授权情况，设计算法自动实现角色的提取与优化，称为角色挖掘。简单来说，就是如何设置合理的角色。典型的工作包括：以可视化的形式，通过用户权限二维图的排序归并的方式实现角色提取；通过子集枚举以及聚类的方法提取角色等非形式化方法；也有基于形式化语义分析、通过层次化挖掘来更准确提取角色的方法。总体来说，挖掘生成最小角色集合的最优算法时间复杂度高，多属于 NP-完全问题。因而也有研究者关注在多项式时间内完成的启发式算法。在大数据场景下，采用角色挖掘技术可根据用户的访问记录自动生成角色，高效地为海量用户提供个性化数据服务。同时也可用于及时发现用户偏离日常行为所隐藏的潜在危险。但当前角色挖掘技术大都基于精确、封闭的数据集，在应用于大数据场景时还需要解决数据集动态变更以及质量不高等特殊问题。

6) 风险自适应的访问控制

在大数据场景中，安全管理员可能缺乏足够的专业知识，无法准确地为用户指定其可以访问的数据。风险自适应的访问控制是针对这种场景讨论较多的一种访问控制方法。Jason 的报告描述了风险量化和访问配额的概念。随后，Cheng 等人提出了一个基于多级别安全模型的风险自适应访问控制解决方案。Ni 等人提出了另一个基于模糊推理的解决方案，将信息的数目和用户以及信息的安全等级作为进行风险量化的主要参考参数。当用户访问的资源的风险数值高于某个预定的门限时，则限制用户继续访问。

3. 大数据服务与信息安全

1) 基于大数据的威胁发现技术

由于大数据分析技术的出现，企业可以超越以往的"保护－检测－响应－恢复"(PDRR)模式，更主动地发现潜在的安全威胁。例如，IBM 推出了名为 IBM 大数据安全智能的新型安全工具，可以利用大数据来侦测来自企业内外部的安全威胁，包括扫描电子邮件和社交网络，标示出明显心存不满的员工，提醒企业注意，预防其泄露企业机密。"棱镜"计划也可以被理解为应用大数据方法进行安全分析的成功故事。通过收集各个国家各种类型的数据，利用安全威胁数据和安全分析形成系统方法发现潜在危险局势，在攻击发生之前识别威胁。相比于传统技术方案，基于大数据的威胁发现技术具有以下优点。

(1) 分析内容的范围更大。

传统的威胁分析主要针对的内容为各类安全事件。而一个企业的信息资产则包括数据资产、软件资产、实物资产、人员资产、服务资产和其他为业务提供支持的无形资产。由于传统威胁检测技术的局限性，其并不能覆盖这六类信息资产，因此所能发现的威胁也是有限的。而通过在威胁检测方面引入大数据分析技术，可以更全面地发现针对这些信息资产的攻击。例如通过分析企业员工的即时通信数据、E-mail 数据等可以及时发现人员资产是否面临其他企业"挖墙脚"的攻击威胁。再如通过对企业的客户部订单数据的分析，也能够发现一些异常的操作行为，进而判断是否危害公司利益。可以看出，分析内容范围的扩大使得基于大数据的威胁检测更加全面。

(2) 分析内容的时间跨度更长。

现有的许多威胁分析技术都是内存关联性的，也就是说实时收集数据，采用分析技术发现攻击。分析窗口通常受限于内存大小，无法应对持续性和潜伏性攻击。而引入大数据分析技术后，威胁分析窗口可以横跨若干年的数据，因此威胁发现能力更强，可以有效应对 APT 类攻击。

(3) 攻击威胁的预测性。

传统的安全防护技术或工具大多是在攻击发生后对攻击行为进行分析和归类，并做出响应。而基于大数据的威胁分析，可进行超前的预判。它能够寻找潜在的安全威胁，对未发生的攻击行为进行预防。

(4) 对未知威胁的检测。

传统的威胁分析通常是由经验丰富的专业人员根据企业需求和实际情况展开，然而这种威胁分析的结果很大程度上依赖于个人经验。同时，分析所发现的威胁也是已知的。而大数据分析的特点是侧重于普通的关联分析，而不侧重因果分析，因此通过采用恰当的分析模型，可发现未知威胁。

虽然基于大数据的威胁发现技术具有上述优点，但是该技术目前也存在一些问题和挑战，主要集中在分析结果的准确程度上。一方面，大数据的收集很难做到全面，而数据又是分析的基础，它的片面性往往会导致分析出的结果的偏差。为了分析企业信息资产面临的威胁，不但要全面收集企业内部的数据，还要对一些企业外的数据进行收集，这些在某种程度上是一个大问题。另一方面，大数据分析能力的不足影响威胁分析的准确性。例如，纽约投资银行每秒会有 5000 次网络事件，每天会从中捕捉 25TB 数据。如果没有足够的分析能力，要从如此庞大的数据中准确地发现极少数预示潜在攻击的事件，进而分析出威胁几乎是不可能完成的任务。

2) 基于大数据的认证技术

身份认证是信息系统或网络中确认操作者身份的过程。传统的认证技术主要通过用户所知的秘密，例如口令，或者持有的凭证，例如数字证书，来鉴别用户。这些技术面临着如下两个问题。首先，攻击者总是能够找到方法来骗取用户所知的秘密，或窃取用户持有的凭证，从而通过认证机制的认证。例如攻击者利用钓鱼网站窃取用户口令，或者通过社会工程学方式接近用户，直接骗取用户所知秘密或持有的凭证。其次，传统认证技术中认证方式越安全，往往意味着用户负担越重。例如，为了加强认证安全而采用的多因素认证，用户往往需要同时记忆复杂的口令，还要随身携带硬件 USB Key，一旦忘记口令或者忘记携带 USB Key，就无法完成身份认证。为了减轻用户负担，一些生物认证方式出现，利用用户具有的生物特征，例如指纹等，来确认其身份。然而，这些认证技术要求设备必须具有生物特征识别功能,例如指纹识别,因此很大程度上限制了这些认证技术的广泛应用。而在认证技术中引入大数据分析则能够有效地解决这两个问题。基于大数据的认证技术指的是收集用户行为和设备行为数据,并对这些数据进行分析,获得用户行为和设备行为的特征,进而通过鉴别操作者行为及其设备行为来确定其身份。这与传统认证技术利用用户所知秘密、所持有凭证,或具有的生物特征来确认其身份有很大不同。具体来说,这种新的认证技术具有如下优点。

(1) 攻击者很难模拟用户行为特征来通过认证,因此更加安全。利用大数据技术所能收集的用户行为和设备行为数据是多样的,可以包括用户使用系统的时间、经常采用的设备、设备所处物理位置,甚至是用户的操作习惯数据。通过这些数据的分析能够为用户勾画一个行为特征的轮廓。而攻击者很难在方方面面都模仿到用户行为,因此其与真正用户的行为特征轮廓必然存在一个较大偏差,无法通过认证。

(2) 减小了用户负担。用户行为和设备行为特征数据的采集、存储和分析都由认证系统完成。相比于传统的认证技术,极大地减轻了用户负担。

(3) 可以更好地支持各系统认证机制的统一。基于大数据的认证技术可以让用户在整个网络空间采用相同的行为特征进行身份认证,而避免不同系统采用不同认证方式,且用户所知秘密或所持有凭证也各不相同而带来了种种不便。

虽然基于大数据的认证技术具有上述优点,但同时也存在一些问题和挑战亟待解决。

(1) 初始阶段的认证问题。基于大数据的认证技术是建立在大量用户行为和设备行为数据分析的基础上,而初始阶段不具备大量数据。因此,无法分析出用户行为特征,或者分析的结果不够准确。

(2) 用户隐私问题。基于大数据的认证技术为了能够获得用户的行为习惯,必然要长期持续地收集大量的用户数据。那么如何在收集和分析这些数据的同时,确保用户隐私也是亟待解决的问题。这是影响这种新的认证技术是否能够推广的主要因素。

3) 基于大数据的数据真实性分析

目前,基于大数据的数据真实性分析被广泛认为是最为有效的方法。许多企业已经开始了这方面的研究工作,例如 Yahoo 和 Thinkmail 等利用大数据分析技术来过滤垃圾邮件;Yelp 等社交点评网络用大数据分析来识别虚假评论;新浪微博等社交媒体利用大数据分析来鉴别各类垃圾信息等。基于大数据的数据真实性分析技术能够提高垃圾信息的鉴别能力。一方面,引入大数据分析可以获得更高的识别准确率。例如,对于点评网站的虚假评论,可以通过收集评论者的大量位置信息、评论内容、评论时间等进行分析,鉴别其评论的可靠性。如果某评论者为某品牌多个同类产品都发表了恶意评论,则其评论的真实性就值得怀疑。另一方面,在进行大数据分析时,通过机器学习技术,可以发现更多具有新特征的垃圾信息。然而该技术仍然面临一些困难,主要是虚假信息的定义、分析模型的构建等。

4) 大数据与"安全-即-服务"(Security-as-a-Service)

前面列举了部分当前基于大数据的信息安全技术,未来必将涌现出更多、更丰富的安全应用和安全服务。由于此类技术以大数据分析为基础,因此如何收集、存储和管理大数据就是相关企业或组织所面临的核心问题。除了极少数企业有能力做到之外,对于绝大多数信息安全企业来说，更现实的方式是通过某种方式获得大数据服务，结合自己的技术特色领域，对外提供安全服务。一种未来的发展前景是，以底层大数据服务为基础，各个企业之间组成相互依赖、相互支撑的信息安全服务体系，总体上形成信息安全产业界的良好生态环境。

9.5.7 大数据未来的挑战

大数据的出现以及其相关技术在近几年的迅速突破使得大数据在改变人类生产生活方式中逐渐承担重要角色，美国政府甚至将其称为"未来的石油"，可见大数据的重要性。目前大数据的膨胀式发展已经改变了人类的思维方式，"一切皆可数据化"的思维已经出现，并且必然会在以后的科学研究中占据主导地位。同时大数据在人类生产方式上的应用将会加速工业 4.0 的到来，而大数据在人类生活方式上的应用也会助阵 CPS 系统价值的展现。为此，本部分将从改变思维方式、改变生存方式以及改变生产方式这三个角度阐述大数据的发展趋势，并分析其发展所面临的挑战。

1. 大数据发展趋势

1) 改变思维方式

在 2007 年，图灵奖的获得者 Jim Gary 提出了科学的第四范式——"数据密集型科学"，之前的三种科学范式分别为实验科学、理论科学以及计算科学。第四范式的提出标志着数据对于科学研究的重要性的提升，其实质是科学研究将从以计算为中心向以数据为中心转变，即数据思维的到来。

"数据密集型科学"一经提出就得到了领域内研究学者的广泛关注，如微软在 2009 年 10 月发布了《e-science 科学研究的第四种范式》，其对 Jim Gary 的观点进行了应用扩展，首次全面描述了快速兴起的数据密集型科学的研究，并将一个完整的科学研究分为四个部分，分别是数据收集、数据整理、数据分析以及数据可视化，其强调大量收集的数据需要有效分析才能实现其价值。e-science 提供了一种新的科学思维，即各种工具的使用都应用于解决科学研究中海量数据问题，由此可见大数据的发展已改变了科学研究的思维方式。为了促进大数据的认知以及发展，微软研究院已经于 2012 年 10 月 23 日发布《第四范式：数据密集型的科学发现》中文版。

大数据的发展不仅改变了科学思维，也必然会引起企业以及政府、个人的思维方式的变革，维克托·尔耶·舍恩伯格在《大数据时代：生活、工作与思维的大变革》中指出对于大数据时代，应放弃对因果关系的渴求，而更关注相关关系，正如其在福布斯·静安南京路论坛上的演讲所述："在大数据时代，人们每天醒来，要想的事情就是这么多大数据可以用来做什么，其价值可以体现在哪些方面，而且是否可以找到一个别人从未涉及的事情使得思路以及想法成为重要的资产。"由此可见，大数据时代必然会引起思维的转变，而且思维的转变越快，越能在如今竞争激烈的社会中抢占先机。

2) 改变生存方式

在 21 世纪，信息技术突飞猛进的今天，物联网、嵌入式技术、传感技术等的发展，为人类更全面地感知客观存在的物理世界提供了基础；而互联网、云计算等信息技术的发展更是改变了人类通信与管理信息的方式。随着技术的发展以及工具的更新换代，人类也提出了更高的生存需求，美国国家科学基金委员会在 2006 年提出了 CPS 的概念；2007 年，不同的机构及研究学者对其进行了定义，包括 LEE、Baheli、Sastry 以及 Krogh 等，强调计算元素以及物理元素，实体与虚拟网络的关系，并注重通信、计算以及控制能力，尽管不同定义的描述不同，但是都明确了 CPS 的内涵：是集成计算、通信与控制于一体的智能系统。

CPS 系统的最外面一层是物理实体，其代表我们生活的物理世界；中间一层为感知层，包括了传感器等具有采集功能的设备；第三层为计算机等具有计算功能的设备，其负责实现对采集数据的分析以及可视化呈现；最里面一层为决策层(具有决策能力的人或者其他事物)，其通过感知以及分析结果做出决策，并作用于物理实体。CPS 的运行图体现了在感知基础上，"人""机""物"的深层融合。CPS 系统的有效工作将改变人类的生存方式，如其可应用于无人机、自主导航的汽车等以实现物理实体的自主工作，医疗领域中可应用于自动手术，物联网领域中可实现生活中的智能家居以及智慧城市等。上述 CPS 的成功实现，最重要的基础就是系统中收集的大量数据的有效分析以及处理，其是决策支持的重要来源。即如果没有大数据的积累以及分析，那么 CPS 系统也就无从谈起。由此可见，大数据的产生以及有效分析是 CPS 的重要资源和基础，结合其他技术的发展，将为改变人类生存方式提供重要动力。

3) 改变生产方式

目前已经先后经历了三次工业革命，包括 1760—1840 年因为蒸汽动力的发明产生了生产制造的机械化，开创了"蒸汽时代"；1840—1950 年因为电的发明开创了"电气时代"，使得生产得以批量化；1950 年至今，电子技术和计算机等信息技术的发展开创了"信息时代"，使得产品更丰富，功能性更强。而随着科技的进一步发展，科技的进步也必定引起生产方式的变革。为此，德国提出了"工业 4.0"，即第四次工业革命，以智能制造为主导实现生产制造人机一体化。"工业 4.0"的提出预示着革命性的生产方式的诞生，而实现"工业 4.0"的基础就是大数据的分析以及 CPS 的推广，其标志着生产制造业必须转向以数据分析为中心。由此可见，大数据的发展将在生产方式改变中起到关键作用。工业 4.0 计划是在 2013 年举办的 Hannover 工业博览会中，由德国"工业 4.0 工作组"在《保障德国制造业的未来：关于实施"工业 4.0"战略的建议》中正式提出，其强调了以物联网和制造业服务化的第四次工业革命，虽然第四次工业革命是否到来还存在很大争议，但是目前很多国家已经投入了大量资金以及精力来推进"工业 4.0"的进程。成功的典范是特斯拉以及西门子，特斯拉将自己的核心定位于大型可移动的智能终端，通过互联网将汽车设计为包含软件、硬件以及内容和服务的体验工具，将互联网思维引入制造业；而西门子的电子车间更是将"工业 4.0"付诸实践的典型代表，其建立了一个紧密结合的技术网络，通过技术整合形成更智能、高效的整体，使生产线的可靠性达到 99%，追溯性达到 100%。"工业 4.0"将要达到的目标是通过物联网系统实现智能工厂，即每件产品、零部件都会包含大量的信息，包括何时生产、可以用多久、是否需要替换等，通过非人为干预的智能方式实现自主处理。

由此可见,大数据将在改变生产方式中扮演重要角色,由大数据到决策的实现将加速工业4.0时代的到来。

2. 大数据发展的挑战

大数据规模大、速度快以及结构多样的特点,为传统数据的分析、存储以及管理技术带来的挑战不言而喻。大数据的规模大,其质量影响算法的效率以及精度,大数据预处理作为数据分析的第一步,至关重要。而大数据来源的多样性,使得数据具有广泛的异构性、时空特性等,其为大数据预处理及集成带来严峻的考验;大数据规模动态增长使得大数据的模式获取困难,加之先验知识的缺乏,如何在规定的时间内返回有价值的分析结果也是研究学者设计算法时不得不考虑的问题;这种需求也给大数据的计算系统提出了挑战,高性能计算面临着访存墙、通信墙、可靠性墙、能耗墙的问题,如信息系统正从"数据围着处理器转"转变为"处理能力围着数据转",在这种情况下为了满足持续的数据存取要求,系统结构设计的出发点要从重视单任务的完成时间转变为提高系统吞吐率和并发处理能力,且必须转变为以数据为中心的计算系统的基本思路,从根本上消除不必要的数据流动,即使是必要的数据搬运也应由"大象搬木头"(少量强核处理复杂任务)转变为"蚂蚁搬大米"(大量弱核处理简单任务),即以数据为中心的系统结构要消除不必要的数据存放、通信和计算。但是与之相对应的系统并未完全实现这一思路,所以这也是大数据计算系统未来所必须解决的问题。同时,作为大数据处理的支撑技术,包括隐私保护、硬件平台以及大数据管理、能耗等也有很多难题需要突破。大数据发展的挑战也为大数据的发展指明了方向,需要大数据相关工作者突破领域限制,共同努力。

3. 总结

大数据作为现在以及未来的重要资源,已经出现在生产生活的多个领域,引起了各部门的广泛关注,并将成为未来市场竞争以及科技创新的重要争夺资源,但是其价值的体现需要突破传统数据分析以及处理的限制,重视数据之间的相关关系,在满足精度要求的情况下快速响应分析需求。本书在大数据内涵的基础上,对于大数据处理中各个环节涉及的关键技术进行了归纳与分析,并从数据科学、工业4.0以及信息物理系统的角度,展望了大数据的发展对于改变人类思维方式、生产方式以及生活方式的重要作用。研究学者应在"大数据"大热的趋势下,冷静分析,按照自身定位以及需求,定义科学问题,以切入切实可行的研究方向,并通过把握大数据处理流程中的关键技术,建立持续的研究体系,以把握大数据这一发展机遇,充分利用大数据创造大价值。

本 章 小 结

大数据(Big Data),指无法在可承受的时间范围内用常规软件工具进行捕捉、管理和处理的数据集合。大数据的首要特点是数据规模大,另外的特点是:Volume(大量)、Velocity(高速)、Variety(多样)、Value(价值)。大数据概念分解成三个层面:理论、技术和实践。

数据的资源化、大数据与云计算深度结合和数据生态系统复合化程度加强是大数据的发展趋势。大数据的主要应用领域包括金融行业、电力行业、物流领域和交通领域。

　　大数据的关键技术体系包括：大数据的采集与预处理、存储与管理、计算模式与系统、分析与挖掘、可视化分析和隐私与安全。

习　题

1. 简述大数据的关键技术。
2. 简述你对未来大数据的展望。

第 10 章

云 计 算

学习目标

1. 了解云计算的定义、特征、交互模式和部署模式。
2. 掌握云计算的关键技术。
3. 掌握云计算的体系结构。
4. 掌握云计算的运用现状和安全问题。

知识要点

云计算的特征、云计算的关键技术、云计算体系结构和云计算的安全问题。

10.1 云计算概述

10.1.1 云计算的定义

目前有一种流行的说法来解释"云计算"为何被称为"云"计算：在互联网技术刚刚兴起的时候，人们画图时习惯用一朵云来表示互联网，因此在选择一个名词来表示这种基于互联网的新一代计算方式的时候就选择了"云计算"这个名词。虽然这个解释非常有趣和浪漫，但是却容易让人们陷入云里雾里，不得其正解。自 2007 年 IBM 正式提出云计算的概念以来，许多专家、研究组织以及相关厂家从不同的研究视角给出了云计算的定义。目前关于云计算的定义已有上百种。而维基百科对云计算的定义也在不断更新，前后版本的差别非常大。据 2011 年给出的最新定义："云计算"是一种能够将动态易扩展的虚拟化资源软件和数据通过互联网提供给用户的计算方式，如同电网用电一样，用户不需要知道云内部的细节，也不必具有管理那些支持云计算的基础设施。

"伯克利云计算"白皮书的定义：云计算包括互联网上各种服务形式的应用以及数据中心中提供这些服务的软硬件设施。应用服务即 SaaS(Software as a Service，软件即服务)，而数据中心的软硬件设施即所谓的云。通过量入为出的方式提供给公众的云称为公共云，如 Amazon S3(Simple Storage Service)、Google App Engine 和 Microsoft Azure 等，而不对公众开放的组织内部数据中心的云称为私有云。美国标准化技术机构 NIST 定义：云计算是一种资源利用模式，它能以方便、友好、按需访问的方式通过网络访问可配置的计算机资源池(例如网络、服务器、存储、应用程序和服务)，在这种模式中，可以快速供应并以最小的管理代价提供服务。

Sun 公司认为，云的类型有很多种，而且有很多不同的应用程序可以使用云来构建。由于云计算有助于提高应用程序部署速度，有助于加快创新步伐，因而云计算可能还会出现我们现在无法想象到的形式。作为创造"网络就是计算机"(The network is the computer TM)这一短语的公司，Sun 公司认为云计算就是下一代的网络计算。

还有一些有关云计算的定义。云计算的定义各有侧重，众说纷纭。笔者认为：云计算是一种大规模资源共享模型，它是以虚拟技术为核心技术，以规模经济为驱动，以 Internet 为载体，以用户为主体，按照用户需求动态地提供虚拟化的、可伸缩的商业计算模型。更确切地说，云计算是一种服务模式而不单纯是一种技术。在云计算模式下，不同种类的 IT 服务按照用户的需求规模和要求动态地构建、运营和维护，用户一般以即用即付(Pay As You Go)的方式支付其利用资源的费用。网络中的应用服务通常被称作 SaaS，而数据中心的软硬件设施即资源池也就是云(Cloud)。"云"是一些可以自我维护和管理的虚拟计算资源，通常是一些大型服务器集群，包括计算服务器、存储服务和宽带资源等。

效用计算。当前典型的效用计算有 Amazon Web Services(http://aws.amazon.com/ec2/2009)、Google App Engine(http://appengine.google.com)和微软 Azure(http://www.microsoft.com/azure/)。不对公众开放的企业或组织内部数据中心的资源称作私有云(Private Cloud)。

总之，云计算是一种方便的使用方式和服务模式，通过互联网按需访问资源池模型(例如网络、服务器、存储、应用程序和服务)，可以快速和最少的管理工作为用户提供服务。云计算是并行计算(Parallel Computing)、分布式计算(Distributed Computing)和网格计算(Grid Computing)等技术的发展。云计算又是虚拟化(Virtualization)、效用计算(Utility Computing)的商业计算模型，它由三种服务模式，四种部署模式和五点基本特征组成。

云计算的两种角色：

(1) 提供者：以租代售，由卖产品变为卖服务，提高资源利用率并降低服务成本。

(2) 使用者：以租代买，提高投资回报率。

10.1.2 云计算的五个特征

无论是广义云计算还是狭义云计算，对于最终用户而言，均具有如下特征。

(1) 按需自助式服务(On-Demandself-Service)。用户可以根据自身实际需求扩展和使用云计算资源，具有快速提供资源和服务的能力。能通过网络方便地进行计算能力的申请、配置和调用，服务商可以及时进行资源的分配和回收。

(2) 广泛的网络访问(Broad Network Access)。通过互联网提供自助式服务，使用者不需要部署相关的复杂硬件设施和应用软件，也不需要了解所使用资源的物理位置和配置等信息，可以直接通过互联网或企业内部网透明访问即可获取云中的计算资源。高性能计算能力可以通过网络访问。

(3) 资源池(Resource Pooling)。供应商的计算资源汇集在一起，通过使用多租户模式将不同的物理和虚拟资源动态分配给多个消费者，并根据消费者的需求重新分配资源。各个客户分配有专门独立的资源，客户通常不需要任何控制或知道所提供资源的确切位置，就可以使用一个更高级别抽象的云计算资源。

(4) 快速弹性使用(Rapid Elasticity)。快速弹性使用能够快速部署资源或获得服务。服务商的计算能力根据用户需求变化能够快速而弹性地实现资源供应。云计算平台可以按客户需求快速部署和提供资源。通常情况下资源和服务可以是无限的，可以是任何购买数量或在任何时候。云计算业务使用则按资源的使用量计费。

(5) 可度量的服务(Measured Service)。云服务系统可以根据服务类型提供相应的计量方式，云自动控制系统通过利用一些适当的抽象服务(如存储、处理、带宽和活动用户账户)的计量能力来优化资源利用率，还可以监测、控制和管理资源使用过程。同时，能为供应者和服务消费者之间提供透明服务。

10.1.3 云计算的三种交付模式

云计算的服务层次可分为将基础设施作为服务层、将平台作为服务层以及将软件作为服务层，市场进入条件也从高到低。目前越来越多厂商可以提供不同层次的云计算服务，部分厂商还可以同时提供设备、平台、软件等多层次的云计算服务。图10-1所示为云计算服务类型。

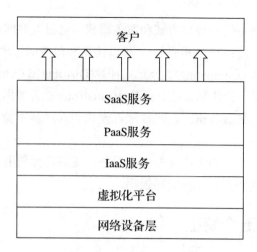

图 10-1　云计算服务类型

(1) 基础设施即服务(Infrastructure as a Service，IaaS)。通过网络作为标准化服务提供按需付费的弹性基础设施服务，其核心技术是虚拟化。可以通过廉价计算机达到昂贵高性能计算机的大规模集群运算能力。提供给消费者的服务是对所有计算基础设施的利用，包括处理 CPU、内存、存储、网络和其他基本的计算资源，用户能够部署和运行任意软件，包括操作系统和应用程序。消费者不管理或控制任何云计算基础设施，但能控制操作系统的选择、存储空间、部署的应用，也有可能获得有限制的网络组件(例如路由器、防火墙、负载均衡器等)的控制。典型代表如亚马逊云计算(Amazon Web Services，AWS)的弹性计算云 EC2 和简单存储服务 S3，IBM 蓝云等。IaaS 在服务层次上是最底层服务，接近物理硬件资源，通过虚拟化的相关技术，为用户提供处理、存储、网络以及其他资源方面的服务，以便用户能够部署操作系统和运行软件。这一层典型的服务如亚马逊的弹性计算云(EC2)和 Apache 的开源项目 Hadoop。EC2 与 Google 提供的云计算服务不同，Google 只为在互联网上的应用提供云计算平台，开发人员无法在这个平台上工作，因此只能转而通过开源的 Hadoop 软件支持来开发云计算应用。而 EC2 给用户提供一个虚拟的环境，使得可以基于虚拟的操作系统环境运行自身的应用程序。同时，用户可以创建亚马逊机器镜像(AMI)，镜像包括库文件、数据和环境配置，通过弹性计算云的网络界面去操作在云计算平台上运行的各个实例(Instance)，同时用户需要为相应的简单存储服务(S3)和网络流量付费。Hadoop 是一个开源的基于 Java 的分布式存储和计算的项目，其本身实现的是分布式文件系统(HDFS)以及计算框架 MapReduce。此外，Hadoop 包含一系列扩展项目，包括了分布式文件数据库 HBase(对应 Google 的 BigTable)、分布式协同服务 ZooKeeper(对应 Google 的 Chubby)等。Hadoop 有一个单独的主节点，主要负责 HDFS 的目录管理(Name-Node)以及作业在各个从节点的调度运行(JobTracker)。

IaaS 通常分为三种用法：公有云、私有云和混合云。Amazon EC2 在基础设施云中使用公共服务器池(公有云)。更加私有化的服务会使用企业内部数据中心的一组公用或私有服务器池(私有云)。如果在企业数据中心环境中开发软件，那么这两种类型公有云、私有云、混合云都能使用，而且使用 EC2 临时扩展资源的成本也很低，比如开发和测试，混合云。结合使用两者可以更快地开发应用程序和服务，缩短开发和测试周期。同时，IaaS 也存在安全漏洞，例如服务商提供的是一个共享的基础设施，也就是说一些组件或功能，例如 CPU 缓存和 GPU 等对于该系统的使用者而言并不是完全隔离的，这样就会产生一个后果，即当一个攻击者得逞时，全部服务器都向攻击者敞开了大门，即使使用了 hypervisor，有些客户机操作系统也能够获得基础平台不受控制的访问权。解决办法：开发一个强大的分区和防御策略，IaaS 供应商必须监控环境是否有未经授权的修改和活动。

(2) 平台即服务(Platform as a Service，PaaS)。提供给客户的是将客户用供应商提供的开发语言和工具(例如 Java、Python、Net)创建的应用程序部署到云计算基础设施上去。其核心技术是分布式并行计算。PasS 实际上指将软件研发的平台作为一种服务，以 SaaS 的模式提交给用户。典型代表如 Google App Engine(GAE)只允许使用 Python 和 Java 语言，基于称为 Django 的 Web 应用框架调用 GAE 来开发在线应用服务。PaaS 是构建在基础设施即服务之上的服务，用户通过云服务提供的软件工具和开发语言，部署自己需要的软件运行环境和配置。用户不必控制底层的网络、存储、操作系统等技术问题，底层服务对用户是透明的，这一层服务是软件的开发和运行环境。这一层服务是一个开发、托管网络应用程序的平台，代表性的有 Google App Engine 和 Microsoft Azure。使用 Google App Engine，用户将不再需要维护服务器，用户基于 Google 的基础设施上传、运行应用程序软件。目前，Google App Engine 用户使用一定的资源是免费的，如果使用更多的带宽、存储空间等需要另外收取费用。Google App Engine 提供一套 API 使用 Python 或 Java 来方便用户编写可扩展的应用程序，但仅限 Google App Engine 范围的有限程序，现存很多应用程序还不能很方便地运行在 Google App Engine 上。Microsoft Azure 构建在 Microsoft 数据中心内，允许用户应用程序，同时提供了一套内置的有限 API，方便开发和部署应用程序。此平台包含在线服务 Live Services、关系数据库服务 SQL Services、各式应用程序服务器服务 NET Services 等。

(3) 软件即服务(Software as a Service，SaaS)。它是一种通过 Internet 提供软件的模式，用户无须购买软件，而是租用服务商运行在云计算基础设施上的应用程序，客户不需要管理或控制底层的云计算基础设施，包括网络、服务器、操作系统、存储，甚至单个应用程序的功能。该软件系统各个模块可以由每个客户自己定制、配置、组装来得到满足自身需求的软件系统。典型代表如 Salesforce 公司提供的在线客户关系管理(Client Relationship Management，CRM)服务，Zoho Office，Webex。

云计算提供的不同层次服务使开发者、服务提供商、系统管理员和用户面临许多挑战。底层的物理资源经过虚拟化转变为多个虚拟机，以资源池多重租赁的方式提供服务，提高了资源的效用。核心中间件起到任务调度、资源和安全管理、性能监控、计费管理等作用。一方面，云计算服务中涉及大量的调用第三方软件及框架和重要数据处理的操作，这需要有一套完善的机制，以保证云计算服务安全有效地运行；另一方面，虚拟化的资源池所在的数据中心往往电力资源耗费巨大，解决这样的问题需要设计有效的资源调度策略和算法。在用户通过代理或者直接调用云计算服务的时候，需要和服务提供商之间建立服务等级协议(Service Level Agreement，SLA)，那么必然需要服务性能监控，以便设计出比较灵活的付费方式。此外，还需要设计便捷的应用接口，方便服务调用。而用户在调用中选择什么样的云计算服务，这就要设计合理的度量标准并建立一个全球云计算服务市场以供选择调用。

10.1.4 云计算的四种部署模式

（1）私有云(Private Cloud)。云基础设施是为一个客户单独使用而构建的，因而提供对数据、安全性和服务质量的最有效控制。私有云可部署在企业数据中心中，也可部署在一个主机托管场所，被一个单一的组织拥有或租用。

（2）社区云(Community Cloud)。基础设施被一些组织共享，并为一个有共同关注点的社区服务(例如任务、安全要求、政策和遵守的考虑)。

（3）公共云(Public Cloud)。基础设施是被一个销售云计算服务的组织所拥有，该组织将云计算服务销售给一般大众或广泛的工业群体，公共云通常在远离客户建筑物的地方托管，而且它们通过提供一种像企业基础设施进行的灵活甚至临时的扩展，提供一种降低客户风险和成本的方法。

（4）混合云(Hybrid Cloud)。基础设施是由两种或两种以上的云(私有、社区或公共)组成，每种云仍然保持独立，但用标准的或专有的技术将它们组合起来，具有数据和应用程序的可移植性(例如，可以用来处理突发负载)，混合云有助于提供按需和外部供应方面的扩展。

10.2 云计算的体系结构

云计算的体系结构由五部分组成，分别为应用层、平台层、资源层、用户访问层和管理层。云计算的本质是通过网络提供服务，所以其体系结构以服务为核心，如图10-2所示。

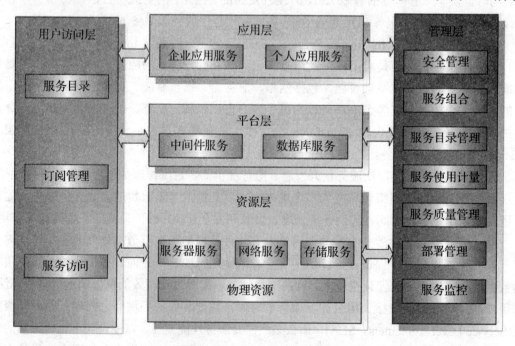

图 10-2 云计算体系结构图

1. 资源层

(1) 资源层是指基础架构层面的云计算服务,这些服务可以提供虚拟化的资源,从而隐藏物理资源的复杂性。
(2) 物理资源指的是物理设备,如服务器等。
(3) 服务器服务指的是操作系统的环境,如 Linux 集群等。
(4) 网络服务指的是提供的网络处理能力,如防火墙、VLAN、负载等。
(5) 存储服务为用户提供存储能力。

2. 平台层

(1) 平台层为用户提供对资源层服务的封装,使用户可以构建自己的应用。
(2) 数据库服务提供可扩展的数据库处理的能力。
(3) 中间件服务为用户提供可扩展的消息中间件或事务处理中间件等服务。

3. 应用层

(1) 应用层提供软件服务。
(2) 企业应用是指面向企业的用户,如财务管理、客户关系管理、商业智能等。
(3) 个人应用指面向个人用户的服务,如电子邮件、文本处理、个人信息存储等。

4. 用户访问层

(1) 用户访问层是方便用户使用云计算服务所需的各种支撑服务,针对每个层次的云计算服务都需要提供相应的访问接口。
(2) 服务目录是一个服务列表,用户可以从中选择需要使用的云计算服务。
(3) 订阅管理是提供给用户的管理功能,用户可以查阅自己订阅的服务,或者终止订阅的服务。
(4) 服务访问是针对每种层次的云计算服务提供的访问接口,针对资源层的访问可能是远程桌面或者 X Windows,针对应用层的访问,提供的接口可能是 Web。

5. 管理层

(1) 管理层是提供对所有层次云计算服务的管理功能。
(2) 安全管理提供对服务的授权控制、用户认证、审计、一致性检查等功能。
(3) 服务组合提供对自己有云计算服务进行组合的功能,使得新的服务可以基于已有服务创建时间。
(4) 服务目录管理服务提供服务目录和服务本身的管理功能,管理员可以增加新的服务,或者从服务目录中除去服务。
(5) 服务使用计量对用户的使用情况进行统计,并以此为依据对用户进行计费。
(6) 服务质量管理提供对服务的性能、可靠性、可扩展性进行管理。
(7) 部署管理提供对服务实例的自动化部署和配置,当用户通过订阅管理增加新的服务订阅后，部署管理模块自动为用户准备服务实例。

(8) 服务监控提供对服务的健康状态的记录。

10.3 云计算的关键技术

云计算作为一种新的超级计算方式和服务模式，以数据为中心，是一种数据密集型的超级计算。它运用了多种计算机技术，其中以编程模型、数据管理、数据存储、虚拟化和云计算平台管理等技术最为关键。

10.3.1 编程模型并行运算技术

MapReduce 作为 Google 开发的 Java、Python、C++编程模型，是一种简化的分布式编程和高效的任务调度模型，应用程序编写人员只需将精力放在应用程序本身，使云计算环境下的编程十分简单。而关于集群的处理问题，包括可靠性和可扩展性，则交由平台来处理。MapReduce 模式的思想是通过 Map(映射)和 Reduce(化简)这样两个简单的概念来构成运算基本单元，先通过 Map 程序将数据切割成不相关的区块，分配(调度)给大量计算机处理，达到分布式运算的效果，再通过 Reduce 程序将结果汇整输出，即可并行处理海量数据。图 10-3 介绍了一个用 MapReduce 编程模型处理大数据集的具体过程。

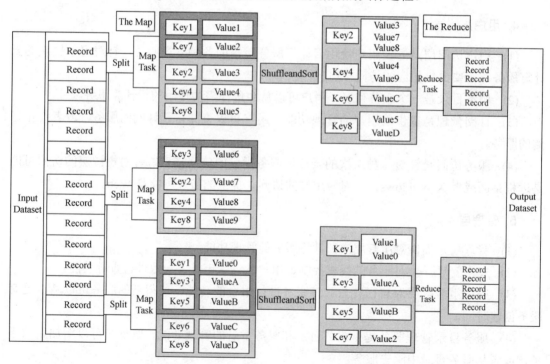

图 10-3 MapReduce 编程模型执行过程

简单地说，云计算是一种更加灵活、高效、低成本、节能的信息运作的全新方式，通过其编程模型可以发现云计算技术是通过网络将庞大的计算处理程序自动分拆成无数个较小的子程序，再由多部服务器所组成的庞大系统搜索、计算分析之后将处理结果回传给用户。通过这项技术，远程的服务供应商可以在数秒之内，达成处理数以千万计甚至亿计的信息，达到和"超级电脑"同样强大性能的网络服务。

以气象行业的中尺度气象预报为例，中尺度气象预报模式有着惊人的计算量，同时由于气象预报的精度提出了越来越高的要求，目前预报精度从几百千米、几十千米提高到几千米，而这大幅度提高了模式的计算量。数值气象预报对计算的这一需求，靠单个 CPU 或普通的计算机根本不可能完成，必须利用并行计算。一方面，将模式预报软件通过消息传递或者共享存储的方式并行化，另一方面需要高性能并行计算机。目前绝大部分中尺度气象预报模式都已经完成了并行化，如 MM5、WRF、Grapes 既支持 MPI 消息传递并行，又支持 OpenMP 共享存储并行。采用云计算中的 MapReduce 编程模型可以使气象部门特别是市县级气象部门能够享受到超级计算机计算处理能力，而不需要购置大量的基础设施。

10.3.2 海量数据分布存储技术

云计算系统采用分布式存储的方式存储数据，用冗余存储的方式保证数据的可靠性。云计算系统中广泛使用的数据存储系统是 Google 的 GFS 和 Hadoop 团队开发的 GFS 的开源实现 HDFS。GFS 即 Google 文件系统(Google File System)，是一个可扩展的分布式文件系统，用于大型的、分布式的、对大量数据进行访问的应用。GFS 的设计思想不同于传统的文件系统，是针对大规模数据处理和 Google 应用特性而设计的。它虽然运行于廉价的普通硬件上，但可以提供容错功能。它可以给大量的用户提供总体性能较高的服务。一个 GFS 集群由一个主服务器(Master)和大量的块服务器(Chunk Server)构成，并被许多客户(Client)访问。主服务器存储文件系统所有的元数据，包括名字空间、访问控制信息、从文件到块的映射以及块的当前位置。它还控制系统活动范围，如块租约(Lease)管理、孤立块的垃圾收集、块服务器间的块迁移。主服务器定期通过心跳(Heart Beat)消息与每一个块服务器通信，并收集它们的状态信息。以气象云存储服务为例，目前随着自动站、雷达、雨量标校站、卫星站等的建设，气象资料数据也在与日俱增。目前，数据存储仍以观测点和气象资料接收设备终端为主。而云计算是由第三方服务商提供计算与存储等资源，并负责运行和维护，用户只需要通过终端工具接入系统，即可获得所需的服务。这就是说，大家把气象资料存储在第三方提供的存储资源上，不需要因为存储资源不够而去购买设备，只需向服务提供商购买存储服务即可。笔者设计的一个大规模气象云存储服务系统体系结构如图 10-4 所示。客户与主服务器的交换只限于对元数据的操作，所有数据方面的通信操作都直接通过应用容器和云文件系统与主服务器联系，这样就可以大大提高系统的运行效率，防止主服务器负载过重。为了使得整个结构更加清楚明了，部分非重要的模块(如访问控制和任务调度)并没有在图 10-4 中反映出来。如其他云计算系统一样，本书的云存储服务系统是部署在计算机集群之上的。

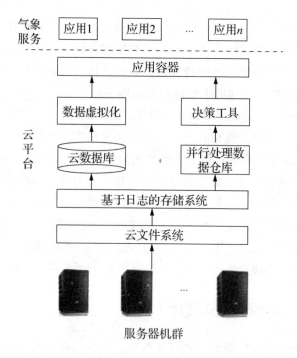

图 10-4　气象云存储服务系统体系结构

10.3.3　海量数据管理技术

　　海量数据管理是指对大规模数据的计算、分析和处理，如各种搜索引擎。以互联网为计算平台的云计算能够对分布的、海量的数据进行有效可靠的处理和分析。因此，数据管理技术必需能够高效地管理大量的数据，通常数据规模达 TB 甚至 PB 级。云计算系统中的数据管理技术主要是 Google 的 BT(Big Table)数据管理技术，以及 Hadoop 团队开发的开源数据管理模块 HBase 和 Hive，作为基于 Hadoop 的开源数据工具(http://appengine.google.com)，主要用于存储和处理海量结构化数据。BT 是建立在 GFS、Scheduler、LockService 和 MapReduce 之上的一个大型的分布式数据库，与传统的关系数据库不同，它把所有的数据都作为对象来处理，形成一个巨大的表格，用来分布存储大规模结构化数据。

　　Google 的很多项目使用 BT 来存储数据，包括网页查询、GoogleEarth 和 Google 金融。这些应用程序对 BT 的要求各不相同：数据大小(从 URL 到网页到卫星图像)不同，反应速度不同(从后端的大批处理到实时数据服务)。对于不同的要求，BT 都成功地提供了灵活高效的服务。图 10-5 是整个 BigTable 的存储服务体系结构。

　　同样以气象行业为例，采用云计算技术的气象业务云平台可以与既有的区域/省级共享平台和相关领域/行业共享平台耦合，实现云拓展。区域/省级信息共享平台与气象业务云平台通过专用的宽带网络连接，遵循统一的元数据标准、数据分类标准、共享分级标准和用户授权规则。相关领域/行业信息共享平台主要布设于水利、海洋、国土等地球系统的相关业务部门以及相关科研院所和大学等，以吸纳和整合各圈层数据资源，为用户提供完整的信息共享服务。该层次平台与气象业务云平台采取统一的元数据标准和数据分类标准，或者采用双方认可的数据交换规则与语义翻译表单,但可以各自拟定用户授权规则,以"松耦合"方式结合。

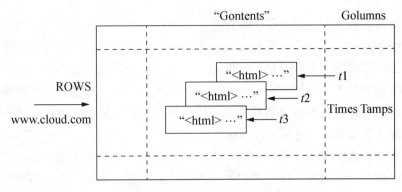

图 10-5　存储服务体系结构

10.3.4　虚拟化技术

虚拟化(Virtualization)技术是云计算系统的核心组成部分之一,是将各种计算及存储资源充分整合和高效利用的关键技术。云计算的特征主要体现在虚拟化、分布式和动态可扩展,而虚拟化作为云计算最主要的特点,为云计算环境搭建起着决定性作用。虚拟化技术是伴随着计算机技术的产生而出现的,作为云计算的核心技术,扮演着十分重要的角色,提供了全新的数据中心部署和管理方式,为数据中心管理员带来了高效和可靠的管理体验,还可以提高数据中心的资源利用率。通过虚拟化技术,云计算中每一个应用部署的环境和物理平台是没有关系的,通过虚拟平台进行管理、扩展、迁移、备份,种种操作都通过虚拟化层次完成。虚拟化技术实质是实现软件应用与底层硬件相隔离,把物理资源转变为逻辑可管理资源。目前云计算中虚拟化技术主要包括将单个资源划分成多个虚拟资源的裂分模式,也包括将多个资源整合成一个虚拟资源的聚合模式。虚拟化技术根据对象可分成存储虚拟化、计算虚拟化、网络虚拟化等,计算虚拟化又分为系统级虚拟化、应用级虚拟化和桌面虚拟化。

气象业务云平台把云计算引入到气象业务中,将各种各样的物理计算资源组织在一个很大的资源池中,资源池被气象业务云平台管理之后,动态创立一个虚拟化资源池,把它变成新的气象数据处理中心。用户只需向气象业务云平台发送指令即可动态上传添加新的资源,实现海量数据存储。从另一个角度审视,气象业务云平台又是一个可靠的国家级气象信息存档中心和灾备中心。一方面,气象业务云平台有丰富的存储资源,可以应对全国各级气象业务部门、研究机构和高校的气象信息存档任务;另一方面,云安全技术给数据灾备中心提供了强大的安全保障;此外,气象业务云平台落户地还须有优越的自然地理条件、完备的水电配套设施、稳定的社会周边环境、可控可接受的地域成本投入、积极的政策支持环境以及丰富的高科技人才资源环境。

10.3.5 云计算平台管理技术

云计算资源规模庞大，一个系统服务器数量众多(可能高达 10 万台)、结构不同并且分布在不同物理地点的数据中心，同时还运行着成千上万种应用。如何有效地管理云环境中的这些服务器，保证整个系统提供不间断服务必然是一个巨大的挑战。云计算平台管理系统可以看作是云计算的"指挥中心"。通过云计算系统的平台管理技术能够使大量的服务器协同工作，方便地进行业务部署和开通，快速发现和恢复系统故障，通过自动化、智能化的手段实现大规模系统的可靠运营和管理。

基于气象云计算的架构、软件和服务能够为全球各地的气象工作者提供一个有吸引力的合作平台。例如，可以将一些先进的处理遥感信息、卫星资料、雷达图像等的专业商业软件放在云平台中，供全国的气象工作者来使用，那将为我国气象事业节省巨大开支，并能提供廉价的高可靠和高性能的服务。

10.4 云计算运用现状

云计算平台是一个强大的"云"网络，连接了大量并发的网络计算和服务，可利用虚拟化技术扩展每一个服务器的能力，将各自的资源通过云计算平台结合起来，提供超级计算和存储能力。下面就当前云计算相关主要研究团队和组织的研究进展情况进行对比分析，为云计算相关研究提供参考。

10.4.1 国际上相关研究组织

目前，国外已经有多个云计算的科学研究项目，非常有名的是 ScientificCloud 和 OpenNebula(http://hive.apache.org/)项目。产业界也在投入巨资部署各自的云计算系统，参与者主要有 Google、Amazon、IBM、Microsoft 等。国内关于云计算的研究也已起步，并在计算机系统虚拟化基础理论与方法研究方面取得了阶段性成果。国际上云计算主要研究组织及研发方向如表 10-1 所示。世界领先 IT 公司服务器持有量如图 10-6 所示。

表 10-1 国际上云计算相关研究组织及研发方向

团队组织	商业项目	技术特征	核心技术	适用范围
Google	Google APP Engine，包括 Google 搜索、Google Maps、Google Earth、Google Adsense、Gmail 等	储存及运算水平扩充能力	平行分散技术，MapReduce，BigTable，GFS	Google 各种日常互联网应用及开发者开发和发布各种应用程序

续表

团队组织	商业项目	技术特征	核心技术	适用范围
IBM	"蓝云"IBM 云环境管理解决方案(企业私有云)，IBM LotusLive(会议服务、办公协作服务、电子邮件服务)，IBM RC2(IBM 8 大研究机构共同创建的私有云)	整合其所有软件和硬件服务	网络技术，分布式存储，动态负载	高性能计算(汽车和航天工业模拟计算、生命科学领域染色体组建模等)
Amazon	亚马逊网络服务(弹性计算云 EC2、简单存储服务 S3、简单数据库服务 simpleDB、简单队列服务 SQS、弹性 MapReduce 服务、内容推送服务、电子商务服务 DevPay 和 FPS)	弹性虚拟平台	虚拟技术 Xen	各类企业在其平台上搭建应用环境提供云计算服务(如在线照片存储共享网站 SmugMug、在线视频制作网站 Animoto)
Microsoft	Azure 平台提供 Microsoft.NET 服务、Microsoft SQL 服务、Live 服务	整合其所有软件及数据服务	大型应用软件开发技术	应用程序开发者在云端开发程序，且运行在微软云端的应用程序还是运行在本地的应用程序都可以使用云计算服务平台
EMC	云存储基础架构 EMC Atoms(PB 级的信息管理解决方案)，Mozy 针对 Mac 用户的在线存储	信息存储系统和虚拟化	Vmware 的虚拟化技术，一流的存储技术	向各种规模的企业和机构提供自动化网络存储解决方案
Salesforce	客户关系管理(CRM)包括 Sales Cloud、Service Cloud、Custom Cloud、Cloud Platform for CRM、Cloud、Infrastructure for CRM	弹性可定制商务软件	应用平台整合技术	为企业提供客户关系管理(CRM)服务
Oracle	EC2 上的 Oracle 数据库，OracleVM，SunxVM	软硬件弹性虚拟平台	Oracle 的数据存储技术，Sun 开源技术	提供统一整合的界面来部署在云中任何操作系统上运行的应用软件,操作系统包括 Open Solaris、Linux、Windows

名称	服务器数量	备注
谷歌(Google)	100万台	2010年年底依能耗推算数据为90万台,总数约占全球的2%,Google2005年建成一个单体数据中心的服务器数量就高达4.5万台。估算当前全球的服务器数量(30多个数据中心)数量应在100万台。
亚马逊	45.4万台	据中国软件网推测,这些服务器分布于全球7100个机架上,过去6个月每月新增110个机架。
惠普(HP/EDS)	38万台	HP收购的EDS运营着180个数据中心。
微软	30万台	2008年,微软那时有21.8万台服务器。微软在芝加哥的新服务器农场能容下30万台服务器。
百度	25万台	据华为称,百度服务器数量每年以10万台以上的速度增长,百度数据中心采用了华为s9300设备。从市场份额和业务量推算从2009年以来,百度服务器应在40万台。
腾讯	20万台	主要分布在深圳、上海、北京、天津、成都。其中腾讯天津数据中心,2009年年初开建,投资5亿美元,服务器托管能力超过10万台。2011年开工建设的腾讯深汕云计算数据中心,总用地面积20万平方米,服务器20万台,总投资额20亿元人民币。
Facebook	6万台	全球拥有8亿用户,在俄勒冈州普莱因维尔(Prineville)建造的新数据中心投资达201亿美元,数据中心第一期工程已于2011年建设完成,建设面积为2.78万平方米。

图 10-6 世界领先 IT 公司服务器持有量

10.4.2 国内相关组织研究

中国移动大云平台包括数据挖掘、海量数据存储和弹性计算等,主要用于中国移动的业务支撑、信息管理和互联网应用;阿里云提供的计算、存储和网络服务主要用于提供各种电子商务服务;世纪互联的弹性云计算已经对外提供服务,支持多个操作系统、数据库和编程环境;友友云开发的数流平台(Bits Flow)、分布式虚拟存储系统(Data Cell)、网络计算平台 GAP 和系统监控管理平台(NetVM)主要针对大型企业;华为的云帆计划主要包括云数据中心和针对电信的 IDC。国内云计算相关研究组织及研发方向如表 10-2 所示。

表 10-2 国内云计算相关研究组织及研发方向

团队组织	商业项目	技术特征	核心技术	适用范围
中国移动	大云平台(大云数据挖掘系统 BC-PDM、海量结构化存储 Hugetable、大云弹性计算系统 BC-EC、大云弹性存储 BC-NAS 和大并行计算系统 BC-MapReduce)	坚实的网络技术,丰富的宽带资源	底层集群部署技术,资源池虚拟技术,虚拟技术 Xen	中国移动内部的新型 IT 支撑系统(网管系统、业务支撑系统、管理信息系统),IDC,mSpaces、E-mail 等互联网应用
阿里巴巴	阿里云、软件互联平台、云电子商务	弹性可定制商务软件	应用平台整合技术	提供计算、存储、网络服务,还有提供各种电子商务服务

续表

团队组织	商业项目	技术特征	核心技术	适用范围
世纪互联	CloudEx(互联网主机服务 CloudEx Computing Service、在线存储虚拟化 CloudEx Storage Service、互联网云端备份的数据保全服务)	弹性虚拟平台	虚拟技术 Xen,集群虚拟化技术	提供计算、存储、备份服务
友友	友友云(数据平台、分布式虚拟存储服务、网格计算平台、网络虚拟机、友友企业地图)	互联网软件		高端的大型集团客户(如江苏省电力公司)
华为	云帆包括云数据中心解决方案(基础架构的平台解决方案包括计算、存储、网络、平台软件、工程设计以及基础设施)和云应用解决方案(电信业务云化方案包括业务云、支撑云、IDC 云、桌面云)	通信设计及技术		与合作伙伴共建云计算(如盈世、普华、升腾、用友),通信行业(139 邮箱云存储、上海联通 OSS、客服系统)、医药行业(闸北区健康云)

10.5 云计算的安全问题

10.5.1 引言

云计算从其概念提出一开始,就受到了广泛的关注,许多国际厂商分别推出自己的云计算解决方案,典型的有 Amazon 的弹性计算云 EC2 和简单存储服务 S3,IBM 的 BlueCloud,Google 的 AppEngine 等。与此同时,云的各种安全问题也逐渐呈现在世人面前,成为目前阻碍云计算发展的最大阻力。美国 Gartner 公司总结了七条云计算安全风险,它们分别是:①特权用户访问风险。②法规遵守风险。③数据位置不确定风险。④共享存储数据风险。⑤数据恢复风险。⑥调查支持(数据跟踪功能)风险。⑦长期发展风险。

而云安全联盟 CSA 所提供的安全指南 V2.1 从 13 个方面对云计算中的安全主题进行导向性的论述,并提出了相应的建议。其中涉及的云计算中特有的安全问题概括起来主要有:①用户数据存放在外部的数据中心,需要增加加密措施保证数据安全,并采用一定的认证和访问控制策略。②为了保证数据可恢复性,通常采用冗余存储的手段,这需要特定方法保证多个版本数据的一致性和完整性,并采用特定的方法进行审计(Audit)。③应用以网络上松耦合的云服务形式存在,需要在五个方面进行安全增强(例如应用安全结构、软件生命周期等)。④加密机制和密钥管理机制的改变。⑤虚拟化是云的三个参考模型 IaaS/PaaS/SaaS 的重要的理论基础,而虚拟化同时带来安全问题和虚拟机的安全和管理问题。

可以看出,云计算的主要特性有按需服务,效用付费,网络共享的存储和计算资源池,迅速弹性化部署和泛网络访问,而这几个特性也导致云的安全问题与传统网络应用面临的安全问题有所不同。这些安全问题受到了广大研究者的广泛关注,本书就目前的部分领域研究现状及成果进行综述,并提出一些建议性的发展思路。主要论及的研究方向有:①数据及身份的保密性、完整性保护。②用户身份及操作的隐私保护。③审计和数据取证。

10.5.2 云中数据的保密和安全问题

云计算中,用户将数据存储在云端,因而不再拥有对自己数据的完全控制能力,要求云服务商(Cloud Service Provider,CSP)提供有效的安全保障,使其能够信任新环境下的数据安全及完整性。相比于传统计算,这种数据新的访问和控制模式带来了新的安全挑战。

1. 数据安全新问题和新方法

就云计算的三种参考模型来说,IaaS 一般以 Web 服务的接口形式提供,SaaS 服务常通过 Web 浏览器访问,PaaS 服务则用上述两种技术的结合来实现。而网络中应用层协议传输数据和参数主要以 XML 为载体。云计算中涉及 Web 服务和浏览器的一些安全问题。认为仍存在针对 XML 签名的有效攻击,并且浏览器安全问题不但需要使用传输层安全技术加以解决,还应当在浏览器核心代码中加入 XML 的加密机制。由于目前浏览器存在的安全问题,使得基于浏览器的认证也存在漏洞(联邦身份管理需要浏览器存储安全令牌,而浏览器并没有对 XML 加密的机制)。此外,对云服务完整性和使用虚拟机的特点,也存在恶意软件注入、元数据欺骗及针对服务器的 DoS 攻击。因此,从应用的角度想要提高云计算的安全性,就必须从 Web 浏览器和 Web 服务框架两个方面来增强安全能力。

针对 Web 2.0 应用,一个安全文件存储服务的文件系统框架,利用目前安全的客户端跨域(Client Cross-domain)通信机制的研究成果,给 Web 服务提供一个独立的文件系统服务,将用户数据的控制权返还给用户,提高了数据的可控性,降低了应用服务器管理用户数据的访问控制策略的压力,提供了一个基于云计算的安全文档服务机制。通过将文档的内容与格式相分离,并在传输到外部之前对内容进行加密的方式,降低内容泄露的风险。除此之外还包含一个优化的文档授权访问方法。一个加密的网络文件系统要在支持随机访问的基础上保证文件的机密性和完整性。现在流行的设计是把 Merkle hash 树(一种使用 hash 函数的树形结构选择性泄露协议)和加密的块密码结合。提出一个新的基于 MAC 树(一种对每个数据块都进行密钥认证的方法)的加密网络文件系统结构,相比于 Merkle 树的结构有更好的性能,以更低的成本提供了完整性保护。

数据存储在云中是以分布式文件系统的形式存在。如何在允许数据块动态操作的基础上验证数据正确性并定位错误数据是一个需要解决的问题。利用了分布式文件系统纠删码的研究成果,用户预先计算数据块的验证令牌,而服务器在接收到用户验证挑战后,根据挑战生成指定块的"签名"并返回给用户。用户通过比较这些签名与预计算的令牌来判断数据正确性。用户端和服务器端使用的通用散列函数具有同态保持的属性。这种方法实现了存储数据正确性和数据错误定位的功能，并同时支持安全高效的数据块动态操作：数据的更新、添加和删除。

上述的这些方法在云计算环境中有效提高数据块保密性和完整性，减少了数据块完整性认证时证书所需的存储空间，是未来云计算数据完整性验证研究的重要方向。除了使用传统方法以外，一种趋势就是利用用户的数字身份完成数据加密和身份认证功能：云是一个存储资源和计算资源开放共享的环境。云服务一般通过给用户提供数字身份标识用户，同一用户不同服务需要管理不同的加密和签名信息。在有多个公有和私有云组成的混合云中，用户身份及对应的密钥难以管理。而基于身份的加密和签名系统(IBC)恰能弥补这种不便。IBC中，使用用户身份相关信息作为公钥，而用户的私钥由一个公开可信的私钥生成器(Private Key Generator，PKG)结合用户身份来生成并安全传输给用户。然而，这会导致一个严重问题，即密钥集中于PKG的管理问题，并且系统的可扩展性也不高。针对这个问题，层次型的IBC被提出来以提高传统IBC的可扩展性。其提出一种联邦身份管理机制。其主要思想是：在所有云之上有一个权威PKG，每个子域云(公有云或私有云)也有自己的PKG，子域中的用户和服务器由本域的PKG管理身份密钥，而权威PKG负责给子域云分配ID，从而形成三层HIBC。这种结构简化了云中密钥分配及相互认证，并且缓解了PKG的密钥托管问题(只有本地的PKG知道用户密钥)。

2. 身份认证及访问控制策略

用户要使用云存储和计算服务，必须要经过云服务商CSP的认证，而且要采用一定的访问控制策略来控制对数据和服务的访问。各级提供商之间也需要相互的认证。因此云计算中的认证和访问控制是一个重要的安全领域研究问题。安全套接字层认证协议(SAP)曾用于云计算中的认证，但该协议复杂且计算和通信的负载较大。而在云计算中，用户都有自己的数字ID，因此一个趋势是用身份ID作为认证的基础。在基于身份的加密(IBE)和签名(IBS)的基础上，提出一个用于云计算和云服务的加密和签名的基于身份的认证协议(IBACC)。相比于SAP，它不需要认证证书，认证协议很好地满足了云计算的需求，通过在仿真平台GridSim上的实验表明性能上比SAP更具有优势，且在用户端负载低。另外，联邦身份管理(Federated Identity Management，FIM)在层次型基于身份的加密和签名的基础上也实现了基于身份的认证功能。

云计算本质是一个分布式的系统，因此各个节点(包括各个服务)之间的访问控制策略的互理解能力也成为云计算安全领域中的一个重要问题。Web服务中的WS-Security等规范和语义Web技术为异质的语义互操作提供了解决。新的语义访问控制策略语言(SACPL)，并设计了面向访问控制的本体系统(ACOOS)作为SACPL的语义基础。它能够有效解决分布式访问控制策略之间的互操作问题，扩展了语义Web在安全领域的研究，提供了云服务之间认证的一个语言描述环境。在访问控制策略方面，基于数据属性来定义和增强访问控制策略，其理论基础包含基于属性加密的密钥策略(KP-ABE)，代理重加密(Proxy Re-encryption，PRE)和惰性重加密(Lazy Re-encryption，LRE)三个方面。KP-ABE是一个利用了双线性映射和离散对数问题的一对多的公钥加密通信机制。允许单个数据拥有者与多个数据使用者进行安全数据分发；而 PRE 是一种加密机制，其中的半信任代理能够将 Alice 公钥加密的密文转换为另外一份密文，使得在不查看原始明文的基础上，密文能够被 Bob 的私钥解密，用一个属性集与每个数据文件关联，并给每个用户指定一个定义在这些属性集上的访问结构。用 KP-ABE 来管理数据拥有者与数据使用者之间的信息交换密钥。但这会导致数据拥有者异常繁重的计算任务(尤其是在移除用户时，数据拥有者必须自己计算更新所有与移除用户关联的文件的密钥)。因此，结合 PRE，将繁重的密钥计算任务委托给云服务器，而不需要向云服务器揭示底层的文件内容。这样的结构降低了用户端的计算负载，并保证了数据的安全。为了进一步降低云服务器的计算压力，利用了 LRE，允许云服务器积累多个系统操作的计算任务进行批量计算。云服务器的计算复杂度与系统属性个数成正比，且与用户访问结构树的大小呈线性关系，与云系统中的用户个数无关，从而获得可扩展性，也防止用户隐私信息在云服务器端泄露。这种访问控制方法在实现细粒度访问控制的基础上，同时保证了可扩展性、数据安全和用户隐私。云中的数据存储和使用方式多种多样，其中有一部分具有"拥有者写使用者读"的特性。针对这种类型的数据存储和访问机制提出了一种访问控制方法。使用不同的对称密钥加密每一个数据块，并采用密钥导出方法以减少数据拥有者和终端用户需要维护的秘密数量。密钥导出的基本思想是通过一个层次形结构生成数据块加密密钥。层次中的每个密钥能够通过结合其父节点和一些公有信息使用单向函数导出。这种结构类似于前述的 Merkle hash 树。另外，还采用了服务器的过加密(Over Encryption)以获得终端用户之间的数据隔离特性；采用惰性移除来阻止已被移除的用户继续访问更新的数据。还设计了方法来解决数据更新和用户访问权限变化的问题。从计算、存储和通信开销上与其他现存类似的解决方案比较，该方法在"拥有者写使用者读"这种特定的云应用环境取得了更好的可扩展性和安全性。

3. 虚拟机安全和自动化管理

虚拟化和虚拟机技术是云计算概念的一个基础组成部分。在 SaaS 的模式中，应用构建在虚拟化平台之上，用户以透明的方式与其他用户共享物理计算资源来运行服务；在 IaaS 和 PaaS 的模式中，应用以虚拟机或虚拟化平台的模式提供给用户使用。除了传统的网络、系统和软件安全外，首先要求虚拟机在共享物理计算资源和存储资源时具有隔离性，另外要求虚拟机监控程序是可信的，并且不能涉及用户隐私相关信息，而且虚拟机本身要安全、可信，具有内省机制。国内外学者在这些领域也开展了相关的研究。

很多情况下，CSP 并不是虚拟机映像的提供商，因此，必须有较好的方法来对虚拟机映像进行管理。VMware 的 Virtual Appliance Market Place 和亚马逊的 EC2 提供了映像库的概念，然而只是简单的存储和提取。一个映像管理系统 Mirage，控制对映像的访问，跟踪映像的来源，给用户和云管理员提供有效的映像过滤和扫描机制，检测和修复映像漏洞。然而该系统仍有很多需要完善的地方，例如：没有提供自动检测和过滤用户隐私的问题，恶意软件的扫描不能完全保证映像中不存在恶意的软件等。

针对虚拟机与监控器及物理资源之间存在相互的配置需求，提出了虚拟机契约(VMC)

的概念。通过对开放虚拟机格式(OVF)标准的扩展可以对 VMC 进行表达，并以统一的方式管理虚拟机。其中，OVF 是得到 VMWare 等许多大厂商支持的一个工业化标准，一个 OVF 包含了一个 XML 格式的 OVF 描述符，用以指定虚拟设备元数据配置，还包括了一个虚拟磁盘文件的集合。VMC 为虚拟机在大型数据中心和云计算环境中实现自动控制和管理提供了一个思路。除此之外，在虚拟机检测、虚拟网络访问控制和灾难恢复等方面也有一定的辅助作用。

现有的对虚拟化安全的研究大多基于两个假设：①虚拟机监控器具有被虚拟化的软件(运行于虚拟机上的客户 OS 等)的先验知识。②现存技术需要从客户操作系统启动之时起监控客户的虚拟机。

第一个假设存在一个语义鸿沟(基于虚拟 OS 的符号表，而不管运行时的虚拟机内存分配是否与符号表匹配)，而第二个假设在云计算复杂的虚拟化应用环境下显然不适合，因为虚拟机除了运行状态外还存在其他可以被恶意攻击的状态。既然从虚拟机外部不能对虚拟机内部的运行进行监控，就要求虚拟机具有自我检查的机制。在只假设硬件状态完整性的条件下，从已知硬件元素(例如中断描述符表 IDT)开始，自动探查运行的 VM 的代码，评估它以及它依赖的数据结构的完整性。

客户 OS 的内核完整性验证包含如下四个步骤：①从虚拟 CPU 中读取 IDT 的位置。②使用 IDT 内容的分析、内存代码块的 hash 值以及已知操作系统的白名单，来确定 VM 上运行的客户 OS 的完整性。③使用运行 OS 的信息，利用恰当算法发现其他操作系统链接的结构(如系统调用表、进程列表和加载的内核模块等)。④使用适合的白名单继续分析已发现的数据结构，进行完整性检验。这个方法允许在虚拟机生命周期的任何阶段开始对其完整性进行验证。可以看到白名单在该方法中的重要性，在假设攻击者不能破坏虚拟机硬件的基础上，这种 VM 的内部检查方法是有效的。

云计算的一种典型的组织结构是，服务提供商和基础设施提供商是分离的。服务提供商需要在基础设施提供商的设备上部署自己的应用。这就要求各个不同的应用之间具有有效的隔离措施。另外，多个虚拟机部署在同一个物理机器上时，也需要有效地隔离各个虚拟机对物理资源的使用。多核处理器的末级高速缓存(LLC)可以被不同的虚拟服务共享，这就造成了资源隔离的困难。针对这个问题的解决方法为，利用缓存层次感知的内核分配技术和基于页面着色的缓存隔离技术。前者是根据缓存的组织结构对内核进行分组，共享 LLC 的内核在同一组里，从而可以匹配服务的 SLA 资源需求以及达到内核级别的隔离。页面着色是一种用来确保虚拟内存中连续页的访问能够最好地利用处理器缓存的性能优化技术。这使得将安全及性能隔离的约束加入到云计算服务等级协定(SLA)成为可能，也有助于在虚拟机级别进一步提高 QoS 和安全保障。

4. 新的安全问题

针对云计算的特性，各种安全方案相继被提出，但也逐渐引入了其他一些安全问题。例如在隐私保护问题上，流行的隐私增强技术如 OpenSSL、OpenVPN 等，通过建立一个加密通道，隐藏传输的内容和请求的 Web 站点地址。针对这种隐私增强技术提出了一种攻击方法，在可观察 IP 包大小的归一化频率分布上应用普通的文本挖掘技术，建立多项式纯贝叶斯分类器。实验中正确检测出了 97% 的 Web 站点请求。这是一种利用数据挖掘技术的流量分析攻击方法，很多流行的隐私增强技术在这个通用的指纹攻击面前是脆弱的。

10.5.3 云数据隐私保护问题

在云计算环境中，一个最重要的特征就是用户数据不再存放于本地，而是存放到云端，其中的敏感数据会带来隐私保护问题。虽然很多云安全指南建议人们不要将敏感数据放到云端，然而这并不是长久的解决之道，而且会抵消云计算带来的好处，阻碍云计算的进一步发展。因此，采用何种方法保护用户隐私，成为当今研究的一个热点。另外，数据存放到云端，用户在利用云服务使用数据时，需要根据使用来付费，而且部分的本地地方法律以及商业运营(如在线广告)也对数据的存放和使用有一定的需求，这就需要有效的机制在不泄露敏感数据内容的基础上，对数据的存放和使用进行监控和审核。

1. 隐私管理

大多数云计算中的隐私管理强调云服务器的作用，主要利用云端的管理组件实现隐私管理。然而，一种基于用户的隐私管理器提供了一种用户为中心的信任模型，在服务提供商能够协作的假设下，帮助用户控制他们的敏感信息。并且，通过使用混淆(Obfuscation)，在即使没有服务商的协同工作，甚至服务商是恶意的情况下来保护数据隐私。构建了一个在云计算环境下的隐私管理器。在该体系结构中，用户私有数据以加密的形式通过隐私管理器提供给云。基于一个用户和隐私管理器共有的密钥，隐私管理器对数据进行混淆和解混(De-Obfuscation)，以便在云端隐藏数据真实内容，在客户端给用户显示真实结果。并且，隐私管理器充分利用了 TPM 来保护混淆密钥，进一步增强了隐私保护特性。

上述两个隐私管理器都应用了混淆的技术。混淆是用户对私密数据 x 进行某些函数 f 求值 $f(x)$，并将 $f(x)$ 上传至服务器。服务提供商在不知晓 x 的情况下，针对某项云服务，对 $f(x)$ 求 $f'(x)$，并将 $f'(x)$ 作为服务结果返回给用户，用户再进行进一步的处理。虽然混淆是一个保护用户隐私的好方法，但仍然有需要改进的地方。例如，混淆的过程通常在用户端完成，这就要求用户有一定的计算能力，在频繁进行计算的时候会造成计算瓶颈；另外，尽管存在某些特定的运算可以在不需要揭示实际数据的情况下得到一致的结果，但仍有大量运算在没有明确输入的情况下得不到正确的结果。这方面的研究，如加密数据查询，也得到了越来越多学者的关注。

用户数据存放在云端，一方面要求云服务商能够根据他们的查询提供正确的查询结果，另一方面又不希望云服务商知晓用户数据的实际内容，即希望在加密的数据上实现数据查询等计算功能。有一种隐私保护的关键字查询方法，利用了一种带有关键字查询的公钥加密方法(PEKS)：在 Bob 与 Alice 传递邮件的场景中，利用 Alice 提供的一个陷门(Trapdoor)，使得第三方代理在不知道邮件内容的情况下测试某个单词是否包含在 Bob 发给 Alice 的邮件中。该方法允许服务提供商部分参与内容解密并进行相关内容的查询，但不能由此得到全部明文，这可以在隐私保持的条件下减少用户端信息处理(加密/解密)的压力。通过改进

PEKS 得出一个有效的隐私保护关键字搜索机制，从语义角度证明了该方法是安全的。

传统的在加密数据上的关键字查询只能针对确切的关键字。有人提出在加密云数据上进行有效的模糊(Fuzzy)关键字查询，并保持关键字的私密性。当用户的查询与以前定义的关键词完全匹配时，就返回匹配的文件，否则，基于关键词相似度语义返回最可能匹配的文件。文中利用编辑距离(Editdistance)量化关键词相似度，并使用通配符描述相同位置的编辑操作(插入/删除/修改一个字母)，从而构建出高效的模糊关键字集合。在这个表示的基础上，进一步提出了构建数据文件索引，查询相关文件的方法。分析表明这是一个安全的高效的模糊关键字查询方案。

加密数据的隐私保护查询还有一种特定应用环境就是，客户搜索云服务器的信息，而不希望服务器知道他的 ID 或查询的内容；当然，从云服务本身来说，也不希望这种查询获知与查询无关的其他信息。这种特定的应用可以看作是一种强隐私保护场景。例如为了调查取证，警察查询某个人的银行账户的特定信息。这种特定应用可以称为安全匿名数据库查询(Secure Anonymous Database Search，SADS)。这种特定情况与前述隐私保持的区别在于，数据查询者的 ID 也需要对服务器保密，与此同时，数据拥有者还必须阻止数据的非法使用。针对这种情况的解决方案为，该协议有两个中间的代理实体：查询路由器(Query Router，QR)和索引服务器(Index Server，IS)。IS 存储了数据拥有者构建的加密查询结构，并且在不知道查询内容和任何底层数据库的条件下执行提交的查询。而 QR 连接查询者和 IS，且不会将任何查询者的 ID 暴露给其他实体。为了获得查询的效率，使用 Bloomfilter 作为查询结构。为了保护查询者 ID 不被服务器探知，还定义了一种可重寻路加密(Re-routable Encryption)协议，这种机制类似于代理加密和通用重加密(Universal Re-encryption)，即允许一个不可信代理转换 A 加密的密文，使之能被 B 所使用，并且代理不会知道任何关于明文及 A/B 的密钥的信息。

隐私保持的一个具体应用就是电子医疗记录系统中病人的隐私保持问题。针对这个问题进行了探讨，提出应当经由加密和访问控制来增强保护。认为应当使得病人生成和存储信息的加密密钥以便于隐私保护，并形式化地描述了病人控制加密(PCE)方案的需求。针对客户端加密对性能影响的疑虑，建立了一个高效的系统。允许用户与他人共享部分访问权利，并且在相应的记录上进行搜索。

可以看到，云的特殊存储结构使得隐私保持成为一个关键的安全问题。目前应用最多的方法就是对上传到云端的数据进行混淆和加密。同时，还应当有有效的查询和用户验证机制，在云服务器不能获知具体数据内容的条件下，获得云服务的数据处理结果。并且，这种隐私保持机制应当是用户可控的。

2. 从应用设计角度考虑隐私相关的设计原则

从应用设计的角度考虑隐私相关的设计原则，在云计算软件开发的各个周期都应当考虑隐私保护问题。以下是几个面向隐私保护的设计原则。

(1) 进行隐私影响评估。
(2) 在系统的不同设计阶段评估隐私。

(3) 在适当的时候使用隐私增强技术(PETs)。

(4) 云系统设计者、构建者、开发者和测试者应遵循以下六个隐私实践建议：发送和存储最小化的个人信息、保护个人信息、最大程度实现个人控制、允许用户选择配置隐私管理、规定和限制使用数据的目的、提供反馈。

10.5.4 数据取证及审计问题

云计算中用户数据不再被用户本地拥有，因此需要有方法让用户确信他们的数据被正确地存储和处理，即进行完整性验证；另外，从涉及数据安全和使用的法律和网络监管角度，也需要一种机制能够远程、公开地对数据进行审计。并且，这种审计必须以不泄露用户隐私信息为前提。

已有一些方法提供对远程数据的验证。利用基于 RSA 的同态标签(Homomorphic Tag)实现"可验证数据持有"(Provable Data Possession)模型。在此类研究的基础上进行了扩展，通过使用用于块标记认证的经典 Merkle hash 树，改进了可恢复证据(Proof of Retrievability)模型，在保证不影响数据块的插入、修改和删除等动态操作的基础上，实现了利用第三方审计(TPA)完成隐私保持的数据完整性验证。这种方法不需要云用户的实时参与，且避免用户隐私的泄露。也利用 TPA 实现外部数据的安全、高效审计。它利用带有随机伪装(Random Masking)的同型验证器(Homomorphic Authenticator)以实现隐私保持的公开数据审计，并进一步探索了双线性聚集签名技术以扩展到多用户环境，使得 TPA 能够同时执行多个审计任务。在可恢复证据(PoRs)方面，用于设计 PoRs 的理论框架，改进了以前提出的POR(Juels-kaliski 协议)结构，在其基础上提出一个新的变体结构。它支持抵御完整的 Byzantine 攻击模型。

建立一个可扩展的运行时完整性验证框架 RunTest，以保证在云基础设施上数据流处理结果的完整性，并当检测出不一致结果时，能明确定位恶意服务提供商。

记录了数据对象的拥有关系和处理历史的安全数据起源(Provenance)对于云计算中成功地进行数据取证是很重要的。基于双线性配对技术提出一个新的安全数据起源追踪方案。该方法为在云中存储的敏感文档提供了保密性，对用户访问提供匿名验证，对问题文档进行起源跟踪。

10.5.5 其他一些安全研究思路

在我们利用 Internet 共享云计算的按需提供的存储和计算能力带来的优势的时候，某些资源受限设备应用(例如移动终端)却没有很好地利用这种模式。针对这个现象提出了一种解决方案。其目标是建立弹性应用，将各种资源受限平台与云中弹性化的计算资源联接起来。一个弹性应用包含一个或多个 Web Lets，每个可以在受限设备或云中运行，并且可以根据计算环境和设备上用户喜好的动态变化，进行迁移。首先，提出了在设备端和云端运行的Web Lets 之间认证和安全会话管理的解决方案，然后提供了安全迁移 Web Lets 以及如何授权云端 Web Lets 访问敏感用户数据，例如经由外部的 Web Services。这种解决方案的一些规则能应用于其他一些云计算场景，例如企业环境下私有云和公有云的应用迁移。

而将云计算和网络安全结合起来进行"云"防火墙技术的研究思路，其主要思想是利用云的特性将防火墙的被动的保护转换为动态、协作和主动的保护：一个地方受到攻击，某些终端就立刻告知其他地方以阻止攻击的进一步蔓延并采取相应的抵御措施。其最重要的特性是动态性和智能型，它充分利用了云以动态地、实时地采样和共享威胁信息，来实现实时的、主动应对的安全服务。然而，云防火墙的发展仍处于孕育阶段。一种实现趋势是，通过 Internet 将防火墙软件平台与客户连接起来形成一个巨型的木马/恶意软件监控器，每个用户对云安全做出贡献并与其他用户分享安全信息，类似于多个防病毒软件商(例如瑞星)提出的云安全概念；另一种趋势是，在全世界建立足够数量的服务器来搜集应用请求，通过在云顶(the Top of Cloud)来判断这些请求的安全性。

对于终端用户使用浏览器访问云服务的体验来说，目前基于 SSL 的用户接口并不能很好地让用户更加信任云计算技术，并且显得复杂、难以理解。研究者探索在最广泛部署的浏览器(IE7)上关于 SSL 证书的接口扩展，提供了一个接口会话的可选集合，征集了 40 名用户参与接口应用开发的研究，对比了扩展的用户接口的效果。可选的用户接口集合提高了使用者的信任度，易于找到信息，易于理解。这为目前浏览器用户接口的改进提供了余地，同时建议各大浏览器厂商从用户接口上对浏览器进行改进，以增强用户的安全体验。

10.5.6　可信云计算

随着云计算进一步的发展和壮大，各种安全问题逐渐被认识和发现，各种解决方案也陆续被提出。然而，在复杂的计算机系统中单纯使用软件的方法难以解决所有的问题，一种可以尝试的方向就是利用硬件芯片和可信计算的支持，在云的环境中建立可信计算基(TCB)保护用户、基础设施提供商、服务提供商的秘密，进行完整性度量以及执行云计算参与各方的身份证明和软件可信性证明，也即构造基于可信基的可信云计算(Trusted Cloud Computing)。

EMC 中国实验室与复旦大学、华中科技大学、清华大学、武汉大学协作，开展可信虚拟基础设施研究项目。该研究项目致力于在云计算的多租户计算环境中，实现租户隔离，保护平台提供者不受恶意租户的攻击。结合可信计算和虚拟化技术来加强计算平台的安全，使得云服务商能够在公共云计算平台中提供虚拟私有云计算服务(Virtual Private Cloud，VPC)。虚拟私有云的实现需要对云服务提供者的内存储器和 CPU 寄存器作一种非加密方式的保护，使得租客的代码和数据在云服务提供者的内存和 CPU 寄存器中以明文形式被处理时仍然得到私密性及完整性的保护，避免被其他租客或攻击者窃取。项目提供的 VPC 计算服务为云用户提供应用程序级别的安全隔离，并保证用户代码和数据的私密性和完整性，是从真正意义上降低了云计算的安全风险。

虚拟机管理平台 Xen 中，利用 TCB 的安全增强措施，描述了这种方法如何被用于实现"可信虚拟化"及提高虚拟 TPM 实现的安全性。目前 Xen 的 TCB 除了虚拟机监控器 VMM 外，还包含一个完整的 OS(Dom0)和一个用户空间工具集合。这使得 TCB 异常笨重。并且用户空间工具集的存在也使得硬件管理员能配置任意特权代码到 TCB 中，带来不安全因素。

可以把新的 VM 创建功能转移到一个小的运行于 Dom0 之外的可信 VM，这样做有两个主要目标：基本目标是减小和界定基于 Xen 的系统的 TCB，尤其是将 Dom0 用户空间从 TCB 中移除，从而提高安全性。另一个目标是如果假设 TCB 安全的话，那么新创建的 VM 保持了与物理机器一样的安全和完整属性。

隐私管理器中也利用了 TPM 来管理隐私保护过程中所需的密钥。

将可信计算技术引入到 IaaS 类型的云计算体系中，以开源的 IaaS 平台 Eucalyptus 为例，引入一个可信协调器(TC)(由一个外部可信实体(ETE)来维护)，将不可信的云管理器(CM)与若干可信的节点结合起来形成其总体架构。在这样的架构下的可信节点的生成和管理，虚拟机的管理和迁移等问题，并提出了在完成这些工作期间需要的信息交换协议。这种 TCCP 架构保证了客户 VM 的安全执行，允许用户对 IaaS 服务提供商进行验证以及在启动 VM 之前确定服务是否安全。他们的下一步工作是实现一个完整的原型系统并进行性能评估。

10.5.7 云计算安全问题展望

然而云计算安全相关的研究仍处于起步阶段，许多问题仍待探索。本章总结了以前的云计算相关的安全研究成果，认为一个重要的研究方向就是将可信计算技术应用在云中。然而，根据 TCG 的可信平台规范 v1.2，当前 TPM 芯片以串行指令方式进行处理，其计算速度、密钥存储空间以及计算性能是有限的。并且，移动计算和无线网络的发展也要求应用云服务所带来的便利。所以，未来研究的方向可以考虑如下几个方面。

(1) 在移动计算中建立可信云计算的基础结构和应用。

(2) 在云计算中通过使用 TPM 进行远程认证的相关协议。

(3) 在云中利用用户的数字 ID 和可信计算技术，进行用于认证的密钥管理技术和建立层次型密钥管理结构，同时与基于身份的加密技术结合，从而提高云端数据的安全性、保密性和完整性。

(4) 用于云计算环境中的 TPM 使用的密码算法的发展，例如椭圆曲线密码。

(5) 基于 TPM 和可信计算基的公共 PKG 基础设施建设。

(6) 加密数据上的操作和运算方法研究(例如使用同型哈希函数、代理重加密和安全多方计算的概念)。

本 章 小 结

云计算是一种方便的使用方式和服务模式,通过互联网按需访问资源池模型(例如网络、服务器、存储、应用程序和服务)，可以快速和最少的管理工作为用户提供服务。云计算具有按需自助式服务、广泛的网络访问、资源池、快速弹性使用和可度量的服务等五个特性。

云计算的三种交付模式为基础设施即服务、平台即服务和软件即服务。云计算有私有云、社区云、公共云和混合云四种部署模式。

云计算的体系结构包括资源层、平台层和应用层三层架构。云计算的关键技术包括：

编程模型并行运算技术、海量数据分布存储技术、海量数据管理技术、虚拟化技术和云计算平台管理技术。

云计算平台是一个强大的"云"网络，连接了大量并发的网络计算和服务，可利用虚拟化技术扩展每一个服务器的能力，将各自的资源通过云计算平台结合起来，提供超级计算和存储能力。

习 题

1. 简述你所理解的云计算。
2. 简述云计算的体系结构。
3. 云计算的关键技术有哪些？
4. 简述云计算中的安全问题及其解决方案。

参 考 文 献

[1] 郑文婷. 浅谈高职计算机网络课程教学的探索与实践[J]. 价值工程，2014(3)：273-274.
[2] 李成忠. 计算机网络教学研究[J]. 重庆邮电大学学报(社会科学版)，2004，16(6)：131-133.
[3] 倪鹏云. 计算机网络系统结构分析(2版)[M]. 北京：国防工业出版社，2000.
[4] 李田. 浅析计算机网络的功能及应用[J]. 信息与电脑(理论版)，2009(10)：154-155.
[5] 李亮. 计算机网络协议的分类与应用[J]. 计算机与现代化，2004(8)：59-61.
[6] 胡道元. 千禧之年展望计算机网络的发展[J]. 金融电子化，2000(1)：58.
[7] 昊天. 国际标准化组织有关信息安全标准的活动[J]. 信息网络安全，2005(3)：35-36.
[8] 冯先成，李德骏，刘晓华. 计算机网络及应用[M]. 北京：华中科技大学出版社，2011.
[9] 黎宏，杨飞. 加强网络法制建设和舆论引导——在十八届三中全会方针指领下探究整合与创新[J]. 理论与改革，2014(6)：141-145.
[10] 于丽霞. 网络环境下大学生道德自律教育探研[D]. 河北师范大学，2008.
[11] 刘敏钰，吴泳，伍卫国. 无线传感网络(WSN)研究[J]. 微电子学与计算机，2005，22(7)：58-61.
[12] 颜振亚，郑宝玉. 无线传感器网络[J]. 计算机工程与应用，2005，41(15)：20-23.
[13] 芦东昕，徐文龙，王利存. 无线传感器网络[J]. 工业控制计算机，2005，18(4)：24-25.
[14] 任丰原，黄海宁，林闯. 无线传感器网络[J]. 软件学报，2003，14(7)：1282-1291.
[15] 威廉·R. 班迪，约翰·P. 皮特斯. 基于射频识别(RFID)的传感器网络[P]. 中国专利数据库(知网版)，2005-05-12.
[16] 石军锋，钟先信，陈帅，等. 无线传感器网络结构及特点分析[J]. 重庆大学学报，2005，28(2)：16-19.
[17] 潘强，沈杰，邢涛. 传感器网络技术与标准化连载(六)传感器网络信息处理标准研究综述[J]. 信息技术与标准化，2010(4)：44-45,49.
[18] 孙亭，杨永田，李立宏. 无线传感器网络技术发展现状[J]. 电子技术应用，2006，32(6)：1-5.
[19] 朱红松，孙利民. 无线传感器网络技术发展现状[J]. 中兴通讯技术，2009，15(5)：1-5.
[20] 洪锋，褚红伟，金宗科，等. 无线传感器网络应用系统最新进展综述[J]. 计算机研究与发展，2010，47(s2)：81-87.
[21] 高建中. 物联网最新研究分析[J]. 新电脑，2007，(11).
[22] 王明. 无线传感器网络与互联网区别[J]. 中国电子商情(RFID技术与应用)，2009，(5).
[23] 周文豪. 无线传感器与物联网的发展关系[J]. 中国电子商情(RFID技术与应用)，2009，(6).
[24] 郑增威，吴朝晖. 普适计算综述[J]. 计算机科学，2003，30(4)：18-22.
[25] 石为人，周彬，许磊. 普适计算：人本计算[J]. 计算机应用，2005，25(7)：1479-1484.
[26] 曾宪权，裴洪文. 普适计算技术研究综述[J]. 计算机时代，2007(2)：3-4.
[27] 刘晓红. 浅析普适计算的现状与发展[J]. 广西医科大学学报，2008(s1)：107-108.
[28] 丁博，王怀民，史殿习. 普适计算中间件技术[J]. 计算机科学与探索，2007，1(3)：241-254.
[29] 郭亚军. 普适计算安全的关键技术研究[D]. 华中科技大学，2006.
[30] 李允. 普及计算的终端技术研究[D]. 电子科技大学，2002.
[31] 朱珍民，史红周. 网格终端与普适计算的发展趋势[J]. 信息技术快报，2004.
[32] 魏东. 普适计算的应用和展望[J]. 辽宁科学院学报，2006，8(4)：11-12.
[33] 饶云波，张应辉，周明天. 基于普适计算研究及其应用[J]. 网络新媒体技术，2006，27(5)：563-565.

[34] 周海涛. 泛在网络的技术、应用与发展[J]. 电信科学，2009，25(8)：97-100.

[35] 黄怡，崔春风. 移动泛在网络的发展趋势[J]. 中兴通讯技术，2007，13(4)：1-3.

[36] 张平，苗杰，胡铮，等. 泛在网络研究综述[J]. 北京邮电大学学报，2010，33(5)：1-6.

[37] 李文清. 浅析泛在网络的成长与发展[J]. 网络与信息，2009(2)：27.

[38] 吴先涛，吴承治. 普适计算与泛在网络[J]. 现代传输，2009(3)：51-63.

[39] 朱桂娟. 对泛在计算时期教育的设计[J]. 统计与决策，2004(5)：113-114.

[40] 古丽萍. 泛在网络及 U-China 战略(上)[J]. 中国无线电，2009(9)：12-14.

[41] 富尧，李冰琪. 泛在网网络技术需求分析及挑战[J]. 数字通信世界，2015(4)：43-46.

[42] 黄怡，崔春风. 移动泛在网络的发展趋势[J]. 中兴通讯技术，2007，13(4)：1-3.

[43] 刘斌，卢增祥. Bookmark——智能化网络信息服务系统[J]. 高技术通讯，1999(6)：38-42.

[44] 甘志祥. 物联网的起源和发展背景的研究[J]. 现代经济信息，2010(1)：163-164.

[45] 钟书华. 物联网演义(一)——物联网概念的起源和演进[J]. 物联网技术，2012(5)：87-89.

[46] 王瑞刚. 物联网主要特征与基础理论研究[J]. 计算机科学，2012，39(b06)：201-203.

[47] 刘鹏程. 物联网标准体系构建研究[D]. 北京交通大学，2011.

[48] 郎为民. 物联网标准化进展[J]. 通信管理与技术，2010(5)：26-28.

[49] 孙其博，刘杰，黎羴，等. 物联网：概念、架构与关键技术研究综述[J]. 北京邮电大学学报，2010，33(3)：1-9.

[50] 赵志军，沈强，唐晖，等. 物联网架构和智能信息处理理论与关键技术[J]. 计算机科学，2011，38(8)：1-8.

[51] 钟书华. 物联网演义(三)——IBM 的"智慧地球"[J]. 物联网技术，2012(7)：86-87.

[52] 武岳山. "智慧地球"概念的内涵浅析(四)——IBM 的"智慧地球"概念说了些什么？[J]. 物联网技术，2011，1(10)：91-92.

[53] 武岳山. "智慧地球"概念的内涵浅析(十一)——IBM 的"智慧地球"概念说了些什么？[J]. 物联网技术，2012，2(4)：88-89.

[54] 吴延洲. 物联网技术三大应用[J]. 物流与供应链，2011(5)：78-79.

[55] 高建全，徐子凌. IBM：智慧地球，云与物联网至关重要[J]. 物流与供应链，2011(8)：34-39.

[56] 陈金华. 智慧学习环境构建[M]. 北京：国防工业出版社，2013.

[57] 赵婷，李世国. 智慧地球中的信息服务设计探析[J]. 艺术与设计(理论)，2012(5)：37-39.

[58] 姜奇平. 识别"智慧地球"中的新信号[J]. 互联网周刊，2009(6)：48-49.

[59] 黄玉兰. 物联网概论[M]. 北京：人民邮电出版社，2011.

[60] 崔茜，王喜富. 基于物联网环境下的"智慧地球"在中国的建设[J]. 物流技术，2012(12)：51-53.

[61] Jon S. Wilson，威尔逊，林龙信. 传感器技术手册[M]. 北京：人民邮电出版社，2009.

[62] 单成祥. 亦探讨关于传感器的定义[J]. 传感器与微系统，1989(4)：18-19.

[63] 文鸣岐. 关于传感器定义的讨论[J]. 信息与控制，1982(3)：68.

[64] 塔那尔. 传感器技术特性手册[M]. 上海：上海市科技咨询服务中心情报中心，1985.

[65] 杨亲民，肖瑞芸. 传感器的分类与传感器技术的特点[J]. 传感器世界，1997(5)：1-8.

[66] 任强. 传感器选用原则[J]. 铁道技术监督，2004(9)：33-34.

[67] 沙占友. 智能温度传感器的发展趋势[J]. 电子技术应用，2002，28(5)：6-7.

[68] 赵斌，张红雨. RFID 技术的应用及发展[J]. 电子设计工程，2010，18(10)：123-126.

[69] 张毅军，白文华. M2M 技术在物联网中的发展及应用[J]. 通讯世界，2015(8)：49-50.

[70] 王忠敏. EPC 技术基础教程[M]. 北京：中国标准出版社，2004.

[71] 沈苏彬，范曲立，宗平，等. 物联网的体系结构与相关技术研究[J]. 南京邮电大学学报(自然科学版)，2009，29(6)：1-11.

[72] 闫斌. 物联网的体系结构与相关技术研究[J]. 工业，2017(2)：00166.

[73] 刘化君. 物联网体系结构研究[J]. 中国新通信，2010，12(9)：17-21.

[74] 陈全，邓倩妮. 云计算及其关键技术[J]. 计算机应用，2009，29(9)：2562-2567.

[75] 石纯一. 人工智能原理[J]. 1993：1-7.

[76] 钟晓，马少平，张钹，等. 数据挖掘综述[J]. 模式识别与人工智能，2001，14(1)：48-55.

[77] 常化腾. 物联网技术发展前景展望[J]. 计算机光盘软件与应用，2012(13)：145.

[78] 王乐燕，袁莉青. 物联网技术及其发展前景[J]. 内蒙古科技与经济，2013(12)：66-67.

[79] 赵继聪，侯攀峰，李森. 浅析物联网技术及其发展前景[J]. 中国科技博览，2010(20)：307.

[80] 秦志远. 物联网技术及其发展前景展望[J]. 山东工业技术，2016(21)：154.

[81] 冯登国，张敏，李昊. 大数据安全与隐私保护[J]. 计算机学报，2014，37(1)：246-258.

[82] 程学旗，靳小龙，王元卓，等. 大数据系统和分析技术综述[J]. 软件学报，2014(9)：1889-1908.

[83] 应怀樵，沈松，刘进明，等. 大数据与云智慧科技时代[C]// 全国信号和智能信息处理与应用学术会议专刊，2016：506-512.

[84] 李洁，应昌成. 大数据发展趋势[J]. 电子技术与软件工程，2017(22)：178-180.

[85] 徐晋. 大数据平台：组织架构与商业模式[M]. 上海：上海交通大学出版社，2014.

[86] 张引，陈敏，廖小飞. 大数据应用的现状与展望[C]//中国计算机学会 ccf 大数据学术会议. 2013：216-233.

[87] 嵇智源，潘巍. 面向大数据的内存数据管理研究现状与展望[J]. 计算机工程与设计，2014(10)：3499-3506.

[88] 曹刚. 大数据存储管理系统面临挑战的探讨[J]. 软件产业与工程，2013(6)：34-38.

[89] 吕登龙，朱诗兵. 大数据及其体系架构与关键技术综述[J]. 装备学院学报，2017，28(1)：86-96.

[90] 管天云，侯春华. 大数据技术在智能管道海量数据分析与挖掘中的应用[J]. 现代电信科技，2014(z1)：71-79.

[91] 吴吉义，平玲娣，潘雪增，等. 云计算：从概念到平台[J]. 电信科学，2009，25(12)：1-11.

[92] 陈康，郑纬民. 云计算：系统实例与研究现状[J]. 软件学报，2009，20(5)：1337-1348.

[93] 罗军舟，金嘉晖，宋爱波，等. 云计算：体系架构与关键技术[J]. 通信学报，2011，32(7)：3-21.

[94] 黄晓雯. 云计算体系架构与关键技术[J]. 中国新通信，2014(13)：29.

[95] 陈全，邓倩妮. 云计算及其关键技术[J]. 计算机应用，2009，29(9)：2562-2567.

[96] 邓茹月，覃川，谢显中. 移动云计算的应用现状及存在问题分析[J]. 重庆邮电大学学报(自然科学版)，2012，24(6)：716-723.

[97] 黄苇. 云计算的安全问题[J]. 商情，2010(18)：126.

[98] 钱桂琼，许榕生. 网络入侵取证审计数据分析技术的研究[C]//第十七次全国计算机安全学术交流会暨电子政务安全研讨会，2002：257-260.

[99] 薛凯. 云计算安全问题的研究[D]. 青岛科技大学，2011.

[100] 周琳. 云计算安全问题研究[J]. 读书文摘，2016(34)：28.